TOURISM BUSINESS

관광사업론

고석면 · 고종원 · 유을순 · 서영수 공저

ⓑ (주)백산출판사

머리말

경자년(庚子年) 새해가 시작되었다. 관광산업은 외화가득률이 높은 무공해 수출산업으로서 그동안 국가 경제 발전의 중추적인 역할을 수행하여 왔다. 특히 한국은 신한류 열풍으로 인하여 국가 브랜드가 높아지면서 한국의 역사와 문화를 새롭게 인식하고자 하는 계기가 조성되었다.

많은 국가들은 이제 관광객을 중요한 소비자로 인식하면서 고품격 서비스의 제공과 만족을 위해서 다양한 상품을 개발하고 있으며, 관광행동의 변화와 소비자 트렌드(trends)의 변화에 대처하기 위해서 심혈을 기울이고 있다.

관광산업은 무한한 가능성이 있으며, 세계 주요 산업으로 성장 발전할 것이라는 전망은 우리들 모두에게 희망을 가져다주고 있다.

관광산업의 발전을 위해서는 관광객의 욕구를 이해하고 다양한 관광상품을 개발해야 하며, 국민들 모두가 가슴속에서 우러나오는 따뜻한 환대정신이 필요한 종합산업이다. 관광은 국민들 모두의 친절과 예의, 질서의 확립 등에 의해서만이 가능한 종합산업이라는 모두의 인식변화 그리고 관광의 중요성에 대한 전환적 사고가 필요하다.

관광은 범위가 광범위하고 복합적인 산업으로 구성되어 있어 이를 체계적으로 정리하고 분류하는 것은 매우 어려운 일이라고 사료된다. 그동안 관광학이란 학문을 접하고 오랫동안 대학에서 강의를 하면서 나름대로 생각하고 느낀점을 정리하고자 하였다. 관광의 이론을 기초로 하여, 관광사업, 미래의 관광전망이라는 관점에서 접근하고자 하였으나 욕심에도 불구하고 많은 부분은 현실적인 접근을 하지 못해서 아쉬움도 크기도 하다.

　본 책은 관광분야를 전공하고 있으며, 관광에 관심이 있는 분들에게 미래지향적인 학문으로서 가치와 역할을 할 수 있기를 기대하면서, 이 책이 출간될 수 있도록 도와주신 모든 분께 진심으로 감사를 드리며, 앞으로도 지속적인 관심과 많은 조언을 부탁드린다.

2020년 2월

저자

차례

CHAPTER 03 **관광발생과 관광행동** _59

CHAPTER 04 **관광자원** _87

CHAPTER 05   관광발전과 관광사업 _113

CHAPTER 06   관광사업의 종류와 특성 _133

CHAPTER 07 관광행정 _147

CHAPTER 08 지방자치시대와 관광 _175

CHAPTER 09 여행과 교통사업 _215

CHAPTER 10 관광숙박과 외식사업 _245

01

TOURISM
BUSINESS

관광의 이해

CHAPTER

01

관광의 이해

제 1 절   관광의 의의

1. 동양적 의미

일상적인 용어로 사용되고 있는 관광(觀光)은 요양·유람 등의 위락(慰樂)적 목적을 가지고 여행하는 것을 말한다.

관광이란 "빛나는 것을 직접 보는 것"이라고 직역(直譯)할 수 있으며, 자기 정주지를 떠나서 다른 곳의 문물, 풍습, 제도 등을 몸소 보고 체험하여 좋은 점을 선택하고 배워서 자기발전의 계기로 삼는 것을 의미한다.

동양에서의 관광은 중국의 주(周)나라 시대에 경전으로 집대성된 『역경(易經)』의 "觀國之光 利用賓于王(관국지광 이용빈우왕)"이라는 문구에서 찾아 볼 수가 있는데, 나라의 빛을 보게 하려면 무엇보다도 왕처럼 잘 대접해야 한다는 정신적인 사상이 있었다. 이 사상은 중국인들의 상술(商術)을 키워 오는 데 큰 동기가 되었다. 그 후에 나온 『상전(象傳)』에서도 이와 비슷한 "觀國之光 尙賓也(관국지광 상빈야)"라는 문구(文句)가 실려 있다. 이는 한나라(당시에는 봉건제후, 즉 노(魯)·연(燕)·제(薺) 등을 가리킴)의 광(光) 즉, 발전상(發展相)을 보러 간다는 것으로 그 나라의 풍속·제도·문물 등의 실정을 시찰하고 견문(見聞)을 넓힌다는 것을 의미한다.

한국에서 관광이라는 어휘가 최초로 사용된 것은 고려시대 예종 11년(1115년)이었으며, 사회·문화적 활동으로서 '상국(上國)'을 초빙하여 문물제도를 시찰하는 것'이었다. 조선시대에는 중종 6년(1511년)과 정조 4년(1780년), 헌종 10년에도 관광 또는 구경이라는 용어가 등장하였고, 유길준이 미국을 여행하고 지은 『서유견문(西遊見聞)』은 미국인들의 관광을 상세하게 설명하고 관광의 필요성을 역설하였다. 일제 강점기에는 관광지, 관광차 등과 같은 용어가 등장하고 있어 관광이라는 용어가 사용되었음을 보여주고 있다. 그 이후에도 관광의 어원에 관한 유래는 있었으며, 관광이라는 용어가 공식적으로 등장한 시기는 관광사업진흥법(1961년 8월 22일)의 제정, 공포라고 하겠다.

2. 서양적 의미

서구 사회의 관광은 수렵활동, 중세기 기사도(騎士道)의 구현을 위한 심신 수련, 문물이 발달한 로마, 파리 등의 도시로 유학하는 목적이었으며, 종교적 관점의 성지(聖地)순례, 종교학교 등으로 여행을 하는 것이었다.

영어에서 관광을 표현하는 투어리즘(tourism)은 영국 스포츠 월간 잡지『Sporting Magazine』(1811년)에서 처음 사용하였으며, 투어(tour)의 파생어로서 라틴어의 터너스(turnus)가 턴(turn)으로 변하여 돌아다닌다 또는 회유한다는 이른바, 소풍(逍風)이나 여행을 한다는 뜻으로 인식되었다.

그러나 제2차 세계대전 이후 여행이라는 동기와 형태가 구경이라는 의미에서 어떤 "명백한 목적의식을 갖는 행위"로 변화되었으며, 세계관광기구(UNWTO: UN World Tourism Organization)에서는 관광을 소비행위와 여행목적의 생활주기(life-cycle)성이 종합적으로 표현되는 트래블(travel)이라는 용어를 사용하기도 하였다.

관광이란 경제적인 소비와 여행목적만을 가지고 이루어지는 행위가 아니라 생활제일주의 시대에 맞는 건전하면서도 효과적이고 참여적인 여행을 표현하는 의미가 투어리즘(tourism)이라는 용어이다. 오늘날 의미하는 관광은 여러 국가를 순회·여행하는 것을 가리키고 있다. 투어리즘이란 관광을 뜻하며 인간의 사회적 행동을 의미하며, 여행자에게 관광욕구를 자극하는 표현뿐만이 아니라 여행, 호텔, 교통 등 다른 산업의 경제활동까지 포함한 관광사업을 지칭하는 경우도 있다.

관광이란 관광객의 이동 및 체재로 인하여 발생되는 경제·사회·문화·환경적인 측면에서의 여행을 지칭하며, 행위란 이동과 체재 중에 발생하는 여러 가지 오락 및 활동을 말한다.

제**2**절 관광의 개념

1. 관광개념에 대한 정의

개념에 대한 사전적 의미는 "사물현상에 대한 일반적인 지식이나 관념" 또는 "개개의 사물로부터 비본질적인 것을 버리고 본질적인 것만을 추출해 내는 사유 (思惟)의 한 형식"이라고 기술하고 있다.

> **개념의 정의**
>
> 개념이란 첫째, 어떤 말이나 뜻을 명백히 밝혀 규정하는 일. 둘째, 논리학적으로 어떤 의미가 포함되어 있는지를 해석하고 규정하는 일이다. 따라서 개념은 여러 가지 속성 가운데 본질적인 속성을 듣고 이해하며 다른 개념과 구별하여 그 의미를 한정하는 일이라고 기술하고 있다.

흔히 우리는 어떤 사실이나 현상에 대하여 개념에 대해서 규정을 한다고 하지만 그것을 어떻게 정의해야 할 것인가에 대해 고민하게 된다.

버카르트와 메드릭(A. J. Burkart & S. Medrick)은 관광의 개념을 정확하고 명확하게 규정해야 하는 이유를 다음과 같이 제시하였다. 첫째, 연구목적, 둘째, 통계목적, 셋째, 입법 및 행정목적, 넷째, 산업목적이라고 하였다. 이러한 목적은 관광을 여러 가지 관점에서 활용하기 위한 것이라고 할 수 있다.

관광개념에 대한 학자들의 일반적인 학설과 일반적으로 규정한 정의는 관광이란 일상 생활권을 떠나 타 지역으로 이동하는 행위 및 체재로 인해 발생되는 모든 현상이라고 정의한다면, 관광으로 인한 현상을 체계적으로 검토하고, 그 의미가 내포하고 있는 범위를 정해서 정의를 내리는 것이 필요하다.

관광의 개념은 일반인들이 쉽게 이해하고 접근할 수 있도록 개념을 규정할 것인가 관광의 학문적 체계를 정립하기 위한 학술적인 개념으로 규정할 것인가를 먼저 고려해야 하며, 관광의 개념을 정의하기 위해서는 다음과 같은 사항을 고려해야 한다. 첫째, 가급적 일상적 관점에서 용어를 이해하고, 둘째, 동서고금의 저명한 학자가 정립한 개념 규정을 참고로 할 것이며, 셋째, 규정된 개념이 학문적·

지식적으로 이용하기 쉽도록 정의해야 한다는 것이다.

최근 들어 관광의 개념에도 정치, 경제, 사회, 문화, 환경 등의 모든 현상과의 연관성이 포함되어야 한다는 인식이 확산되면서 관광분야도 연구해야 할 대상과 범주가 지속적으로 확대되고 있다는 것을 의미하고 있다.

2. 관광개념에 대한 학자들의 정의

관광의 개념 설명으로는 "즐거움을 추구하는 여행(travelling for pleasure)"이 널리 통용되고 있으며, 여행이란 사람이 공간적으로 이동하는 것으로서 정주지(定住地) 또는 일상 생활권으로부터 일시적으로 떠나 다른 곳으로 이동하는 것을 말한다.

관광의 정의는 국가, 시대의 변화 또는 학자에 따라 매우 다양하게 사용되어 왔기 때문에 관광의 개념을 간단명료하게 정의하는 것은 쉬운 일은 아니다. 그러나 관광 개념에 대한 정의는 관점에 따른 차이는 있지만 내용에 있어서는 유사한 면을 보여주고 있다.

〈표 1-1〉 관광개념에 대한 학자들의 정의

학자	정의
슐레른 (H. Schulern, 1911, 독일)	일정한 지역·주 혹은 타국에 여행하여 체재하고, 다시 돌아오는 외래객의 유입(流入)·체재 및 유출(流出)이라는 형태를 취하는 모든 현상과 그 현상에 직접 결부되는 모든 사상, 그 가운데서도 특히 경제적인 모든 사상을 나타내는 개념이다.
마리오티 (A. Mariotti, 1927, 이탈리아)	외국인 관광객의 이동을 관광의 개념으로 규정하였다.
보오만 (Artur Bormann, 1931, 독일)	견문·휴양·유람·상용 등의 목적을 갖거나 혹은 그 밖의 이유인 특수한 사정에 의하여 정주지에서 일시적으로 떠나는 여행은 모두 관광이라고 할 수 있다고 규정하였는데, 다시 말하면 관광이란 정착하지 않는 지역에서 일시적인 체재를 목적으로 그 지역까지의 거리를 이동하는 인간의 활동이라고 정의하였다.

포슐 (Arnold Ernst Poschl, 1962, 독일)	인류의 이동현상을 관광으로 규정하고 인류의 이동설(移動設)을 주장하였다.
베르네커 (P. Bernecker, 1962, 오스트리아)	『관광원론』에서 "상용 혹은 직업상의 여러 이유로서 이동하는 것이 아니라 일시적 또는 개인의 자유의사에 의해서 타 지역으로 이동한다는 사실과 결부된 모든 관계 또는 모든 결과를 관광이라고 정의하였다.
쓰다 노보루 (津田昇, 日本)	사람이 일상 생활권을 떠나서 다시 돌아올 예정 아래 다른 나라 또는 다른 지역의 문물, 제도 등을 시찰하거나 풍광(風光)을 관상(觀賞)·유람(遊覽)할 목적으로 여행하는 것이라고 정의하였다.
이노우에 만주소 (井上萬壽藏, 日本)	인간이 일상생활을 떠나 다시 돌아올 예정 아래 이동하여 정신적 위안을 얻는 것이라고 정의하고, 정신적 위안이 관광의 본질이며, 관광의욕이란 것은 정신적 위안을 구하는 마음이라고 주장하였다.

마리오티의 관광경제강의

이탈리아의 관광사정(事情), 관광통계, 선전, 통신, 운수 및 교통기관, 직업교육, 호텔산업, 지역개발과 체재 및 관광을 위한 기지, 여행알선업, 관광흡인(吸引)중심지이론 등에 관한 내용이었다.

포슐의 관광의 발전법칙

포슐은 관광의 발전법칙으로 발전의 교체(交替)법칙, 중력(重力)과 원심력(遠心力)의 법칙, 한계생산력(限界生産力)의 법칙을 제안하였다.
- 발전의 교체(交替)법칙이란 관광은 이동을 전제로 했을 때 이동을 담당하는 교통수단의 발전은 사람의 이동을 급속도로 증가시켜 관광객도 급격히 증가한다는 법칙으로 주로 기술적 발전이 관광발전에 기여하고 있다는 연관성을 설명하는 원칙이다.
- 중력(重力)과 원심력(遠心力)의 법칙이란 사람들은 대도시로 유입되는 사회적 현상으로 대도시 집중으로 인한 교통난, 소음 등으로 인한 스트레스가 심화되어 조용하고 공기가 좋은 곳으로 멀리 떠나려고 하는 사람의 심리적인 현상을 설명하는 원칙이다.
- 한계생산력(限界生産力)의 법칙이란 관광상품의 생산과 공급에 있어서 관광은 상품이 이동하는 것이 아니라 사람이 이동하는 현상이다. 따라서 관광객이 급속하게 증가하여도 공급요소인 교통, 숙박 등을 공급하기기 어려워 생산하는 데 한계점을 가지고 있다는 현상이다. 이 법칙은 경제학적 측면에서의 원칙이라고 할 수 있다.

3. 관광개념에 대한 관점

1) 경영 · 경제적 관점

　관광의 정의를 사업적 · 경제적 현상으로 범위를 한정시키는 것으로 관광의 주체인 관광자를 경제단위 내지 소비단위로 인식하여 경영 · 경제적 관점에서 접근하는 것이다.

〈표 1-2〉 경영 · 경제적 관점

학자	정의	관점
맥킨토시 (McIntosh)	여행자를 유인하고 수송하고 숙박시키며, 관광객의 요구와 욕망을 충족시키고자 하는 사업	관광주체를 산업으로 보면서 관광객의 요구와 욕구를 충족시켜 주는 것
오길비 (Ogive)	1년을 넘지 않는 일정 기간 동안 집을 떠나 여행지에서 취득한 것이 아닌 돈을 소비하는 활동	비경제적 소비행동 강조
다나까 기이치 (田中喜一)	정주지를 떠나 체재지에서 향락(享樂)적 소비생활을 하는 것	금전적 지출을 강조

2) 통계 · 기술적 관점

　관광객의 이동에 따른 관광객 수 현황과 소비액, 관광수지를 산정하여 통계를 작성하기 위한 방법으로 접근하는 것이며, 정책담당기관이 실무적 차원에서 정의하는 것이다.

　특히 세계관광기구(UNWTO), 경제협력개발기구(OECD) 등과 같은 국제기구에서 관광객의 입국자 수, 소비액, 체재기간, 관광의 목적 등 통계적 차원을 중요시하는 관광의 정의라고 할 수 있다.

3) 단일 학문적 관점

　관광현상에 대하여 종합적인 학문의 적용이 아닌 하나의 학문적 관점에서 특징을 규명하는 정의이다. 관광의 특징을 사람들의 욕구를 중시하며, 일시적 이동과 체재, 휴식, 스트레스 해소, 문화적 동기, 교육적 관심, 자아실현과 같은 요소들이 개념에 도입된 단일 학문적 관점에서 접근하는 것이다.

〈표 1-3〉 단일 학문적 관점

학자	정의	관점
코헨 (Cohen)	관광객을 일시적이며 자발적인 여행으로서 비교적 먼 비거주적인 귀환여행 동안 신기함과 변화에 대한 즐거움을 기대하며 여행하는 사람	7가지 준거기준 인자(자발성 여부, 여행기간, 여행 거리, 여행 빈도, 일반적 목적, 특정적 목적 등)
메디상 (Medicine)	사람이 기분전환을 하고 휴식을 하며 인간생활의 새로운 국면이나 미지의 자연과 접함으로써 경험과 교양을 넓힌다거나 정주지를 떠나서 체재함으로써 성립되는 여가활동의 일종	관광을 여가활동의 일종으로 인식

4) 현상학적 관점

관광객이 관광을 하면서 발생될 수 있는 다양한 현상에 초점을 두고 현지주민과 관광객의 상호작용으로 발생되는 현상을 중요한 관점으로 연구하기 위한 접근방법이다.

〈표 1-4〉 현상학적 관점

학자	정의	관점
훈지카와 크랍프 (W. Hunziker & K. Krapf)	소득과 관계없이 영구히 정주하지 아니할 목적으로 이동하여 여행기간 동안 비거주자의 여행으로부터 생기는 현상과 관계의 총체	관광객의 비경제적 여행목적 강조
글뤼크스만 (R. Glucksmann)	일시적으로 체재지에서 체재하는 사람과 관광 지역주민 사이의 여러 관계의 총체	관광객과 지역주민 사이의 상호작용

5) 체계 · 분석적 관점

관광행동은 복합성으로 인하여 관광현상에 대하여, 관광주체인 관광자를 중심으로 발생하는 복잡 다양한 여러 가지 현상과 이로 인한 환경적 측면을 모두 포함시키려는 정의라고 할 수 있다. 이러한 관점에서 관광은 관광객과 관광사업

(관광서비스)과의 관계, 관광객과 관광대상 지역과의 관계, 관광객, 관광대상 지역, 공공부문(정책수립 당국) 사이의 연계와 같은 일련의 교차관계로써 파악하는 관점이다.

〈표 1-5〉 체계 · 분석적 관점

학자	정의	관점
자파리 (Jafari)	일상 생활권을 떠난 관광객, 관광객의 욕구에 상응하는 산업 그리고 관광객과 관광산업의 양자가 사회 · 문화적 및 물리적 환경에 미치는 영향에 관하여 연구하는 것	관광을 관광객, 관광산업, 관광영향을 중심으로 파악
레이퍼 (Leiper)	여행기간 동안 보수를 목적으로 하는 고용활동을 제외하고 인간이 일상거주지를 떠나 자유로이 여행하여 1박 이상 동안 일시적으로 체류하는 것을 내용으로 하는 하나의 시스템	시스템 구성요소(5가지): 관광객, 배출지, 교통루트, 목적지, 관광산업

제**3**절 관광의 유사개념

1. 여가와 관광

관광이 인간생활의 일부분이라고 볼 때, 여가활동과 밀접한 유사성을 지니고 있다. 인간의 생활시간을 구분하는 방식에는 여러 가지가 있을 수 있겠으나, 여가(leisure)는 인간생활의 구속적, 제약적 형태로부터 벗어난 자유로운 시간으로서 개인이 자유선택에 의해 활동할 수 있는 시간이다.

영어의 여가(leisure)의 어원은 정지, 중지, 평화 및 평온을 뜻하는 그리스어의 스콜레(scole)와 아무것도 하지 않음을 뜻하는 로마어의 오티움(otium), 그리고 여유가 있는, 자유로움을 뜻하는 불어의 루와지((loisir), 라틴어의 리세레(licere)에서 유래한다. 이들 어원은 모두 생활에 있어서 구속이나 억압이 없이 자유로이 활동할 수 있는 시간을 의미한다.

여가는 크게 시간적 의미로서의 여가, 활동적 의미로서의 여가, 시간·활동적 의미로서의 여가로 분류되기도 하고 정신적 활동을 중시하는 주관적 정의와 시간의 계량화를 중시하는 객관적 정의로 대별되기도 한다. 프랑스의 여가사회학자 듀마즈뒤에(Dumazedier)는 개인이 직장·가정·사회적 제약에서 벗어나 휴식, 기분전환, 지식의 넓힘, 자발적인 사회참여, 자유로운 창조력의 발휘를 위하여 행동하는 개인의 임의적 활동의 총체로 규정하고 있다.

여가와 관광의 관계에 있어서 여가를 자유시간과 동일시하는 경우가 있으나 관광연구에 있어서는 여가는 자유시간과 동일 개념일 수는 없다. 여가활동이 자유시간에 이루어질 수는 있지만 비자유시간에도 여가가 행해질 수 있다는 점에서 유의할 필요가 있다. 따라서 여가와 관광의 관계는 시간적·활동적인 관점에서 함수관계가 있으며, 관광을 광의의 여가활동의 일종으로 보는 견해가 많이 있다고 할 수 있다. 다만, 관광은 공간적 이동을 전제로 하는 데 비하여 여가는 이러한 요소를 규정하고 있지 않을 뿐이다.

2. 레크리에이션과 관광

　　레크리에이션(recreation)은 보통 위락(慰樂)이라고 번역되는데, 이 말은 라틴어 레크레티오(racratio)에서 비롯된 것으로 회복시키는 또는 새로워지는 뜻을 의미한다. 본질적 의미는 단순한 오락(entertainment)이 아니고 원기회복과 재생을 내포하고 있음을 뜻한다. 위락은 여가와 밀접한 유사개념이 되고 있으나 여가가 시간적 의미를 지니고 있는 데 비하여 위락은 어떤 종류의 활동을 지칭하는 것으로 인식하고 있다. 여기서 위락은 각자가 어떠한 구속도 받지 않는 시간 내에서 자발적 참여를 통하여 만족과 흥미를 얻게 되는 동시에 사회·문화적으로 어떠한 가치나 의미를 부여하는 여가활동의 하나이다. 위락은 사회생활에 유익한 효과를 가져오며 나아가 재생산력을 창출하는 기능을 가지고 있다.

　　위락은 여가시간 내의 활동으로서 실내위락과 실외위락으로 나누어진다. 실내위락이 집안과 건물 내에서 행하여지는 여가활동이라면 실외위락은 실내위락보다도 넓은 공간적 범위와 많은 자원요소를 필요로 하는 점에서 관광과 유사점을 갖고 있다.

3. 놀이와 관광

　　놀이(play)라는 것은 하고 싶은 것에 자발적으로 행동하는 모든 종류의 활동이다. 따라서 관광을 규정하고 관광현상을 이해하는 데 유사한 개념으로 유용하게 활용된다. 놀이는 자기표현인 동시에 인간의 본질적 행동이라고 할 수 있다. 인간의 본질을 '놀이하는 인간'으로 규정한 하위징아(John Huizinga)에 따르면 놀이는 정신의 자유를 찾는 것이고, 창작의 자유에 호감을 부여하는 것으로써 자유에 기초를 두고 있으며, 놀이의 특징을 다음과 같이 제시하고 있다.

- 놀이는 그 자체가 자유로움이다.
- 놀이는 일상생활로부터의 일시적 일탈(逸脫)에서 시작된다.
- 놀이는 정해진 시간과 공간의 한계 속에서 진행된다.
- 놀이의 장 내부에는 하나의 고유한 절대적 질서가 지배한다.

• 놀이는 긴장을 해소하기 위하여 행해진다.

이상에서 놀이는 인간의 자기표현이며, 기분전환과 에너지 재창조로서 관광의 내용적 본질 또한 놀이의 본질에서 찾을 수 있다. 따라서 관광은 놀이의 한 가지 현상으로 행동내면에는 자유성을 지니고 있는 것으로 인식할 수 있다.

. **그림 1-1 관광과 유사개념 간의 관계**

4. 여행과 관광

여행(travel)의 개념을 이해하기 위해서는 먼저 어의(語義)인 한자를 이해할 필요가 있다. 여(旅)에는 움직임의 뜻이 내포되어 있으며, 행(行)은 여행의 본질인 이동을 의미하는 것으로 여행의 개념은 '어느 곳을 다니면서(行), 두루 보고, 즐기는 것이다.

일본의 스에타게(末武直義)는 여행을 관광행위의 기초현상으로 파악하고 인간의 이동을 이주(migrant)와 여행(travel)으로 구분하여 여행을 정의하였다.

서양에서는 여행(travel)의 개념은 반드시 먼 곳으로 가지 않고 단순히 가다(go), 나아가다(proceed) 등의 의미가 있으며, 여행(travel)이라는 말은 걱정·고생·노고(trouble)나 고통·힘든 일(toil)과 같은 어원인 고생·고역(travail)에서 파생된 말이다.

따라서 광의의 여행은 한곳에서 다른 곳으로의 이동행위(the act going from one place to another)라고 할 수 있으며 협의의 여행은 오늘날 관광과 거의 같은 개념으로 '일상생활과 관련 없이 정주지를 떠나서 다시 정주지로 돌아오는 동안의 모든 체험과정의 총체'라고 정의할 수 있다. 다만, 여행과 관광과의 차이는 관광은 다분히 위락적 목적이 내포되어 있으나 여행은 위락적 목적이 아닌 점에서 관광과의 차이점이 있다고 할 수 있다.

제**4**절 관광의 효과

1. 경제·산업적 효과

1) 경제발전 기여

　관광의 경제적 측면이란 관광객의 이동으로 관광배출 지역 및 관광목적지의 경제에 미치는 경제적인 편익(economic benefit)을 의미한다. 관광배출국 입장에서 보면 관광객의 이동증가는 국가 간, 지역 간의 인적 교류라는 일면이 있을 뿐만 아니라 국제수지가 흑자일 때 자국의 통화팽창을 방지하고 나아가 인플레이션을 억제하여 국민경제의 안정화를 도모할 수 있는 수단으로 활용될 수도 있다.

　케인즈(J. M. Kyenes)나 스미스(Adam Smith)는 국민경제에서 화폐의 취득을 중요시하였기 때문에 중상주의자(重商主義者)들과 같이 화폐가치 존중설에 의해서 자본을 으뜸으로 간주하였다.

　이것은 외래객을 접대하는 효과가 상품무역과 같이 존중이 된다는 뜻이며, 새뮤엘슨(P. A. Samuelson)은 관광객이 소비하는 숙박비, 운송비, 기념품 구입비용과 같은 금전은 일정한 곳에 머무는 것이 아니라, 그 지역과 국가의 경제에 간접적인 소득효과를 나타낸다고 하였다.

　관광이 경제 발전에 기여한다는 연구는 미국 상무부(Department of commerce)와 아시아·태평양관광협회(PATA : Pacific Asia Travel Association)가 공동으로 가맹국가(17개국)에 대하여 실시(1958~1960년)한 조사보고서인 "태평양·극동지역에 있어서의 관광사업의 장래"에 나타나 있다.

> **체키 리포트(Cheki Report)**
>
> 이 연구 보고서는 체키 회사에 의뢰하여 연구 보고되었기 때문에 체키 리포트(Cheki Report)라고 한다. 연구주제는 태평양·극동지역에 있어서의 관광의 미래 "The Future of Tourism in the Pacific and Far East"(1962년)이다.

　관광으로 소비한 화폐의 회전 및 승수(乘數)효과를 분석해본 결과 경제외적인 여건에 따라 일정하지는 않지만 당초에 소비한 돈은 1년 동안에 3.2회 내지 4.3회

정도 회전하고 있는 것으로 나타나고 있다.

관광객이 소비하는 여러 가지 형태들은 그 최초의 소비가 점증적으로 회전하여 이른바 승수효과를 가져오며, 여러 부문으로 파급이 되어 간다는 것이다.

태평양 · 아시아관광협회(PATA)의 승수 효과

각 지역별 승수효과의 비교에 의하면 한국(3.2~4.3), 그리스(1.2~1.4), 하와이(0.9~1.3), 버뮤다 (0.86~2.89), 카리브해(0.58~0.88)의 승수효과가 있는 것으로 나타났다.

2) 국제수지의 개선

관광이 국제수지(國際收支)를 개선하고 무역의 역조현상을 보전(補塡)할 수 있는 것은 다른 산업에 비해서 외화가득률이 높다는 것으로 관광은 적은 투자로 높은 부가가치를 창출해 내고 있다. 국제관광의 왕래로 인한 외화획득의 효과는 부존자원 및 기술자본이 빈약하여 상품수출이 어려운 국가에 있어서는 국제관광객의 유치는 관광 외화수입의 주요한 수단이 되고 있다.

일부 국가에서는 국제수지의 균형적인 달성을 위해서 다양한 제한조치를 취하고 있다. 세계관광기구(UNWTO)가 발간한 「국제관광의 경제적 고찰」(1966년)에서는 "나라의 국제 관광수지를 해결하기 위하여 자국민(自國民)의 해외여행을 극도로 제한하는 것은 어리석은 태도이며, 외국인의 유치 증진에 노력하여 관광수입을 증대시켜 나가는 것이 좋다"라고 하였다.

국제수지(國際收支)

경상수지(經常收支)란 상품의 수출과 수입의 차이에 대한 수지의 개념이며, 서비스 수지는 운수, 여행, 통신서비스, 보험서비스, 특허권 사용료에 대한 수지의 개념이다.

한국과 같이 부존자원이 부족하여 원자재를 대부분 수입에 의존하고 있는 국가에서는 외화가득률은 매우 중요한 의미가 있으며, 관광이 부가가치가 높은 산업이라는 것을 의미한다.

외화가득률(ER: Exchange Rate)

관광외화수입(TE : Tourism Earning) − 획득을 위한 소비액(E : Expenditure)/관광외화수입(TE : Tourism Earning) ×100

한국문화관광연구원의 조사에 의하면 산업부문별로 살펴보면 금융 및 보험업 (95.74%), 부동산 및 사업 서비스업(95.39%), 통신 및 방송업(94.37%) 등의 순으로 나타나고 있어 서비스산업의 외화 가득률이 타 산업부문에 비해 높은 것으로 나타나고 있는데, 이는 생산을 위한 수입이 상대적으로 적음을 의미한다. 관광산업의 경우 비교적 높은 외화가득률을 보이고(85.51%) 있는 반면 수출품목(63.70%)의 경우에는 전체 산업부문에서 낮은 외화가득률을 보이고 있는 것으로 분석(24위)되었다.

〈표 1-6〉 산업별 외화 가득률 현황

구분	외화가득률 (%)	순위	구분	외화가득률 (%)	순위
1. 농림수산품	91.75	8	15. 가구 및 기타 제조업 제품	73.96	18
2. 광산품	93.27	5	16. 전력, 가스 및 수도	77.25	16
3. 음식료품	81.58	13	17. 건설	85.66	10
4. 목재, 종이제품	62.49	25	18. 도매	93.49	4
5. 인쇄, 출판 및 복제	81.10	14	19. 운수 및 보관	91.53	9
6. 석유, 석탄 제품	36.95	27	20. 통신 및 방송	94.37	3
7. 화학제품	67.24	23	21. 금융 및 보험	95.74	1
8. 비금속 광물제품	83.62	12	22. 부동산 및 사업 서비스	95.39	2
9. 제1차 금속	44.71	26	23. 공공행정 및 국방	0	28
10. 금속제품	74.31	17	24. 교육 및 보건	92.79	6
11. 일반기계	72.34	19	25. 사회 및 기타 서비스	91.85	7
12. 전기, 전자기기	69.05	22	26. 기타	70.16	21
13. 정밀기기	77.76	15	27. 관광	85.51	11
14. 수송 장비	72.03	20	수출품목	63.70	24

자료: 이강욱 · 류광훈, 관광산업의 경제적 파급효과 분석, 한국문화관광연구원, 1999. p.38.을 참고하여 작성함.

3) 고용창출 효과

관광산업은 단일산업으로 세계 최대 산업이며, 세계 최고의 고용산업으로 평가되고 있으며, 세계경제에 막대한 영향을 미치는 산업으로 성장하였다.

세계여행관광협회(WTTC: World Travel & Tourism Council)에 따르면 여행 및 관광분야의 세계 GDP(2.6조 달러)와 일자리(1억 1,845만개) 창출에 직접적 기여도가 높은 것으로 조사(2017년)되었다.

여행 및 관광분야의 GDP에 대한 직접적 기여도(약 4.6%), 고용에 대한 기여도(약 8.2%)가 증가하였으며, 직·간접적인 영향력을 고려할 경우, 세계 경제에 대한 여행 및 관광분야는 국민총생산(GDP: Gross Domestic Product)에 대한 총 기여도(8.3조 달러), 세계 GDP의 10.4%에 해당되며, 고용에 대한 총 기여도도 높아 일자리 창출(3억 1,300만개)에 크게 기여하고 있고 있는 것으로 조사되었다. 이와 같이 전 세계적으로 여행 및 관광 수요와 해외 관광 지출이 지속적으로 증가함에 따라 여행 및 관광산업은 다른 산업에 비해 GDP 성장 및 일자리 창출에 높은 기여를 하고 있다고 할 수 있다.

관광객이 증가하는 만큼 관광과 관련된 직업도 다양해지고 있으며, 여행과 관광산업의 발전은 세계경제의 한 축을 담당하고 있으며, 관광직군에 종사(292백만명)하고 있는 것으로 조사되었다.

한국문화관광연구원의 관광산업의 지역경제 기여효과 분석(2003년)에 의하면 관광산업의 고용유발 승수(0.042273)는 전체산업(0.021577)보다 높은 것으로 분석되고 있다.

> **고용유발**
>
> 한국문화관광연구원의 분석에 의하면, 농림수산, 사회 및 기타 서비스, 관광, 도소매, 음식료, 교육 및 보건, 운수 및 보관, 인쇄·출판, 가구 및 기타제조, 건설, 섬유 및 가죽, 공공행정 및 국방 순으로 나타나고 있다.

산업활동의 활성화는 고용증대와 소득창출 효과를 가져오는데, 관광산업은 노동집약적 측면이 높기 때문에 고용효과도 크다. 다른 산업부문의 잉여 노동력을

관광사업 부문이 흡수하여 고용·소득효과를 극대화함으로써 국민생활의 안정에
기여하는 기능을 한다.

〈표 1-7〉 전국 산업별 소득·고용·부가가치 유발승수

구분	소득유발승수	순위	고용유발승수	순위	부가가치유발승수	순위
1. 농림수산품	0.171775	26	0.067979	1	0.891314	6
2. 광산품	0.317567	18	0.014071	21	0.893055	4
3. 음식료품	0.215886	23	0.036084	5	0.802415	12
4. 섬유 및 가죽제품	0.335307	10	0.021858	11	0.683038	20
5. 목재 및 종이제품	0.255915	20	0.015138	18	0.616977	25
6. 인쇄, 출판 및 복제	0.403250	7	0.026339	8	0.781963	14
7. 석유 및 석탄 제품	0.045118	28	0.001527	28	0.3814577	28
8. 화학제품	0.241566	22	0.011762	22	0.619759	24
9. 비금속광물제품	0.329018	13	0.015535	17	0.781308	15
10. 제1차 금속	0.203375	24	0.008274	26	0.580971	26
11. 금속제품	0.345771	9	0.017042	14	0.719709	16
12. 일반기계	0323849	16	0.016499	16	0.703270	18
13. 전기 및 전자기기	0.200758	25	0.010180	24	0.539456	27
14. 정밀기기	0.324085	15	0.019294	13	0.659615	23
15. 수송장비	0.320071	17	0.014410	19	0.690696	19
16. 가구 및 기타 제조업 제품	0.333696	12	0.022820	9	0.707261	17
17. 전력, 가스 및 수도	0.154132	27	0.005914	27	0.674433	22
18. 건설	0.427358	5	0.021862	10	0.831968	10
19. 도소매	0.372478	8	0.037038	4	0.888032	7
20. 운수 및 보관	0.463795	4	0.026928	7	0.820204	11
21. 통신 및 방송	0.326866	14	0.009655	25	0.891330	5
22. 금융 및 보험	0.506600	3	0.016641	15	0.945606	2
23. 부동산 및 사업 서비스	0.266290	19	0.011306	23	0.949271	1
24. 공공행정 및 국방	0.565334	2	0.021764	12	0.885022	8
25. 교육 및 보건	0.650176	1	0.027375	6	0.894458	3
26. 사회 및 기타 서비스	0.415092	6	0.047723	2	0.860476	9

27. 기타	0.253031	21	0.014294	20	0.677975	21
28. 관광산업	**0.333703**	**11**	**0.042273**	**3**	**0.796734**	**13**
전산업평균	0.324995		0.021557		0.756211	

4) 산업적 효과

관광에 의한 직·간접적 관광수요는 광범위한 관광투자와 소비를 창출하고 새로운 수요를 유발시키고, 새로운 수요는 관광사업의 발전과 동시에 다른 산업의 진흥에도 영향을 미친다. 즉 관광사업의 발달에 의하여 관광사업의 수요가 타 산업의 활동을 촉진시키고, 국가·지역 전체의 경제활동을 활발하게 하는 기능을 갖는다.

관광객으로 인한 소비는 각 부문의 경제활동을 활성화하고 관광사업의 수익활동을 촉진시켜 이 같은 수입을 바탕으로 하여 경영활동을 하게 된다. 기업에서 지출하는 것은 원재료·서비스의 구입과 기타 지출로 분류를 할 수 있으며, 기업체에 종사원에게 지불이 되는 임금은 종사원의 가계수입이 되기도 한다. 기업의 성장으로 인하여 기업의 이익은 예금이 되거나 시설의 확충을 위한 자금으로 쓰이기도 하는데, 영업활동에 대한 성과로서 국가 또는 지역의 세금수입이 되기도 한다.

〈표 1-8〉 관광사업과 연관 산업

관광사업	관련업종	
	진입단계	운영단계
여행업	정보통신(GDS, ERP)	지역 문화산업, 지역 기반산업(숙박, 음식 등)
관광숙박업, 휴양업	건설업, 인테리어업, 식자재, 정보통신(GDS, ERP)	에너지, 식음료 산업 등
국제회의시설업	건설업, 인테리어업, 식자재, 정보통신	에너지, 식음료 산업 등
카지노업	건설업, 게임기기 제조업, 정보통신, 전자 전기 등	에너지, 식음료 산업 등
종합유원시설업, 관광궤도업	건설업, 기계공학, 체육시설 등	산업안전, 관리운영 등

주: GDS(Global Distribution System), ERP(Enterprise Resource Planning).
자료: 심원섭, 해외 관광정책 추진사례와 향후 정책방향, 한국문화관광연구원, 2011, p.13.

2. 사회적 효과

현대문명의 발전은 인간의 신체적 · 정신적 분야에 많은 영향을 끼쳐왔다. 산업문명으로 인한 인구의 도시 집중화가 가져다준 폐해와 고도의 산업구조로 인한 조직적인 집단체계의 형성, 단조로운 노동의 연속 등은 현대인들에게 신체적 피로와 긴장을 축적시키고 있다.

이러한 현대인에게는 휴식을 통해 심리적, 육체적 리듬을 회복시켜 주는 역할을 수행하게 되는 것이 관광활동이다. 관광은 레크리에이션을 수반한 사람의 행동으로 심신을 단련하고 향상시키려고 하는 의미이며, 감상, 지식, 견학, 시찰, 체험, 활동, 휴양, 참가, 체육 등과 같은 여러 가지 형태가 포함이 된다. 관광은 자기의 실천을 지향하는 기본적인 욕구를 충족시키는 행위이며, 이것은 결국 기분전환을 하기 위한 모든 활동까지를 포함하게 되었다.

관광은 긴장과 억제에서 탈피하고자 하는 현대인의 욕구를 충족시켜 주기 위한 것이며, 자연과 접촉을 유도하고, 피로를 회복하며, 긴장과 불안을 해소할 수 있는 역할을 한다는 것이다.

관광은 일반적으로 물적 자원의 교류가 아닌 인적자원의 교류이다. 지역과 국가간의 왕래를 통하여 국민성 내지 민족성을 이해하게 되었으며, 국제관광은 국가 간의 오해 · 편견 · 의혹 · 공포의 이념을 없애고 국제친선의 증진에 커다란 공헌을 하고 있으며, 세계평화에도 기여하고 있다.

미국 대통령의 의뢰를 받아 작성된 랜돌 보고서는 국가 간의 여행은 국가의 이해와 평화를 구축하는 중요한 요인이라는 점을 강조하고, 미국인이 제2차 세계대전이후 패전국가인 독일이나 일본을 널리 여행을 하게 함으로써 적대적인 관계에서 우호적인 관계로 전환을 시키려고 노력하였다. 또한 미 · 소 간의 냉전체제를 완화하고 여행을 촉진하기 위한 새로운 협정을 체결하는 이러한 일련의 조치들은 긴장의 완화와 평화의 촉진에 기여하였고 이를 관광이 갖고 있는 사회적인 효용성에서 국제교류를 통한 친선효과라고 하고 있다.

따라서 관광은 지역과 국가 간의 여행을 통하여 다양하고 많은 사람들과의 접촉을 함으로써 지역성, 국민성, 풍습, 습관 등을 이해하게 되는 것이며, 상호 간의

이해는 접촉(contact)하는 단계에서 대화(communicate)하는 단계로 그리고 신뢰
(confidence)하는 단계로 발전하여 가는 것이다.

3. 문화적 효과

관광이 즐거움을 위한 여행이고 여행하는 자체가 목적이지만 여행을 통해서
얻어지는 지식과 경험은 다른 사람에게 전해질 수가 있는 것이며, 또한 방문한 관
광객을 통해서 서로 다른 문화에 접할 수 있는 것이다. 인류는 이상을 추구해 가는
과정에 있어서 문화의 발달을 가져오게 되었고, 민족과 지역에 따라 각각의 문화
및 풍속의 차이가 생겨나게 되었으며, 지역사회에서 문화의 발달은 스스로의 고유
의 문화와 전통을 유지하는 것이다. 관광지에서 외국 관광객과의 만남은 새로운
문화적인 경험의 기회를 제공할 수 있는데, 문화관광은 국가 고유의 문화·정신유
산의 표현에 있어서 비언어적인 요소가 있기 때문이다.

세계관광기구에서는 문화관광의 정의를 협의의 개념에서 광의의 개념으로 확
대(1985년)를 시켰는데, 개인의 문화수준을 향상시키고 새로운 지식이나 경험, 만
남을 증가시키는 등 인간의 다양한 욕구를 충족시킨다는 의미에서 인간의 모든
행동을 포함시키는 것이라고 정의하였다. 문화관광은 계절에 관계없이 질적, 양적
으로 이루어 질 수 있고, 아직 입장료를 지불하고 행하는 문화관광의 행위가 다른
관광행위보다 비교적 저렴하게 행동할 수 있기 때문에 여행비용의 절약효과 측면
에서도 바람직하다.

따라서 문화적 효과란 관광을 통해서 자신이 경험을 했던 문화와 타인이 가지
고 있던 문화체계를 비교함으로써 타인의 세계를 이해하고 새로운 문화를 창출해
낼 수 있다.

4. 교육적 효과

일반적으로 관광을 통한 교육적 효과를 달성하고자 할 때 이를 교육관광이라고
할 수 있다. 그러나 교육관광을 특정한 범주에 포함시켜 볼 때에는 교육시장에

대한 나이의 제한이 있을 수 있다.

교육관광은 참가자의 연령을 가정과 가족으로부터 편안하게 떨어져 여행을 할 수 있는 나이인 12세부터 학술적, 직업적 교육의 일환으로 특정한 목적을 달성하기 위해 여행하는 25세까지로 전형적인 구분을 한다. 그러나 특정한 목적의 교육여행과 경영의 일환으로 실시되는 교육관광에 참여하는 만큼 적극적인 개념으로 장년층 및 노년층을 포함하기도 한다.

관광은 청소년들에게 대인(對人)관계를 통한 건전한 윤리 확립에 기여하며, 단체생활을 통하여 협동정신을 배양하게 된다. 학교 교육의 연장으로 실시하는 현지답사나 확인교육은 교육의 현장화를 통한 직접체험의 효과를 가져다준다.

관광은 이러한 직접적인 체험을 통해서 많은 교육적인 효과를 기할 수가 있는데, 관광이 사회에 제공하는 것이 문화적인 효과라고 할 때 관광객이 느끼고 보고 체험하는 것들은 개인의 교육적인 효과라고 할 수 있다. 옛말에 백문불여일견(百聞不如一見)이라는 말은 교육적인 효과를 강조하는 것이며, 철학자인 베이컨(Bacon)이 언급한 "관광은 노인에게는 경험의 일부이지만 젊은이에게는 교육의 일부이다"라고 강조한 표현과 유럽의 근대시대에 유행했던 그랜드 투어(grand tour)의 궁극적인 목표는 교육에 있었다. 이것은 관광이 갖고 있는 교육적인 효용성에 중점을 둔 것이라고 할 수 있다.

> ### 그랜드 투어(grand tour)
>
> 그랜드 투어(grand tour)는 원래 엘리자베스(Elizabeth)여왕이 16세기 초에 영국을 중심으로 한 유럽의 귀족계층 자제들이 프랑스나 이탈리아를 돌아보며 고전문화와 귀족사회의 교양을 익히기 위해 떠나는 여행이었다.
>
> 신세계에 대한 열망에 따라 괴테(Johann Wolfgang von Goethe), 셸링(Friedrish Wilhelm Joseph von Schelling), 바이론(George Gordon Byron) 등 저명한 문호, 사상가, 시인들이 대륙여행을 하게 되었으며, 이에 대한 자극을 받고 상류층 젊은이들은 교육목적으로 유럽 전역을 순회여행을 하게 되었는데, 이 관습은 17~19세기에 일반화되었다.
>
> 자녀들에게 선량교육(善良敎育)을 시킬 목적으로 유럽지역을 순회하는 여행은 존 로크(J. Lock)의 "인간은 후천적인 교육으로 완성될 수 있다"는 인간 백지설(人間 白紙設)이라는 이론에 영향을 많이 받았다고 한다. 그들은 특정지역의 환경에 권태감을 느끼게 되면서 다른 지역으로 이동하고 건축, 고전, 예술, 정치, 사회, 경제 등에 대한 이해를 통해 체험과 지식을 추구하고자 하였다.

그랜드 투어라는 여행을 통해 프랑스어 교육은 물론이고 춤, 펜싱, 승마, 그림 등 전인적(全人的)인 교양 교육이 실시되었지만 학생들의 일부는 파리에 장기간 체류하면서 도덕적으로 타락하기도 하였고 체재하는 비용이 높아 이탈리아로 건너가서 조각과 음악 그리고 미술 공부를 하는 풍조도 있었다. 이 그랜드 투어는 18세기 중엽 절정기를 맞이했으나 프랑스 혁명과 나폴레옹 전쟁(Napoleonic wars)으로 중단되었다고 한다.

5. 환경적 효과

관광이 전세계적인 산업으로서 각광받기 시작하면서 관광으로 인하여 야기될 수 있는 많은 문제점이 제기되었고, 관광이 사회와 환경에 미치는 악영향을 최소화하기 위한 다양한 논의가 진행되었다. 세계관광기구(UNWTO)의 주관으로 개최한 '관광에 대한 의회 간 회의'(1989년)에서는 자연과 관광의 상호 의존관계를 강조하고, 관광발전은 자연보존이 전제가 되어야 한다는 취지의 '헤이그 선언'을 발표하였다. '오사카 선언'(1994년)에서는 경제발전에 힘입어 국제관광객이 대폭 증가되고 교통·통신기술 발달로 인한 국제연락망의 확대가 국제관광의 발전에 크게 기여했다고 전제하였다.

관광이 세계 최대의 국내총생산(GDP) 및 고용창출분야로서 국가 간의 인적교류를 통해 상호 이해증진과 평화유지에 큰 역할을 하였으나, 무질서한 관광개발로부터 자연환경이나 전통을 보호하기 위하여 적극적인 노력이 필요하다는 것을 강조하였다.

세계관광기구는 '관광에 관한 발리 선언'(1996년)에서는 관광산업이 지방분권화가 가속화됨에 따라 세계관광기구는 관광계획을 수립할 경우 지방자치단체의 책임을 강화하여 관광지의 주민들에게 생활의 질을 향상시킬 수 있는 방안을 모색하고, 지방자치단체의 정책을 결정하는 자들에게 관광이 지역경제의 활성화에 핵심적 역할을 하게 된다는 계기를 인식시키게 되었다.

세계적으로 천연자원과 사회·문화유산을 보호하면서도 필요한 개발을 추진하는 지속가능한 개발이 중요하게 대두되고 있고, 관광에 있어서 지속가능한 개발을 발전시키기 위해서는 개개인의 통합적 시민의식이 중요하며, 관광도 사회적 책임을 갖고 이익차원을 넘어 사회에 기여할 수 있다는 인식이 확대되고 있다.

생태관광(eco tourism)

브라질에서 개최한 회담(1992년)에서 관광산업이 희귀동물 및 산림, 문화적 유물 등을 통해 재정적인 이득을 얻는 만큼 이들을 보호해야 한다고 역설을 하였으며, 생태관광 개발은 국가의 개발전략적인 측면에서 볼 때, 관광의 역할을 평가해야 하며, 국가 차원의 생태관광위원회의 구성과 생태관광지의 개발에 따르는 관리가 필요하다고 할 수 있다. 한국도 생태관광의 상품화를 위한 방안의 모색과 민간 자본에 의한 관광개발을 환경보호의 차원에서 규제할 필요성이 있다고 하겠다.

지속가능한 관광(sustainable tourism)

지속가능한 관광(sustainable tourism)이란 미래 세대에게 관광기회를 제공하고 관광을 증진시키는 동시에 관광객 및 지역사회의 필요를 충족시키는 것이다. 따라서 자연환경을 보호하고 문화와 역사를 보전하며 생물 다양성, 그리고 생물 지원 체계를 유지하는 동시에 경제ㆍ사회ㆍ문화ㆍ환경적 필요를 충족시킬 수 있도록 모든 자원을 관리하는 것으로 관광개발에 있어서 국제자연보호연합(IUCN)의 공식문서(1980년)인 세계자연보존전략(WCS)에서 처음으로 사용된 이후 공식적으로 인정되고 있다

CHAPTER

02

BUSINESS
TOURISM

관광과 시스템

CHAPTER **02**

관광과 시스템

제 **1** 절 관광의 기본적 체계

1. 학자들의 관광 구성요소

관광은 기본적으로 수요와 공급의 원리에 의해서 형성이 되며, 사람들에게 관광행동을 불러일으키게 하는 다양한 구성요소는 관광객의 심리적인 요인과 경제적 측면도 중요하지만 실행에 옮길 수 있는 교통, 숙박, 자원 등과 같은 요소가 있다.

관광에 대한 연구는 관광을 현상학적 관점에서 체계적으로 접근하려는 경향이 높았으며, 관광이 성립하기 위해서는 관련 조건들이 충족되어야 한다는 인식이 확산되었다.

학자들은 관광을 연구하려는 과정에서 학문적 관심영역에 따라 관광의 구성요소를 다양한 관점에서 이해하고 있으며, 국·내외 학자들은 관광의 구성요소에 대하여 다양한 접근방법을 제시하고 있다.

관광의 구성요소에 대한 초기의 연구는 관광주체인 관광객과 관광객체인 관광자원의 상호작용으로 이루어지는 현상으로 이해하려는 시스템적 접근이 시도되면서 관광주체와 관광객체를 중심으로 하는 2체계론이 시작되었다. 그러나 관광현상이 복잡해지고 다양해짐에 따라서 관광주체와 관광객체를 체계적으로 연결하는 관광매체가 등장하게 되었고 그 역할이 강조되면서 관광주체, 관광객체, 관광매체를 구성요소로 하는 3체계론이 등장하게 되었다.

1960년대부터는 관광을 시스템적으로 이해하고 연구하려는 경향이 증가하게 되었고 관광의 구성요소들 상호 간의 역할과 관광현상과의 관계를 체계적으로 연구하고 분석하려는 시도가 증가하고 있다.

〈표 2-1〉 국내학자의 관광의 구성요소

학 자	관광의 구성요소	내용	특징
김상훈	• 관광주체 : 관광객 • 관광객체 : 관광자원 • 관광매체 : 관광시설 　　　　　　 관광편의시설	순수관광 겸목적(兼目的)관광 자연, 문화, 사회, 산업적 관광자원 시간, 공간, 기능적 매체	관광발생
김진섭	• 제1요소 : 관광의욕 • 제2요소 : 관광대상(관광자원) • 제3요소 : 관광매체	심정(心情), 정신, 경제적 동기 공간, 시간, 기능적 매체	관광발생
김재민	• 관광주체 : 관광객 • 관광객체 • 관광매체	자연, 문화, 사회, 산업적 관광자원	관광발생
박석희	• 관광자 • 교통기관 • 마케팅 : 정보, 지도 • 매력물 : 서비스, 시설		관광계획 및 마케팅
이항구	• 3요소(주체 · 객체 · 매체)	관광이념 중시	경제적 소비 환경 중심설
손대현	• 관광주체 : 관광자 • 관광객체 : 관광자원, 관광시설	운송기관, 매스 미디어	관광발생
이장춘	• 관광객 • 관광객체 : 관광시설 • 관광매체 : 관광알선 • 관광주체 : 관광자원 • 독립변수 : 관광개발		관광개발

자료: 채서묵, 관광사업개론요해, 백산출판사, 1993, p.39.

〈표 2-2〉 국외학자의 관광의 구성요소

학자	관광의 구성요소	특징
마에다 이사무(前田勇)	• 관광주체 : 관광자 • 관광대상 : 관광자원, 관광시설(서비스 포함) • 관광매체 : 이동수단, 정보	관광발생
군(Clare. A. Gunn)	• 관광시장(markets) • 정보 및 홍보(information & promotion) • 교통기관(transportation) • 매력물(attractions) • 서비스 및 시설(services & facilities)	관광계획
맥킨토시 & 골드너 (Rober W. Mcintosh & Charles R. Goeldner Robert)	• 자연자원(natural resources) • 기반시설(infrastructure) • 상부시설(superstructure) • 교통 및 교통기관 • 환대(歡待) 및 문화적 자원	관광공급
밀 & 모리슨 (C . Mill & Alastair M. Morrison)	• 관광시장 • 관광목적지 • 여행 • 마케팅	관광마케팅
시킹(John Seekings)	• 수요 : 관광자 • 공급 : 교통, 관광자원, 관광시설 • 마케팅 : 소매업자, 도매업자, 마케팅 전문가	관광마케팅

자료: 채서묵, 관광사업개론요해, 백산출판사, 1993, p.40.

2. 관광의 일반적인 체계

1) 관광주체

관광주체(觀光主體)는 관광행위의 주체로서 관광객을 의미한다. 관광객은 관광욕구(觀光慾求)를 가지고 있으며, 여행을 하는 여행자 및 상품을 구매하고자 하는 소비자라고 할 수 있다. 관광객의 관광욕구와 동기는 심리적 요인과 사회·경제적 배경 등이 관광행동에 많은 영향을 끼친다.

사람들의 내면에는 신체적 욕구, 문화적 욕구, 사회참여(소속)의 욕구, 사회적 인지(존경)의 욕구, 자아실현의 욕구 등과 같은 심리적 요인이 작용한다.

사회·경제적 요인은 산업사회의 발달에 따른 인간성 상실, 공해, 스트레스 등을 해소하기 위한 욕망으로서 일상성으로부터의 탈피욕구, 탈출욕구, 인간성 회복 욕구, 신분상승 욕구 등을 들 수 있다.

그러나 관광은 관광욕구가 있다고 해서 관광행동을 하는 것이 아니라 이동하고, 체재함으로서 관광이 성립되기 때문에 이동조건, 시간조건, 신체조건, 경제조건, 정보조건 등이 확보되어야 되며, 이러한 조건들은 관광행동의 척도가 된다.

2) 관광객체

관광객체(觀光客體)란 관광객을 만족시킬 수 있는 제(諸) 자원을 지칭하고 있으며, 관광객체를 관광대상이라고 표현하기도 한다. 관광대상이란 관광객의 욕구를 충족시킬 수 있고, 관광객을 끌어들이는 매력이 있어야 하는데, 독특성과 유인성 등이 있어야 한다. 그러나 관광자원의 특성이 부족하더라도 아이디어와 투자가 활성화된다면 관광목적지로 발전할 수가 있다.

관광객체는 독특성과 유인성이 있어도 관광객이 목적지까지 이동할 수 있는 교통수단이 있어야 하며, 상품의 가치를 평가할 수 있기 때문에 관광활동 과정에서 다양한 매체가 존재하게 된다.

> **관광목적지의 기본조건(3A)**
>
> 관광목적지가 되기 위한 기본조건을 3A라고 표현을 하기도 한다. 접근성(Accessibility), 수용태세 (Accommodation), 자원(Attractions)을 의미한다.

3) 관광매체

관광매체(觀光媒體)란 관광주체와 관광객체를 중개하는 역할을 하는데, 관광은 관광주체와 관광객체를 연결하는 매체가 그 역할을 하지 않는다면 관광행동이 이루어지기가 어렵다. 관광매체는 관광객을 대상으로 하는 활동이라는 점에서 시간적·공간적·기능적 관점을 충족시키는 기능을 한다.

(1) 시간적 매체

시간적 매체에는 숙박시설과 식당, 휴게시설 및 위락시설 등이 관광목적지의 기본 요소가 되며, 소비자는 이러한 시설들이 가격이 적정한지 품질이 우수한지의 여부를 판단하고 선택하기도 한다.

숙박시설에는 호텔, 모텔, 게스트 하우스(guest house), 비 앤 비(B&B:Bed & Breakfast), 농장(farm house), 아파트먼트(apartments)호텔, 빌라(villas) 커티지(cottages) 콘도미니엄(condominium), 리조트(resorts), 휴가촌(vacation village, holiday centres), 회의 및 전시 센터(conference & exhibition centres), 카라반(touring caravan), 캠핑장 (camping sites), 마리나(marines) 등과 같은 다양한 시설이 있다.

(2) 공간적 매체

공간적 매체는 운송수단으로서 시간과 공간의 개념이 되며, 이용자들의 운송수단 선택은 가격을 비롯하여 안정성, 속도, 운항 횟수 등을 중요하게 고려한다.

운송수단은 육상, 항공, 해상운송으로 구분할 수 있고, 철도, 전세버스, 자동차, 비행기, 선박 등이 중요한 선택요인이 되며, 운송수단이 그 역할을 하기 위해서는 기반시설(infra-structure)인 도로, 철도, 공항, 항만, 주차장, 통신시설, 상·하수도 시설 등이 갖추어져야 한다. 또한 이동하고 체재하는 과정에서 숙박시설, 휴게시설, 안내시설, 식사시설 및 기타 여행과 관련되는 시설 등이 필요하게 되는데, 이를 여행관계시설(super-structure)이라고 한다.

(3) 기능적 매체

기능적 매체는 관광객에게 관광활동을 촉진시키는 역할을 하며, 일반적으로 관광사업자의 진흥활동이 중심이 된다.

관광촉진기관의 대표적인 조직은 정부, 지방자치단체, 민간단체 등이 있으며, 교통, 숙박, 관광자원, 여행관련 조직자 등과 같은 사업자들의 상호 협력에 의한 마케팅 노력이 필요하다. 정부관광기구(NTO : National Tourism Organization), 지방관광기구(RTO: Regional Tourism Organization), 지역관광기구(LTO: Local Tourism

Organization), 관광협회(tourism associations) 등이 있다.

여행조직이란 여행을 촉진시키거나 여행에 참여하도록 하는 조직으로서 투어
오퍼레이터(tour operators), 여행도매업자(tour wholesalers/brokers), 여행소매업
자(retail travel agents), 회의조직자(conference organizers), 예약대리점(booking
agencies), 인센티브 여행조직자(incentive travel organizers) 등이 있다.

그림 2-1 **관광산업의 상관관계**

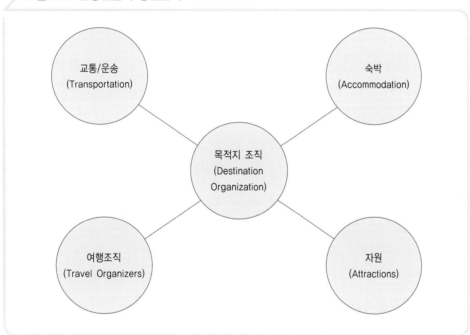

제**2**절 관광의 수요와 공급

1. 관광과 수요

사람은 생활하는 동안에 무수히 많은 의사결정을 하게 된다. 선택은 여러 가지 대안(代案)을 비교, 검토하여 최종적인 결정을 하게 되며, 어떠한 것이 중요한 가치가 있는지를 평가하게 된다. 가치란 어떤 행위나 사물의 상대적 중요성을 나타내는 척도(measure)이며, 측정하는 가치는 변할 수 있는 가변성(可變性)이 있다.

가치에 의해서 판단이 되는 재화나 서비스는 구매욕구가 있는 소비자에 의해서 구체화되는 행위로서 이를 구매라고 하며, 구매행위는 수요자의 욕구나 욕망의 가치에 따라서 미치는 영향은 다양하다.

관광이란 관광객이 관광지를 찾는 이동현상으로서 인간의 활동이라고 할 수 있으며, 사람이 관광을 하는 이유는 본능적이라는 견해가 오늘날에도 많은 지지를 받고 있다.

관광을 하려는 행동은 관광객의 마음속에 있는데 관광행동을 일으키는 데 필요한 심리적인 원동력을 관광욕구 또는 관광의욕이라고 하며, 관광행동으로 옮기게 하는 심리적인 에너지를 관광동기(觀光動機)라고 하고 있다. 일반적으로 사람은 관광욕구와 관광동기를 갖게 되며, 관광의 수요자 또는 소비자라 하고 이들이 모여 있는 집단은 수요시장을 형성하게 된다.

관광수요시장(tourism demand market)이란 상품에 대하여 실제적 또는 잠재적 구매자의 집합을 말하며, 필요와 욕구를 갖고 있는 사람들로 구성이 되는데, 구매자(buyer)는 관광객 또는 여행자이다.

관광수요시장을 결정하는 변수에 대한 학자들의 연구 동향은 다음과 같다. 머피(Murphy)는 수요시장의 결정요인으로 동기(사회적·문화적·물리적·환경적 동기), 인식(과거체험·선호도·소문), 기대(관광 이미지) 등을 제시하고 있다. 미들턴(Middleton)은 지리적 요인, 경제적 요인, 인구 통계적 요인, 사회·문화적 요인, 상대적 가격, 이동성, 정부규제 요인, 대중매체 커뮤니케이션 등으로 설명하고 있다. 허드만(Hudman)과 호킨스(Hawinks)는 관광객 수, 여행지출 경비,

체재기간, 여행동기, 출발지, 여행수단, 숙박수요, 선호 교통수단, 관광판매 형태, 사회·경제적 특성, 이용계절 등을 관광 수요시장의 요소로 제시하고 있다.

학자들의 연구를 바탕으로 관광수요에 영향을 미치는 요인인 지리적 변수, 인구통계적 변수, 경제적 변수, 사회·문화적 변수, 행동·분석적 변수로 시장의 특성을 구분하고자 한다. 최근에는 경험이 많은 관광객들은 다양한 목적지를 선택하여 특별한 경험을 찾고자 하고 있으며, 방문할 곳에 대한 다양하고 특별한 정보를 요구하기도 하는데, 소비자의 욕구에 부응하는 적절하고 정확한 정보는 관광수요를 창출할 수 있으며, 수요시장을 결정하는 중요한 변수가 되고 있다.

⟨표 2-3⟩ 관광수요 시장의 변수

구분	내용
지리적 변수	입지, 지형, 기후, 경관(景觀), 동·식물 등
인구·통계적 변수	인구 수, 직업, 연령, 성별, 종교, 교육수준 등
경제적 변수	소득 수준, 구매력, 다른 재화와 상대가격, 경제 구조, 경기 동향 등
사회·문화적 변수	교육수준, 여가시간, 사용 언어, 기반시설(infrastructure), 교통환경
행동·분석적 변수	생활양식(life style), 태도, 사고 방식, 소비자의 심리

자료: 김사헌, 관광경제학, 경영문화원, 1985, pp.114-118.을 참고하여 작성함.

2. 관광과 공급

공급이란 생산자가 재화와 용역을 소비자에게 제공하고자 하는 의도를 말하며, 이러한 공급은 생산자가 판매하고자 하는 양과 판매가 가능한 양으로 구분을 할 수 있다.

공급은 사람들에게 제공하는 능력과 서비스 등은 복합적으로 작용하고 다양한 경험을 만들어내고 있기 때문에 공급요소를 이해하고 특성을 분류하는 것은 매우 중요하다고 할 수 있다.

관광공급시장(tourism supply market)이란 상품의 판매자(seller)로서 소비자에게 판매를 하기 위해 무엇인가를 소유하고 있는 집단을 의미하며, 대기업, 중·소기업, 개인도 포함이 된다.

관광공급은 관광지가 실제적 또는 잠재적 구매자에게 제공할 수 있는 요소가 갖추어져야 하며, 관광객을 방문하도록 유도할 수 있는 자연적, 인문적 환경은 물론, 다양한 상품과 서비스를 갖추고 있는 범위를 포함하며, 관광수요시장과의 연계성까지도 고려해야 한다.

관광공급은 관광객이 목적지까지의 이동을 가능하게 하는 시설뿐만이 아니라 목적지에서의 체재, 위락 등 관광활동을 할 수 있는 다양한 시설들이 제공되어야 한다. 최적의 환경, 최고의 설비, 서비스를 상품화하는 것이고, 품질(品質) 향상과 공급량(量)의 확보는 관광객의 만족과도 직결이 된다.

그러나 공급요소들을 구비하고 개발하기 위해서는 경제적인 재원이 필요하며, 너무 많은 공급은 비경제적인 현상을 초래하게 되고, 반대로 적은 공급은 수요 부족의 사태가 발생되므로 예상 수요에 맞는 적절한 공급을 설정하는 것이 중요하다.

• 그림 2-2 **관광의 수요 · 공급 모델**

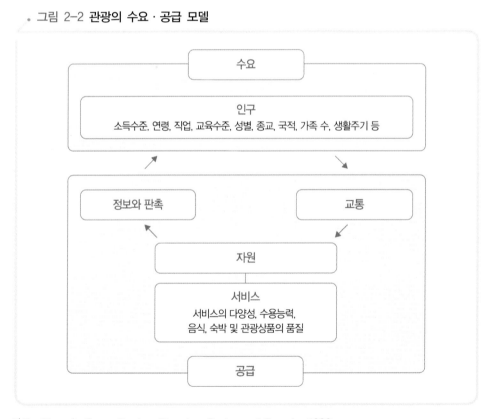

자료: Clare A. Gunn, Tourism Planning, Taylor and Francis, 1988.

관광공급시장은 폭넓게 분류되고 관광객에게 매력적인 상품으로 제공되어야 하며, 다음과 같이 분류하고자 한다. ① 자연적 환경, ② 기반시설(공항, 철도, 항만 및 마리나, 도로 및 주차장, 상수도, 전기 및 통신시설 등), ③ 교통수단(비행기, 기차, 버스, 배, 택시 등), ④ 숙박시설(숙박시설의 입지와 유형 등), ⑤ 문화적 자원(박물관과 미술관 및 스포츠, 쇼핑, 오락·유흥, 레저스포츠 등), ⑥ 환대서비스(친절성, 관광안내) 등으로 분류할 수 있다.

1) 자연적 환경

자연적 환경은 공급에 있어서 가장 중요한 역할을 하고 있으며, 입지적 특성이 강한 공급요소이며, 입지를 비롯하여 지형, 기후, 공기, 동·식물, 수질, 해변, 자연의 아름다움, 식수, 위생설비 등과 같은 것이 있다.

자연적 환경은 지역의 위치가 수요시장과 가까울수록 수요가 높다고 할 수 있는데, 이용자 중심의 지역은 이용자에게 가깝게 위치하고 있어야 하지만 이와 반대로 자연적인 아름다움을 갖추고 있으면 원거리라도 수요가 높을 수가 있으며, 이는 교통수단의 활용 여부와 연관성이 높다.

> **관광과 입지(立地)**
>
> 드페르(defert)는 『관광입지론』(1966년)에서 관광입지에서는 거리라는 것이 관광객에게는 심리적 감가(心理的 減價)요인이 된다고 하였다. 심리적 감가란 거리가 멀면 멀수록 관광객에게 주는 심리적인 부담으로 작용하여 상품의 가치를 떨어뜨린다는 의미이며, 이러한 이유는 관광은 상품이 이동하는 것이 아니라 사람이 이동하기 때문이라고 하였다.

관광 발전에 유리한 조건을 확보하기 위해서는 자연적인 환경을 다양한 방법으로 결합해야 하며, 중요한 요인으로는 계절의 변화와 여가선용에 대한 수요이다. 특히 연중 매력이 있는 지역이라면 관광지로 성공할 가능성이 높다고 할 수 있다.

그러나 자연적인 환경에 의해서만 관광이 발전하는 것이 아니라 자연적 환경을 생산적인 상품으로 발전시키기 위해서는 노동력의 활용과 운영방법을 잘 활용해야 하며, 품질(quality)을 유지하는 것도 중요한데, 생태학적·환경적인 특성을 고려한 적절한 관리계획이 수립되어야 한다.

2) 기반시설

일반적으로 기반시설이란 지상, 지하에 건설이 되는 모든 구조물들이다. 이러한 시설들은 많은 비용이 투자되어야 하고 건설을 하는 데 많은 시간이 소요되며, 시설의 확보 여부가 관광의 성패를 좌우하게 된다.

기반시설에는 공항, 항만, 철도, 도로, 주차장, 공원, 야간 조명시설, 마리나와 부두시설 등은 물론 상·하수도 처리시설, 가스, 전기·통신시설, 배수시설 등과 같은 시설은 필수적인 요소이다. 또한 숙박시설, 식당시설, 쇼핑센터, 오락장소, 박물관, 상점 등과 같은 건축시설이 있다.

(1) 공항

공항은 항공기, 항공노선과 더불어 항공수송의 3대 요소라고 할 수 있다. 공항이란 항공기가 이·착륙할 수 있는 시설을 갖춘 공용 비행장으로서 명칭, 위치 및 구역을 지정, 고시한 것이다. 공항은 국제선 공항, 국내선 공항 그리고 정기노선을 제외한 항공기가 이용할 수 있는 일반 비행장으로 구분을 할 수가 있으며, 군용 비행장은 별도로 분류하고 있다.

(2) 항만

항만은 육상교통과 해상교통의 연계 역할을 하는 주요 시설로서 배가 운반하는 여객 또는 화물을 싣거나 내리며, 배의 항해에 필요한 연료, 식량, 식수 등을 보급하는 곳이다. 항구는 사용목적에 따라 상업항, 공업항, 어항, 군항 및 피난항으로 구분이 되며, 항구가 그 기능을 충분히 발휘하기 위해서는 여객 수 및 화물량에 맞도록 시설을 구비해야 한다.

(3) 철도

철도(railway)는 철제의 궤도를 설치하고 기관차와 차량을 운행하여 여객과 화물을 운송하는 시설이며, 철도교통이라는 표현을 한다. 철도는 전용노선을 이용하는 고속철도를 비롯하여 일정한 유도로(誘道路)에 따라 주행하는 지하철도(subway), 노면전차(tramway), 삭도(索道, rope-way), 모노레일(monorail), 케이블 카(cable way), 부상식 철도 등의 모든 것을 총칭하고 있다.

(4) 도로

도로(road)는 기반시설에서 중요한 역할을 하며, 사람이나 차가 다니는 길을 말한다. 도로는 인류와 함께하여 왔으며, 현대의 자동차 시대에 필요한 고속도로에 이르기까지 근대화되어 발전되어 왔다. 관광에 있어서 자동차를 이용한 여행에서 도로의 이용은 보편화되었으며, 이용자들을 위한 도로 계획이 수립되어 왔다.

자동차여행이 많은 현대사회에서는 도로 표지판도 중요하며, 도로표지를 하는 경우에는 방향과 거리를 표시하여 여행자에게 충분한 정보를 제공하고 있다. 특히 외국인 관광객이 많이 방문하는 국가, 지역은 도로 표지를 방문객들이 많은 국가의 언어를 병행하여 표기하는 것이 바람직하다고 할 수 있다.

여행자들의 편의를 위해 관광안내소를 설치하고 지도(map) 등을 구비하기도 하며, 공원, 피크닉 식탁과 같은 휴식장소의 제공, 숙박과 음식, 주유소 등과 같은 정보를 제공하기도 한다.

3) 교통수단

관광은 정주지에서 목적지까지의 이동이라는 교통수단이 필요하고, 항공기를 비롯하여 자동차, 기차, 버스, 선박, 택시, 자동차, 모노레일, 삭도(索道) 등은 이용자들의 편의를 제공해줄 수 있어야 한다.

이러한 교통서비스는 안전해야 하며, 가격도 적정해야 한다. 특히 관광지 내에서의 관광활동을 위한 도보교통(徒步交通)도 중요한 역할을 하고 있다는 인식이 필요하다.

(1) 항공

항공산업은 국제관광의 교통수단에서 중요한 위치를 차지하고 있다. 관광을 진흥 발전시키기 위해서는 항공사의 명칭, 운항횟수, 운항하는 기종 등은 항공교통의 특성을 평가하는 기준이 된다. 항공기가 운항하기 위해서는 공항의 시설도 충분해야 하며, 항공기 이용과 관련하여 출·입국하는 이용자를 위한 교통편과 화물의 탑재·하역을 위한 공간도 중요하다. 최근에 건설된 공항들은 이러한 문제들을 해결하는 데 역점을 두게 되었고 설계개선을 통해서 이용객들의 보행거리도 단축시켰으며, 비행기를 갈아타는 승객들을 위한 셔틀버스도 자주 운행하고 있다.

(2) 자동차

여행자를 위한 자동차는 넓은 차창과 안락한 의자, 냉·난방, 화장실 시설을 갖추는 것이 좋으며, 스프링이나 기타 시설이 잘 설계되어 운항에 따르는 충격을 최소화하거나 전혀 충격을 주지 않아야 한다. 승객에게는 이어폰의 제공과 더불어 자국어(自國語)로 된 안내 서비스를 제공하게 되면 주요 관광지에 대한 설명을 빠르고 쉽게 이해할 수 있다.

(3) 기차

여행자들 중에서 기차여행을 선호하는 경우가 많이 있다. 이러한 이유는 다른 교통수단에 비해서 안전성과 편리성이 높으며, 냉·난방시설이 설치가 된 차 안에서 경치를 내다볼 수 있는 안락함 때문이다. 고속열차의 등장은 여행자의 선호도를 증가시켰으며, 승무원을 고용하여 서비스의 가치를 더욱더 높이고 있다.

(4) 선박

해상(海上)여행은 육상여행과 항공여행의 발달과 더불어 관광발전에 많은 기여를 하였고 순항선(巡航船), 화물선, 페리(ferry)선, 전세 보트, 요트, 거주용 배, 카누 등과 같은 다양한 종류가 있다.

순항선과 같은 대형 선박들은 항구 및 부두시설이 필수적이고 승객들을 위해 육상 또는 항공 수송편의 연계체계를 갖추어야 한다. 작은 선박들은 독(dock)시설이 필요하고 해상에 진입할 수 있도록 하역 램프시설도 갖추어야 한다.

(5) 택시

택시는 관광에 있어서 중요한 역할을 수행하여 왔으며, 항상 깨끗이 하고 승객을 맞이할 준비를 해야 한다. 택시 운전자는 승객이 탑승하고자 할 때 좌석에서 내려 차문을 열어줘야 하고, 짐을 싣는 것을 도와주는 등 예의 바르게 서비스해야 한다. 운전자는 여러 가지 언어를 구사할 수 있으면 바람직하며, 특히 관광이 그 나라 경제에서 차지하고 있는 비중이 높을 때 외국어의 표현과 사용은 매우 중요하다.

4) 숙박시설

숙박시설은 건축과의 연관성이 높고, 그 지역의 특색 있는 환경을 연출할 수 있는 건축물이 될 수 있다. 여행자들은 현대식 호텔도 중요하게 인식하지만 그 지역의 문화적인 특성이 반영되고 잘 어울리게 설계된 시설에 매력을 갖기도 한다.

숙박시설은 여행자들의 수요를 충족시켜야 하며, 다양한 숙박시설의 확보와 건설이 선행되어야 한다. 숙박시설의 유형에는 호텔을 비롯하여 한옥호텔, 콘도미니엄, 펜션 등 다양하며, 입지 및 특성에 따라서 시티 호텔, 커머셜 호텔, 리조트호텔, 온천호텔, 카지노 호텔, 아파트먼트 호텔 등으로 분류하기도 한다.

호텔은 물리적 설비의 청결상태, 서비스 등의 차이가 발생할 수가 있다. 여행자들은 물리적 시설, 가격, 위치, 서비스 등에서 요구하는 기대 수준이 있으며, 이러한 요소들은 만족할 만한 수준에 도달해야 된다. 만약 시설과 서비스 수준이 떨어지면 수요가 감소하게 되고 관광에 많은 영향을 끼치게 된다.

따라서 많은 국가는 정부 또는 민간단체의 주관으로 이용자의 편의를 제공하기 위한 호텔 등급제도를 시행하고 있으며, 시장에서의 경쟁을 유도하여 서비스 수준을 향상시키기 위한 노력을 하고 있다.

5) 문화적 자원

문화적 자원은 역사, 유적, 문학, 음악, 연극, 무용, 예술, 종교, 쇼핑, 스포츠 등으로 관광객의 관광동기 및 관광의욕을 일으킬 수 있는 관광대상이다. 문화적

자원들을 잘 활용한다면 훌륭한 관광 상품을 창출할 수 있으며, 전통이 있고 고유한 축제, 놀이, 화려한 행렬 등도 중요한 상품이 될 수 있다.

(1) 박물관과 미술관

박물관(museum)은 다양한 학술자료를 수집, 연구, 진열하는 곳이며, 역사, 예술, 산업, 과학 등의 분야에서 보관할 만한 가치가 있다고 판단되는 자료들을 수집하여 전시해놓은 장소이다. 박물관을 잘 활용하면 관광객을 유치할 수 있으며, 고유의 문화를 널리 홍보할 수 있는 좋은 계기가 된다.

미술관은 미술과 관련된 회화, 조각, 공예, 사진 등의 자료들을 수집하고 전시하는 곳으로 외국에서는 박물관에 포함시키고 있다.

(2) 축제

축제(festival)는 개인 또는 집단에 특별한 의미가 있는 일 혹은 시간을 기념하는 일종의 의식을 의미하는 행사였다. 축제는 경제적 가치와 더불어 놀이문화의 관점에서 주목을 받고 있고 관광객 유치에도 기여하고 있으며, 관람형 축제와 체험형 축제로 구분할 수 있다. 방문객을 유치하기 위해서 다양한 이벤트(events)를 개최하는 것도 효과적이며, 특별 프로그램을 마련하여 문화의 우수성과 즐거움을 제공하는 기회가 될 수 있다.

(3) 쇼핑

쇼핑(shopping)은 여행에 있어서 중요한 활동이 되고 있고 방문지에 대한 추억을 상기시킬 수 있는 중요한 요소이다. 구매하는 품목은 쇼핑을 하는 장소에 따라 차이가 있으나 면세점, 기념품점, 백화점, 전통시장 등 다양한 장소에서 발생이 된다.

여행자들은 토속적인 물품의 구매를 기대하는 경우가 높기 때문에 판매하고 있는 상품의 신뢰성이 중요하며, 판매 과정에서도 상품의 진열(display)은 여행자들의 구매를 유도할 수 있는 좋은 방법이 된다.

쇼핑에 있어서 중요한 사항은 가격과 윤리적인 관행이다. 여행자들에게 현지 사람들보다 높은 가격으로 판매를 했을 경우 어떤 관광요소보다도 더욱 분노하게 되는데, 쇼핑을 하는 여행자들은 다른 상점과 가격을 비교할 수도 있기 때문이다. 따라서 가능하면 판매가격은 다른 상점과 일치시키는 것이 좋다.

상점의 주인 및 판매원은 상냥하고 예의가 있어야 하고 상품의 가치를 충분히 설명해야 하며, 상품의 역사에 대해 설명과 정보 제공은 정확하고 진실해야 한다. 따라서 판매원은 충분한 언어구사 능력을 갖추어야 하며, 인내심과 이해심이 있어야 미래의 구매자를 확보할 수 있다.

(4) 오락 · 유흥

관광객에게 여러 가지로 기분을 즐겁게 하는 오락(娛樂) · 유흥(遊興)을 개발하는 아이디어와 노력이 필요하다. 관광객의 관심을 끌 수 있는 음악, 춤, 연극, 시, 문학, 영화, TV, 축제, 페스티벌, 전시회, 쇼, 식음료 등은 고유한 문화적 특색이 있는 상품이 된다.

이러한 상품의 홍보는 호텔, 리조트 지역에 안내 데스크를 설치하여 행사계획을 알릴 수 있으며, 유동인구가 많은 지역에서는 게시판을 이용하여 행사를 공지하는 것도 좋은 방법이 된다.

(5) 레저 · 스포츠

레저 · 스포츠는 휴일 등 남는 시간에 하는 모든 형식의 운동이라고 할 수 있으며, 골프, 테니스, 서핑, 수영, 등산, 스키, 사냥, 낚시, 하이킹 등을 필요로 하는 사람들을 위하여 적당한 시설과 서비스가 필요하다. 현대인은 정신적, 신체적, 사회적 건강을 중요시하고 운동을 생활화하는 경향이 높기 때문에 다양한 활동을 할 수 있도록 시설의 구비와 적정한 가격정책이 필요하다.

6) 환대 서비스

(1) 친절성

친절(kindness)은 예의와 친절, 진지한 관심, 방문객들에게 봉사하고 친해지려는 정신 그리고 따뜻하고 우정 어린 행동이다. 친절은 관광을 발전시킬 수 있는 원동력이 될 수 있으며, 모든 사람들은 방문객들을 환영하고 친절히 대하는 태도가 필요하고 특히 관광분야의 종사원들은 관광객에게 친절히 봉사하고자 하는 환대정신은 필수 조건이다.

방문객의 환영을 위해서 공항이나 항구와 같은 입국 지점에 환영 표지판이나 특별 환영소를 설치하여 운영하는 것은 바람직한 활동이다.

(2) 관광안내

여행을 하는 사람에게 여러 가지 정보를 알려주고 설명하는 것을 관광안내라고 하며, 안내할 사람은 친절성과 예의를 갖추고 지식이 풍부해야 한다.

통역이란 언어가 통하지 않는 사람들에게 언어로 의사소통이 될 수 있도록 도와주는 일이며, 통역업무는 주요 관광지에 대한 안내는 물론 버스가 정차하고 이동할 때마다 승객을 도와주는 일도 하며, 이러한 임무를 수행하기 위해서는 교육과 훈련이 필요하다.

관광을 안내할 사람은 기본적으로 용모를 단정히 하고 방문객에 대한 인사 예절을 갖추어야 하며, 다양한 정보를 습득하여 도움을 줄 수 있어야 하지만, 무엇보다도 중요한 것은 친절하고 협조하는 마음을 소유하는 것이 중요하다.

많은 국가에서는 관광안내를 담당하게 하기 위하여 자격제도를 도입하여 운영하고 있으며, 교육기관에서 높은 수준의 교과과정을 이수하도록 하고 있다. 교육내용은 역사학, 고고학, 민족학, 경제, 정치, 사회, 문화 등 전반적인 교육이 필요하며, 외국인 관광객을 위한 통역안내는 언어의 구사능력이 필수적인 자격조건이 된다.

제 **3** 절 관광수요와 공급시장 분석

1. 관광수요의 예측

여행자들은 환대하는 마음이 강하고 서비스를 받을 수 있는 지역을 선호하게 된다. 관광분야에서 수요와 공급의 원리는 그동안 많은 논의의 대상이 되었다.

관광분야에서 적절한 수용 규모를 확보하는 것은 기술적인 문제이기도 하지만 계획에 맞추어 추진하는 것은 매우 어렵기 때문이다. 관광은 계절에 의한 수요변화의 폭이 크며, 성수기와 비수기가 발생되고, 상품의 특성이 저장되지 않는다는 데 있다. 이러한 이유로 인하여 수요와 공급을 조정하는 것은 매우 어려운 일이고 예상 수요를 고려하여 적정한 공급을 하려고 노력해야 하며, 계절적 요인에 의한 수요변동의 폭을 최소화하는 것이 합리적인 방법이 될 수도 있다.

수요와 공급의 조화를 적절히 조정하기 위해서는 사업 분석이 필요하고, 공식을 사용하여 수요산출이 가능하며, 수요예측을 위한 통계·조사기술의 활용이 필요하다.

수요예측을 위해서는 현재의 상황을 분석하고 구체적인 시장을 확정하며, 가장 합리적인 대안이 무엇인지를 선택하는 것이다. 수요예측은 선택 단계에서 시작되며, 대안별로 수요 현황분석이 필요하다.

수요현황의 분석이란 수요자들에 대하여 여행형태(단체, 개별) 현황, 방문목적(사업, 위락), 동반 형태(가족, 친구), 교통수단, 계절별 현황, 특별 목적(축제, 이벤트, 박람회)과 관련된 다양한 사항을 조사, 분석하는 것이다. 또한 수요에 영향을 줄 수 있는 미래의 사회·경제적 환경을 조사하는 것도 필요하다.

이러한 현황은 시장 특성을 확인할 수 있고 시장 잠재력의 발견이 가능하며, 판매방법을 분석하여 경쟁력이 있는 지역으로 발전이 가능한지에 대한 연구 등도 포함될 수 있다.

2. 관광공급의 분석

공급이란 수요시장에 대한 적절성을 확인하는 것이며, 관광객을 수용하기 위한 다양한 시설들에 의해서 좌우되며, 자연적 환경, 기반시설, 교통수단, 숙박시설, 문화적 자원과 환대 서비스 등과 같은 요소들이 있다.

공급이 충분한 경우에는 더 이상의 개발이나 계획이 필요하지 않지만, 충분하지 못한 경우에는 계획안을 수립해서 추진하는 것이 바람직하다. 그러나 공급에는 비용이 많이 투자되어야 하고, 조속한 시간에 확장하기가 어렵기 때문에 합리적인 계획과 충분한 검토가 있어야 한다.

공급은 광범위한 상황에서 제공되고 있으며, 수요에 대한 공급 현황을 분석하는 것이 필요하다. 공급의 양(量)은 많지만 품질이 떨어진다면 수요의 폭이 감소할 수 있고 이로 인하여 관광에 막대한 영향을 주게 된다.

공급현황 분석은 자원의 특성을 비롯하여 여행사, 호텔, 운송 등과 관련된 사업자 및 관광을 촉진시키는 단체 등과 같은 전문가들을 중심으로 집단적 표본조사 방법이 반드시 필요하다.

3. 관광수요와 공급의 조정

관광은 다양한 환경에 의해서 영향을 받는 사업이다. 자연적 환경, 경제적 환경, 정치적 환경, 사회적 환경 등의 영향에 의해서 다양한 패턴을 보인다. 관광수요와 관광공급도 이러한 환경요인에 의해서 성수기, 비수기가 상존하게 된다.

성수기에는 공급이 부족하고 비수기에는 공급이 초과된다는 것을 의미하며, 수요와 공급의 불균형은 전반적인 현상이다. 고객을 최대한 만족시키고 연중 시설을 이용할 수 있도록 하기 위해서는 다양한 상품 개발과 가격 차별화를 통하여 적절히 대처하는 방법이 필요하게 되었다.

- 공급이 수요를 충족시킨다. 성수기에 찾아오는 관광객들이 안락하게 이용할 수 있음을 나타낸다. 그러나 비수기에는 낮은 점유율 때문에 수익성이 낮아지게 된다.

- 공급이 낮은 수준이다. 성수기의 시설이 부족해서 관광객이 감소할 수 있으며, 관광객의 만족 수준도 낮아지게 되어, 관광의 미래는 전망이 불투명해진다.

1) 상품 개발

관광상품 개발은 계절적 수요패턴을 조정하는 데 도움이 되며, 마케팅 활동이라는 새로운 정책이 활용되면서 관광발전에 기여할 수 있다.

비수기에는 일반적으로 여행수요가 감소하는 경향이 높기 때문에 성수기에도 다양한 행사 등을 개최하여 성수기를 연장시키는 방법이 있다. 이러한 수요창출 방안은 하계(夏季)의 관광지가 성수기로 각광을 받게 되면서 비수기의 수요(가을, 겨울, 봄)를 증가시킬 수 있다. 겨울에는 동계 스포츠 활동, 가을에는 낙엽투어 등과 같은 상품개발 활동은 비수기에도 수요 창출이 가능하다고 할 수 있다.

관광수요를 창출하기 위해서는 축제, 특별행사, 회의, 스포츠 행사 등 다양한 행사를 개최할 수 있는 상품을 개발하는 것이 필요하다.

2) 가격 차별화

가격 차별화 정책은 성수기에서 비수기로 수요를 이동시키는 효과적인 방법이며, 비수기에 시장을 개척하기 위한 방안으로 이러한 정책을 효과적으로 이용하고 있다. 비수기의 가격은 성수기에 비해서 일반적으로 저렴한데, 교통수요에서 항공 등을 대체하는 교통수단이 활용이 되고 적정 요금을 개발하고 운항 횟수가 많아지면 비수기의 수요를 자극할 수 있다.

많은 국가들은 관광진흥의 일환으로 여가패턴의 자율성을 통해서 성수기와 비수기의 수요격차를 완화하도록 활용하고 있으며, 시차제 휴일, 연중 휴가 제도를 도입하여 여행수요를 조정하고 있다.

이처럼 비수기의 수요를 확대하는 것, 즉 이용 수준을 늘리는 것이 중요한 이유는 대부분의 관광업체는 고정비용이 변동비용에 비해 높기 때문이다. 가격 차별화 정책은 성수기에서 비수기로 여행시기를 전환시킴으로서 성수기의 수요를 조정할 수 있기 때문이었고 고객의 만족도를 최대한으로 높이게 되었으며, 높은 수준으로 시설을 활용할 수 있게 되었다.

CHAPTER

03

TOURISM
BUSINESS

관광발생과
관광행동

관광발생과 관광행동

제1절 관광발생의 요인

1. 관광주체적 요인

1) 관광 · 여가에 대한 의식

관광발생은 과거, 현재, 미래에 대한 기대 등에서 연유되는 많은 요인에 따라 영향을 받으며, 인간을 둘러싸고 있는 환경, 즉 자연적, 사회적, 경제적 요인에 의해서 지배를 받게 되며, 문화적 가치, 관습, 역할 등에 의해서도 영향을 받게 된다. 이러한 내 · 외적 요인에 의한 영향을 받으면서 관광객들은 외부환경과 심리적 세계에서의 갈등을 극복하고 자기 목표를 지향하기 위해 행동하게 된다.

개인은 가치관, 인생의 궁극적인 목적과 관련된 인식에 따라 생활패턴에 많은 영향을 받게 된다. 특히 관광과 여가에 대한 의식은 관광행동에 있어서 중요한 변수로 작용하게 된다.

2) 경제적 조건

관광행동은 일종의 소비행동인 만큼 경제적 조건은 관광행동에 있어서 중요한 변수가 된다. 관광이 특정 계층의 전유물에서 벗어나 모든 사람이 관광을 즐길 수 있는 대중관광 시대의 출현 역시 그 근원에는 일반 사람들의 경제적 여건이 향상되었기에 가능하게 되었다. 생활환경과 경제적인 능력의 변화, 즉 국민소득의 증가, 특히 가처분소득(disposable income)의 증가 여부는 경제적 조건에 의한 관광행동에 많은 영향을 미치게 된다.

3) 시간적 조건

시간의 문제는 환경적 변수로서 사회의 근로시간, 휴가제도 등과 같은 산업사회의 정책·제도적 특성에 의해서 밀접한 영향을 받는다. 시간적 조건은 관광객의 여가시간의 양과 질에 의해서 결정된다고 할 수 있다.

4) 정보 획득조건

관광과 여가에 대한 욕구가 높아지고 있으며 관광이 행동으로 이어지기 위해서는 개인의 정보획득 역시 중요한 변수로 작용하게 된다. 각종 정보를 얼마나 많이 획득할 수 있으며 또한 그러한 환경에 놓여져 있는가에 따라 관광욕구·동기, 관광 행동의 패턴에 영향을 받게 된다.

2. 관광객체적 요인

1) 자연적 조건

관광주체의 영향을 많이 받을 수 있는 곳은 자연적 조건이다. 관광지가 입지해 있는 지역의 자연적·사회적 제반 환경과 자원의 조건에 따라 관광행동에 많은 영향을 끼치게 된다. 자원으로서의 매력성이란 기후의 연교차(寒·暑差)가 적어야 하며, 좋은 날씨(good weather), 훌륭한 경치(scenery), 청정한 자연(무공해) 등이 선택요인이 된다.

2) 관광지 및 관광자원의 조건

관광지는 관광객의 선택행동에 중요한 요인이 될 수 있다. 그리고 여기에는 관광지의 지역주민들과의 관계 역시 중요한 변수로 작용하게 된다. 또한 여행 촉진

활동의 강화와 관광과 관련된 시설의 확충 등도 현대 관광을 활성화할 수 있고 발전시키는 요인이 될 수 있다. 또한 관광목적지로 발전하기 위해서는 관광자원이 다소 부족하더라도 아이디어, 투자가 있으면 목적지로 성공을 할 수 있다.

> **투자(investment)**
>
> 투자란 항상 위험을 수반하며, 투자하여 이익을 내지 못하고 손실을 볼 수 있다는 것은 아마도 당연한 결과인지도 모른다. 투자 시에는 이익을 최대로 하고, 위험을 최소화할 수 있는 방안을 강구해야 하며, 투자가들은 위험부담을 피하려고 하기 때문에 위험부담이 큰 투자는 높은 수익가능성이 있어야 한다고 하였다.

3. 사회 · 문화적 요인

1) 사회적 요인

인구의 도시 집중화 현상은 사회현상의 일부분으로 이로 인한 현대인들의 도시로부터 일탈(逸脫)현상이 관광의 행동에 영향을 주는 요인이 된다.

인간의 기본적 본능은 삶을 유지하기 위하여 공해 · 소음으로부터 탈출하기를 원하며, 따라서 살고 있는 거주지보다 먼 곳으로 이동하고자 하는 욕구가 강해지는 원심력이 증가 및 확대된다. 자유시간의 증가, 유급휴가(paid holiday)제도, 사회보장제도(social security system), 교통운송 수단의 발달 등은 관광행동에 지대한 영향을 미친다.

2) 문화적 요인

문화적 요인인 종교나 민족의 문화는 국가나 사회 전반의 가치관과 윤리관을 형성하게 되며 이는 관광활동에 많은 영향을 끼치게 된다. 역사적 유래 및 문화유산이 있는 사적지 등이 있다. 또한 풍습 · 습관이 독창적이며, 매력적인 향토음식이 개발된 곳이어야 한다. 또한 그곳을 대표하는 토속적인 관광기념품 구입이 가능하고 이국정서(異國情緒)가 풍겨야 하며, 특별한 레크리에이션 시설이 있어야 한다. 관광의 발전에 따른 현상은 교육기회 및 수준의 확대, 매스 커뮤니케이션(mass communication)으로 인한 흥미의 증가, 가치관의 변화 등이다.

4. 정치 · 경제적 요인

1) 정치 · 군사적 요인

정치 안전성은 관광행동에 직접적인 영향을 미친다. 정치 및 군사적 상황은 항상 존재할 수 있으며, 불안과 공포를 야기하는 중요한 요인이 된다. 전쟁이나 쿠데타, 테러 등과 같은 정치적, 군사적 환경의 불안은 평화의 상징인 관광행동에 있어서 가장 큰 장애요인이 된다.

2) 경제적 요인

소비자들이 관광목적지로 선택하고 행동하는 데 저렴한 물가수준은 중요한 경제적 요인이 된다. 관광객은 관광행동을 통해서 소비를 하기 때문에 환율이나 경기변동에 민감하고, 급격한 환율변동, 경기변동은 개인의 소득과 소비지출에 영향을 주게 되며, 관광자의 구매력과 여행비용의 실질적인 부담으로 이어지게 된다.

5. 정책 · 기술적 요인

1) 정책 · 제도적 요인

휴가제도와 관광 · 여가에 대한 각종 정책이 여기에 포함된다. 예를 들면 근로기준법상의 각종 휴가제도는 관광자의 개인적 변수에 많은 영향을 주게 된다. 그리고 정부의 적극적인 교통조직망 정책, 교통수단 정책, 요금정책 등과 같은 관광장려 정책은 관광지와 관광자원의 조건을 개선시키는 등 관광객체의 변수에도 영향을 주게 되어 결과적으로 관광행동을 촉진하게 된다.

2) 기술적 요인

교통시설의 개선과 발달은 관광을 보다 용이하게 하며 기회를 확대시켜온 조건
이 된다. 교통수단은 관광객 이동을 담당하는 역할을 수행하며, 관광수단의 조건
이 되는 중요한 요인이 된다. 교통수단은 관광지·관광자원으로의 거리감을 개선
시키고 관광주체에 미치는 심리적 영향요인을 완화시킬 수 있기 때문이다. 교통수
단으로서의 이동성은 안전성(safety), 편리성(convenience), 정확성(on-time service),
운행횟수의 빈번성(high frequency), 시설의 우수성, 서비스(service)성, 등이 확보
되어야 한다.

> **교통수단의 ESLM 요소**
>
> 교통수단의 ESLM 요소란 경제성(Economy), 속도성(Speed), 호화성(Luxury), 이동성(Mobility)을 지
> 칭한다.

제 **2**절 / 관광행동의 의의와 영향요인

1. 관광행동의 개념

관광을 '즐거움을 위한 여행'이라고 한다면 이 행위는 기본적으로는 개인적인 행동이고, 현상으로서의 관광은 개인적 행동의 집합인 사회현상으로 이해할 수 있다. 인간이 왜 여행을 하는가 하는 문제는 개인의 행동으로서 고찰할 필요성이 있으며, 관광행동의 구조를 이해하는 것은 관광 전체를 이해하는 데 그 기초가 된다고 볼 수 있다.

관광을 인간행동의 한 가지 형태로서 이해해야 하며, 목적지 또는 여행의 과정이나 일정에서 경험하고 관찰하는 여러 가지의 활동이며, 이동행위, 체재행위, 레크리에이션 활동 등을 총칭해서 관광행동이라고 할 수 있다.

따라서 관광객 행동(tourist behavior)이란 관광객이 여행을 하려고 의도하여 계획을 세우는 단계에서부터 그 여행 중에 실제로 행하는 여러 가지의 행동을 포함하는 폭넓은 개념이며, 관광객 행동은 개인행동, 집단행동, 일반행동, 특수행동 등으로 분류할 수 있다.

문화인류학적 관점에서 관광객의 행동은 소비행동에 속한다고 인식하고 있으며, 관광행동도 소비행동의 하나로 규정하기도 한다. 그 소비행동에서 관광객이 구입하는 것은 신체적 위안, 보고 들은 지식정보, 참가에 따른 즐거움 등 다양한 측면이 포함되어 있다.

관광자와 관광객의 개념은 보는 관점에 따라 약간의 차이가 있다. 관광자는 '관광을 하려는 사람들'을 주체적 및 주관적으로 인식하는 것이며, 관광을 하려고 하는 경우 목적지 선택을 신중히 고려하려는 구매행동이 있는 사람들이다. 즉 주체성이라는 관점에서 관광행동을 분석하는 경우에는 관광자라는 용어로 표현하는 것이 적합할 것이다.

이에 비해 관광객은 '관광사업의 대상이 되는 사람, 즉 소비자로서의 고객'을 지칭하는 경우가 많으며, 사업을 경영하고 있는 사업자의 입장에서는 관광객이라는 용어로 표현하는 것이 의미가 있다고 할 수 있다.

2. 관광행동의 영향요인

관광행동은 개인의 행동에 영향을 미치는 많은 요소가 있기 때문에 의사결정을 어떻게 하는가를 이해하기 위해서는 선택에 미치는 심리적인 요인을 관찰할 필요가 있다.

개인적 영향요인은 다음과 같다. ① 지각(perception), ② 학습(learning), ③ 성격(personality), ④ 동기(motivation), ⑤ 태도(attitude), ⑥ 생활양식(life style)이다. 사회적 영향요인은 다음과 같다. ① 가족(family), ② 사회계층(social class), ③ 준거집단(reference group)이다.

문화적 영향요인은 다음과 같다. ① 국적(nationality), ② 종교(religion), ③ 인종(race), ④ 언어(language), ⑤ 지역(region) 등으로 구분할 수 있다.

• 그림 3-1 **관광행동의 영향요인**

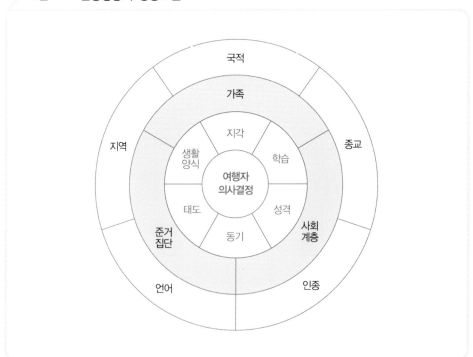

1) 개인적 영향요인

(1) 지각

인간은 시각·청각·미각·후각·촉각 등 감각기관을 통해 세상의 사물과 사건을 알게 된다. 지각(知覺 : perception)이란 특정한 감각기관이 포착한 환경으로서 외부환경뿐 아니라 신체의 상태도 포함하면서 주변의 세계를 이해하는 과정이라 할 수 있다.

지각에 영향을 주는 요소는 크게 두 가지로 나눌 수 있으며, 자극요소(stimulus factors)와 개인적 요소(personal factors)이다. 자극요소에는 크기, 색깔, 구조, 모양, 주변 환경 등과 같은 대상이나 상품의 물리적 특징으로 구분할 수 있다. 개인적 요소란 개인 자신의 특성, 즉 인구통계적 요소인 연령, 직업, 소득, 성별, 국적 등을 비롯하여 개인의 기본적인 감각과정, 동일한 대상이나 상황에 대한 과거의 개인적 경험, 기대, 기본적 동기, 감정상태, 지적 수준, 분위기, 성격 등과 같은 요소이다.

(2) 학습

학습(learning)은 관광행위의 경험 결과에 의해 나타나는 영속적 행위이며, 심리학자들은 학습을 인간행동을 이해하기 위한 기본적 과정이라고 설명하고 있다. 관광목적지를 선택하는 데 있어 쉽고 빠른 의사결정이 이루어지는 것은 경험에 의한 학습의 반복적 결과라고 볼 수 있기 때문이다.

일반적으로 관광자의 학습은 사전의 경험과 정보에 의해 이루어진다. 관광을 하려고 할 때 경제사정에 변화가 온다면 다른 목적지를 선택하도록 학습이 될 수 있으며, 관광자의 행동은 개인적으로 느끼는 인지(認知)도에 의한 학습결과로 나타난다고 볼 수 있다.

학습은 동태적 과정이기도 하며, 독서·관찰·사고 등을 통해 새롭게 획득되는 지식이나 실제 경험의 결과로서 계속적으로 진화되고 발전한다. 학습되는 사물이 중요할수록 더 많이 강화될수록, 자극의 발생이 많을수록, 사물에 대해 느끼는 심상(image)이 많을수록 오래 지속되며, 선택을 더욱 신속하게 발생하게 한다.

(3) 성격

성격(personality)이란 개인의 특징을 나타내는 행동 또는 체험의 기반이며, 학습, 지각, 동기, 감정과 역할의 복합적 현상이라고 할 수 있다. 따라서 어떤 학자들은 성격을 "특성의 축적"이라고 설명하기도 하며, 성격은 여러 가지의 특성이 복합적으로 형성되어 있기는 하지만 분석방법을 잘 이용하면 성격이 관광객 행동에 대해 어떠한 역할을 하고, 어떠한 영향을 미치는지를 파악할 수 있다.

성격에 관한 이론에는 정신분석 이론, 사회심리 이론, 자질론, 신프로이트 이론 등이 있으며, 관광행동에 있어서 성격의 특성을 이해하는 것은 중요하다. 일반적으로 활용되고 있는 관광행동 유형의 접근법에 의하면 사람의 성격은 내향성 성격자(introverts)과 외향성 성격자(extroverts)로 구분하고 있으며, 이와 유사한 분류체계로 내부 중심형(psycho centrics)과 외부 중심형(allo centrics)으로 구분하는 경향도 있다.

⟨표 3-1⟩ 성격에 따른 관광행동 특성

내부 중심형(내향성)	외부 중심형(외향성)
• 친숙한 관광지 선호	• 일반 관광객이 잘 가지 않는 곳을 선호
• 관광지에서 평범한 활동 선호	• 다른 사람이 방문하기 전에 새로운 경험을 했다는 느낌을 갖고자 함
• 휴식을 줄 수 있는 태양과 즐거움이 있는 곳을 선호	• 새롭고 색다른 관광지 선호
• 활동수준이 비교적 낮음	• 활동 수준이 높음
• 자동차 여행을 선호	• 항공기 여행을 선호
• 대형호텔, 가족식당, 기념품점 등 많은 사람이 모이는 곳을 선호	• 훌륭한 호텔과 음식을 선호하는 편이지만 현대적이거나 체인 호텔을 원하지는 않음. • 인적이 드문 관광시설 선호
• 가족적인 분위기, 친숙한 오락 활동을 선호 • 이국적인 분위기가 나지 않는 곳을 선호	• 타 문화권 사람들과 만나거나 교제를 시도
• 활동일정이 꽉 짜인 완벽한 패키지(pakage) 여행 선호	• 교통 · 호텔 등 기본적인 것만 여행일정에 포함시키는 경우가 있음. • 자유와 융통성을 주는 활동 선호

자료: Robert. Mcintosh & Shashikant Gupta,"Tourism" Third Edition Grid Publishing Inc.,1980, p. 72.

일반적으로 내향성 성격의 소유자들은 자기생활에 대한 예측(豫測)적인 성향이 강하고, 이러한 사람들은 직접 운전하여 갈 수 있는 친숙한 관광지를 방문하는 것이 일반적이다. 외향성 성격 소유자들은 반대로 자기 생활에 대한 비예측성향이 강해서 목적지를 선택하는 경우 멀리 떨어져 있고 많이 알려지지 않은 곳을 선호하는 경향이 많다고 할 수 있다.

(4) 동기

동기(motivation)란 행동을 일으키게 하는 심리적인 직접요인(直接要因)을 말하며, 목적에 대한 의미가 강하다. 동기에서는 유인(誘引)요인(pull factor)과 추진요인(push factor)의 개념을 중요시하고 있다.

유인요인이란 여행자의 내적·심리적 상황에서 특정한 유인 대상물(attraction)에 의해 발생되는 것이며, 매력적 요인을 말하며, 수용지역의 매력, 친구나 친척의 방문, 스포츠 참가 및 관전 등을 말한다.

반면에 추진요인이란 여행자의 사회·심리적인 요인에 의하여 발생이 되는 것으로, 위기적 요인을 말하며, 일상생활이나 직장의 환경 및 도시의 오염이나 교통혼잡 등의 이유에서 탈출하고 싶다는 것을 의미한다.

그림 3-2 **관광욕구와 관광행동과의 관계**

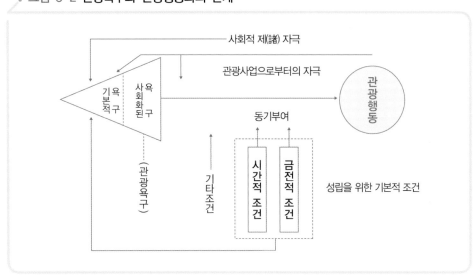

일반적으로 관광객의 관광행동은 목적지를 선정하는 데 있어서 다양한 유인요인이 존재하며, 유사한 목적지인 경우에는 사전에 면밀히 비교, 분석하는 과정을 거치게 된다.

(5) 태도

태도(attitude)란 개인이 어떤 상품 및 서비스 등에 대해서 느끼는 호의적 또는 비호의적인 행동이다. 태도는 학습된 성향에 의해서 표출되는 심리적 느낌의 표현이라고 할 수 있으며, 관광행동의 의사결정에 매우 중요한 역할을 한다.

심리적인 느낌이란 관광자가 대상물에 대한 호의적, 비호의적 태도가 여러 가지 부문에서 나타나게 되는데, 목적지까지의 거리, 시간, 요금, 서비스의 내용, 관련 시설의 품질 등과 같은 요인들이 목적지 선택에 많은 영향을 끼치게 된다.

관광자의 태도를 변화시켜 관광행동으로 전환시키는 것은 마케팅의 중요한 목표이며, 마케팅 담당자에게는 주요 관심의 대상이 되어왔는데, 마케팅활동에 의해서 개인이 지향하는 가치, 개인의 목표 및 추구하는 목적 등의 태도가 여러 가지 요인에 의하여 변화하기 때문이다.

· 그림 3-3 **태도와 의사결정**

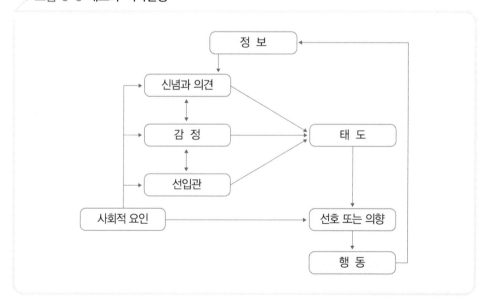

(6) 생활양식

생활양식(life style)이란 사회학에서 사용하는 용어로서 인생관, 생활태도까지를 포함할 수 있는 개념이다. 개인이나 집단이 삶의 목표를 어떻게 추구하는지에 대한 방식을 결정해주는 신념뿐만 아니라 살아가는 방식을 의미하며, 행동으로 나타나게 된다. 생활양식은 구체적인 행동으로 나타나는 것이기 때문에 단순한 가치관도 아니며, 또한 태도와도 다르지만 가치와 태도를 모두 포함하는 복합적인 개념이라고 할 수 있다.

생활양식은 개인의 행동이나 사고방식에 따라 독특한 방식이 있으며, 이 방식을 이해함으로써 전체 혹은 개인의 특성을 이해할 수 있고 국민성, 문화, 각 사회집단의 생활 및 관습과 더불어 개인의 재화에 대한 소비양식, 직업, 자녀양육, 교육 수준과 교육 유형에 의해서 형성된다.

2) 사회적 영향요인

(1) 가족

가족(family)은 개인과 사회의 중간에 위치하여 가장 기본적인 사회단위로서 관광행동에 광범위하고 지속적인 영향을 주는 소집단이다.

가족은 가족형태, 가족의 수, 세대별 유형 등에 따라서 생활주기가 다르게 나타날 수 있으며, 가족 구성원의 의사결정에 따라서 관광행동에 미치는 영향이 크게 작용할 수 있다.

(2) 사회계층

사회계층(social class)은 개인 및 집단 사이에 존재하는 불평등을 논할 때 사용되는 개념이다. 경제적 요소(소득)나 지위, 권력과 같은 사회적 지위 등으로 구별되는 생활양식의 차이이다. 구별되는 계층의 기준이 많아지게 되면 계층 간의 장벽이 생기기도 하고 높아지게 된다.

계층을 구성하는 요소들은 다양하지만 경제적 요소로 계층을 구분하는 경향이 많으며, 이러한 특징들로 분할되기 때문에 구성원들은 유사한 사고, 행동, 신념,

태도, 가치관 등을 갖기도 하며, 행동양식도 동일한 형태를 띠게 된다.

사회계층의 구별은 관광사업체가 만든 상품을 특정한 사회계층에 맞추어 판매할 수 있기 때문에 휴양지나 골프장 같은 시설들을 이용할 수 있도록 시설을 개발할 수도 있고, 판매할 수도 있으며, 메시지를 선택함으로써 비용의 효율성을 기할 수 있을 것이다.

(3) 준거집단

준거집단(reference group)은 인간의 행동에 가장 강하게 미치는 집단으로서 개인이 비록 그 구성원은 아니더라도 귀속의식을 갖거나 귀속하기를 희망하는 집단을 말한다.

준거집단에는 개인의 행동을 지배하고 있는 규범과 기준이 있으며, 특정한 가치를 추구하며, 개인의 행동에 영향을 미치는 신념 및 태도, 행동 방향을 결정하는 것을 기준으로 하는 사회집단이라고 할 수 있다.

관광사업자는 상품을 판매하는 과정에서 의사결정이 어느 준거집단의 영향을 받았는지를 파악할 필요가 있으며, 특히 준거집단의 의견 선도자(opinion leader)와 접촉하는 것은 효과적 마케팅 방법이 될 수 있다.

3) 문화적 영향요인

문화는 사회구성원들이 지키는 전통이며, 공유하고 있는 생활양식으로 사회생활을 통해 배운 행위의 유형이며, 의식과 믿음의 총체이다.

문화는 관광행동에 광범위하게 영향을 미치는 요인이며, 개인의 욕구와 행동 변화에 근본적으로 영향을 주는 요인이며, 문화의 내부에는 독자적이고 정체성을 보여주는 소집단의 문화를 하위문화(subculture)라고 한다. 하위문화란 사회의 정통적, 전통적인 문화에 대하여 어떤 특정한 집단만이 가지는 문화적 가치나 행동양식 가운데서 이질적 특성을 갖고 있는 세분화된 문화를 말한다. 오상락은 하위문화를 국적, 종교, 인종, 지역의 4가지로 구분하고 있는데, 본서에서는 국적, 종교, 인종, 언어, 지역으로 구분하고자 한다.

(1) 국적

국적(nationality)이란 국가의 구성원이라는 것을 나타내는 자격이다. 사람은 국적에 의해서 특정한 국가에 소속되고 국가의 구성원이 되는 정치적·법적인 개념이다. 개인을 그 나라의 국민으로 하는가에 대해서는 전통·경제·인구정책 등 그 나라의 이해와 직접적으로 관련되는 일이며, 일부 국가에서는 국적법상 국적과 관련하여 시민권(citizenship)이라는 용어가 사용된다. 국적이 국민으로서의 자격을 의미하는 것과 마찬가지로 시민권은 시민(citizen)으로서의 자격을 의미한다.

(2) 종교

종교(religion)라는 말은 불교, 기독교, 유교 등의 개별 종교들을 총칭하는 개념으로 사용되고 있다. 종교는 인간의 정신문화 양식의 하나로 경험을 초월한 존재나 원리의 힘을 빌려 해결이 불가능한 인간의 불안·죽음의 문제, 심각한 고민 등을 일반적인 방법으로 해결하려는 것이다.

종교는 정치·경제·사상·예술·과학 등 사회의 전 영역에 깊이 관련되어 있고, 절대적이며 사람의 가치체계를 형성하는 역할을 수행하여 왔다.

(3) 인종

인종(race)은 유전적으로 부여된 신체적, 생물학적 특성에 따라 구분되는 인류 집단이다. 신체적 특징, 사회적, 문화적으로 차이가 발생된다고 느껴지는 개념을 구분하여 임의적으로 분류하고는 있지만 생물학적 구분은 사실상 무의미하며, 피부색, 문화, 종교 등의 요소가 크게 작용한다.

(4) 언어

언어(language)는 다른 동물과 구별하여 주는 특징의 하나이다. 지구상의 모든 인류는 언어를 가지고 있다. 언어란 생각이나 느낌을 나타내거나 전달하기 위하여 사용하는 음성·문자·몸짓 등의 수단으로서 사회관습적 체계이다.

(5) 지역

지역(region)이란 사회과학적 측면에서 동질적인 특징이 있는 지구(地區)를 지칭하며, 지방 또는 지구 등과 동의어로 쓰이기도 한다. 지역의 학술적 의미는 일정한 목적과 방법에 의하여 구획된 곳을 의미하며, 자연환경에 의하여 구분되는 자연지역과 정치적·행정적으로 구분하는 정치·경제 지역, 역사·문화적으로 구분하는 유적지역 등으로 구분할 수 있다.

제**3**절 **관광행동의 유형**

1. 관광행동의 형태

관광은 인류의 출현과 더불어 지속되어온 활동으로 초기의 관광은 삶의 목적으로 생활하기 위한 관광으로부터 종교목적의 관광, 건강목적의 관광, 자기만족을 위한 관광 등의 관광형태가 있다고 할 수 있다.

마리오티(A. Mariotti)는 관광의 유형을 7가지로 분류하였다. ① 견학관광(상업도시, 전적지, 동굴 및 명소 등을 시찰·견학), ② 스포츠관광(자동차 여행, 승마, 등산 및 경기대회에 참가하고 관람하는 여행), ③ 교육적 관광(수학여행, 고고학적 탐사를 위한 여행), ④ 종교적 관광(성지순례, 성당의 탐방을 위한 관광), ⑤ 예술적 관광(연주여행, 음악회 및 기타 공연을 감상하기 위한 것), ⑥ 상업적 관광(상품 전시회, 무역박람회, 시장 및 출장판매를 위한 여행), ⑦ 보건적 관광(保健的觀光)(온천, 요양 등을 위한 관광)이다.

베르네커(P. Bernecker)는 관광의 종류를 6가지로 분류하였다. ① 요양적(療養的) 관광, ② 문화적 관광(명승·고적의 관람), ③ 사회적 관광(신혼여행, 친목여행), ④ 스포츠관광, ⑤ 정치적 관광, ⑥ 경제적 관광이다.

훈치커와 크라프(Hunziker & Krapf)는 관광의 형태분류를 3가지로 구분하였다. ① 개인 자신을 지탱하기 위한 여행(이주, 보양 및 요양여행, 직업여행), ② 종족을 유지하기 위한 여행(신혼여행, 성묘(省墓)관계로 인한 여행, 친척방문), ③ 개인발전을 목적으로 한 여행(위락목적의 여행, 연구 및 교육목적, 종교적 근거에 따른 신앙목적)이다.

2. 특정 관심분야의 관광

1) 특정 관심분야 관광의 발전

일반적으로 관광의 목적은 한 가지만으로 특성화가 될 수가 없고 대부분의 경우 중복이 되는 복합성을 띠고 있다고 할 수 있다. 이처럼 관광의 유형은 복합적인 성격과 최근의 수요시장의 변화로 인하여 각 개인이 특별히 관심을 갖는 분야에 대한 지식과 경험을 높이기 위하여 특정한 주제와 관련된 장소 또는 지역을 방문하는 단체 또는 개별여행자들이 많이 증가하게 되었고, 같은 직업이나 취미 등을 가진 동호인들이 특정 분야에 관심을 갖는 관광(SIT : Special Interest Tour)의 형태가 탄생하게 되었다.

특정 관심분야의 관광은 과거의 휴식, 쾌락의 차원을 탈피하여 자기발전을 위한 활동의 기회를 갖기 위해 관광동기가 변화하였고, 소득 및 여가시간의 증대, 소비자들의 학식 및 여행에 대한 경험의 증대에 따라 여행의 결정요인이 여행의 경비도 중요하지만 여행의 만족도를 중요시하게 되었으며, 보는 관광, 단순히 휴식을 취하는 관광에서 벗어나 자신이 관심을 갖고 있는 분야에 중점을 두어 직접 경험을 하면서 식견(識見)을 높일 수 있는 관광의 형태로 변화되었기 때문이다.

〈표 3-2〉 **시장의 단계적 특성**

단계별	시장의 특성	관광의 동기
1단계	노동 지향 (삶을 위해서 일을 함)	• 피로회복: 휴식을 하지 않음 • 자유: 관심이 없음
2단계	즐거움을 추구하는 생활양식 (즐겁게 살기 위하여 일을 함)	• 무엇인가 다른 경험, 변화를 하고 싶어 함 • 즐거움을 추구하고 놀이를 하고자 함. 스스로 즐김 • 활동적이 되고, 다른 사람들과 교류(交流)를 하고자 함 • 스트레스 없이 편안히 쉬고 싶은 대로 행동함 • 자연과의 접촉, 환경과의 접촉을 즐김
3단계	생활에서의 여가추구 (일과 여가와의 양극성이 축소됨)	• 식견을 넓히기 위해 무엇인가를 배우려고 함 • 개방된 마음을 갖고 타인들과 의견을 교류하고자 함 • 자연으로 회귀(回歸)하고자 함 • 새로운 활동을 하고자 하는 창조성이 있음 • 언제나 여가활동을 해보고 싶은 자세를 가짐

자료: 한국관광공사, 관광패턴의 변화와 새로운 관광상품의 등장, 관광정보(5·6월호), 1994, p.41.을 참고하여 작성함.

2) 특정 관심분야 관광의 특징

특정 관심분야의 관광은 일반적으로 활동적이고 경험적이며, 교육적이고 참여적이다. 또한 양보다는 질적인 여행을 추구하는 것이 특징이라고 할 수 있다. 관광객은 주로 고학력이며, 소득수준도 비교적 높고 전문직업이 많다. 특히 일반관광에 비해서 여행기간이 길고 관광활동에 있어서도 자연조건에 큰 영향을 받지 않는다. 리드(Read)라는 학자는 특정 관심분야 관광의 특성을 ① 보람(rewarding)이 있고, ② 몸과 마음을 풍요롭게 하고(enriching), ③ 모험성(adventuresome)이 있으며, ④ 교육적인(learning) 특징이 있다고 하여 진짜 여행(real tourism)이라고 표현하기도 하였다. 그러나 특정 관심분야 관광은 종류들이 다양해서 그 영역을 한정 짓기는 어렵지만 전문잡지 및 관광안내 책자 등에 나타나 있는 자료들을 중심으로 설정할 수 있다.

〈표 3-3〉 **특정 관심분야 관광의 영역**

구 분	Speciality Travel Index誌(미국)	Fodor's Guide Book(남미편)
종류	고고학 탐방, 기구 타기(ballooning), 자전거여행, 양조장 관광, 운하 크루즈, 염소 달구지 여행, 골프관광, 미식여행, 건강관리여행, 오페라 관광, 사진촬영 여행, 뗏목 타기, 사파리, 스쿠버 다이빙, 테니스여행, 열차여행, 포도주 생산 현장 관광 등	하이킹 및 트레킹(trekking), 낚시여행, 고고학 탐방, 건축물 탐방, 예술여행, 흑인문화여행, 동식물관광, 클럽 메드(Club Med.) 등

자료 : 한국관광공사, SIT의 개념과 사례, 관광정보(3 · 4월호), 1995, p.33.을 참고하여 작성함.

3) 특정 관심분야 관광의 분류

특정 관심분야 관광(SIT)의 영역은 7가지로 구분하고 있다. ① 교육관광(educational travel), ② 예술 및 유적관광(arts and heritage tourism), ③ 모국(母國)관광(ethnic tourism), ④ 자연관광(nature based tourism), ⑤ 모험관광(adventure tourism), ⑥ 스포츠관광(sports tourism), ⑦ 건강관광(health tourism)이다.

그러나 특정 관심분야의 종류 중에서 모험관광 · 스포츠관광 · 건강관광은 관광동기가 유사한 기능이 있다. 개인의 삶의 질을 중요시하며, 적극적인 참여 활동 그리고 신체의 활용이 필요하고 전반적으로 야외에서 행해지는 활동이 많다는 것이다.

〈표 3-4〉 **모험관광, 스포츠관광, 건강관광의 여행 동기 및 활동성 비교**

활동성 동기	비경쟁적 ←──────────────────→ 경쟁적		
비경쟁적 ↕ 경쟁적	건강관광 (온천관광)	건강관광 (휴양지의 신체 단련시설의 이용)	모험관광 (급류 뗏목 타기, 스쿠버 다이빙)
	모험관광 (전세요트 타기)	건강·스포츠·모험관광의 요소를 복합적으로 가진 활동 (사이클링, 바다에서 카약 타기)	모험관광 (등반)
	스포츠관광 (경기 관전)	스포츠관광 (잔디 볼링)	스포츠관광 (해양 스포츠 경주)

자료: 한국관광공사, SIT의 개념과 사례, 관광정보(3·4월호), 1995, p.44.을 참고하여 작성함.

(1) 교육관광

일반적으로 교육관광(educational travel)이란 관심분야에 대한 배움의 욕구를 충족시켜 줄 수 있는 지식과 경험을 포함하는 여행이라고 할 수 있다.

교육여행의 기원은 17세기 유럽에서는 유행을 추구하는 사람들이 유럽의 지역들을 여행하는 경향이 높았으며, 이것을 교양관광(grand tour)이라고 하였다. 당시에는 신사나 권력층의 교육에 있어서 중요한 역할을 하였으며, 배움을 목적으로 한 여행은 미국 및 유럽의 고등교육에서 필수적인 관광이 되었다.

그러나 교육관광은 관광산업으로부터 관심을 끌지 못했으며, 불확실한 자리매김으로 교육관광에 대한 연구는 부진하였다. 관광분야에서는 교육관광을 관리·통제가 어렵고, 젊은이들을 상대로 해야 하며, 구매력도 낮은 수학여행과 같다는 전통적 관념으로 비중을 낮게 취급하여 왔다.

그러나 교육관광은 보편화된 수학여행으로서 건전한 발전을 이룰 수 있는 학생인구의 급속한 성장과 자신의 가치를 높이기 위해서 투자하는 성인시장 그리고 교육과 레저와의 결합으로 인하여 중요성이 높아지고 있다.

(2) 예술 및 유적관광

예술 및 유적관광(arts and heritage tourism)은 예술관광과 유적관광을 통칭하는 말로서 이 두 가지의 관광형태는 문화성이 높다는 데 공통점이 있기 때문에 병행이 되는 경우가 많이 있다. 예술관광은 미술, 조각, 연극, 기타 인간표현과 노력의 창조적 형태를 경험하는 것을 말하며, 유적관광이란 다양한 문화적 환경을 경험하려는 욕구에 기반을 둔 유적을 주제로 한 관광을 말하고 있다. 여기서의 유적이란 형태가 있는 기념물뿐만이 아니라 민속축제, 생활관습과 같이 무형의 유적 및 자연유적도 포함된다.

예술 및 유적관광과 문화관광과의 상관성에 대해 살펴보면 세계관광기구(UNWTO)에서는 공연예술을 비롯한 각종 예술감상 관광, 축제 및 기타 문화행사 참가, 명소 및 기념물 방문, 자연·민속·예술·언어 등의 학습여행, 순례 등과 같은 문화적 동기에 의한 이동을 문화관광(culture tourism)이라고 지칭하고 있다.

(3) 모국관광

모국(母國)관광(ethnic tourism)이란 박물관이나 문화센터 등에서는 살아 있는 문화를 느낄 수가 없으며, 이러한 관광유형은 인간의 실질적인 접촉을 통한 인간의 생활모습을 경험할 수가 없다. 따라서 원시자연의 생활환경과 사람들의 삶의 모습을 경험코자 하는 욕구가 증가하게 되어 이를 만족시켜 주기 위한 관광의 형태로 발전하게 되었으며, 관광객은 마을주민 등과 함께 어울려 인종·문화적 배경이 다른 사람들과 직접적인 접촉을 통해 삶을 느끼고 체험하는 관광이다.

> **모국(母國)관광(ethnic tourism)**
>
> 모국관광을 일부에서는 고국(故國)관광, 종족생활의 체험관광이라고 하는 경우도 있다.

(4) 자연관광

자연관광(nature-based tourism)이란 자연환경을 기반으로 자연을 훼손시키지 않으면서 직접적으로 체험하고 즐길 수 있는 관광형태이다. 자연관광은 자연이나 생태계를 활용 한다는 관점에서 자연여행(nature travel), 자연지향적 관광(nature oriented tourism), 생태관광(eco tourism)이라고 하며, 또한 자연을 훼손시키지 않기 위해 노력을 한다는 점에서 책임지는 관광(responsible tourism), 녹색관광 (green tourism), 지속가능한 관광(sustainable tourism)이라고도 한다. 오늘날 대다수의 관광목적지로 성공한 경우는 물리적 환경의 청결성과 환경의 보호, 해당 지역의 특성이 명확히 구분되는 문화적 패턴을 갖추고 있는 곳이다.

(5) 모험관광

모험관광(adventure tourism)은 1970년대 말부터 1980년대 초기에 서구사회, 특히 호주, 북미, 아시아지역을 중심으로 급속히 신장을 하였으며, 모험성이 강한 관광객이 야외 레크리에이션 활동을 즐기기 위한 것이다. 모험관광에는 도보여행 (밀림 탐험), 트레킹(trekking), 크로스컨트리 스키, 뗏목 타기(rafting), 행글라이딩, 사이클링, 사냥, 낚시, 등반, 열기구 타기, 줄 타고 암벽 내려오기(repelling), 산악자전거 타기, 암벽 등반, 스쿠버 다이빙, 동굴 탐험, 번지점프, 세일링(sailing) 등과 같은 다양한 종류가 있다.

> **세계 스쿠버 다이빙 관광지**
>
> 세계에서 유명한 스쿠버 다이빙 관광지는 바하마, 케이만 군도, 코주멜(Cozumel), 하와이, 미국령 버진 아일랜드, 칸쿤(Cancun), 영국령 버진 아일랜드, 자메이카, 온두라스의 베이 아일랜드 등이 있다.

(6) 스포츠관광

스포츠관광(sports tourism)이란 비상업적 목적으로 스포츠를 즐기거나 관전하기 위한 여행으로 신체단련을 특징으로 하며, 경쟁을 유발하여 조직의 활성화와 일체감을 형성할 수 있다. 스포츠관광은 활동적이라는 관점에서 모험관광과 많은 유사성이 있고 스포츠경기를 관람하기 위해서 떠나는 관광형태가 급증하고 있다.

(7) 건강관광

건강관광(health tourism)이란 건강을 증진시키기 위한 목적으로 집을 떠나 레저를 즐기는 관광으로서 온천, 광천(鑛泉)여행이 대표적인 건강관광의 종류이다. 이러한 관광형태는 로마시대부터 시작되어 현대 리조트 탄생의 기반이 되기도 하였다.

건강관광의 종류는 태양과 휴식을 취하는 여행, 건강에 도움이 되는 활동형 여행(하이킹, 골프 및 모험 등), 건강을 향상시키고 유지하기 위한 여행(사우나·온천), 지병(持病)의 치료 및 요양을 위한 관광 등이 있다.

제**4**절 트렌드 변화와 관광행동의 분류

1. 환경변화와 트렌드

관광현상이라는 중심에서 관광주체는 바로 인간이며, 인간은 환경에 의해서 형성·제약이 되고, 환경과의 상호 의존성이 증대된다고 할 수 있다. 현대사회에서 들어와 환경변화에 대한 인식이 중요시되고 있고 관광현상은 환경으로부터 영향을 받기도 하고, 반대로 환경에 영향을 주기도 하는데, 이것은 관광과 환경과의 연관성을 나타내기도 한다. 환경은 국가 및 사회뿐만이 아니라 관광객에도 영향을 주며, 관광객을 대상으로 하는 관광사업도 환경으로부터 직·간접적으로 영향을 받아 왔다는 것을 의미한다.

〈표 3-5〉 환경요인별 트렌드

환경	트렌드	비고
정치	거버넌스(governance)의 중요성 증대, 남·북 관계 및 국제협력의 중요성 확대 등	
경제	세계경제의 변화, 융합 패러다임 및 공유경제 확산, 저성장 및 양극화 심화, 주력 소비시장으로 여성 및 아시아 국가의 부상, 신흥 경제국의 성장 등	
사회	저출산·고령화 사회, 새로운 가구 유형(소규모 가구), 개인성향 증대, 안전의식의 중요성 증대, 소비문화의 변화 및 세분화, 라이프 밸런싱(일과 생활)추구, 웰빙(wellbeing) 및 힐링(healing) 라이프 스타일의 확산 등	
문화	신한류(음악, 드라마, 영화 등), 문화마케팅, 창조산업(소프트웨어 등 관련 산업)	
생태	친환경 패러다임(paradigm) 확산, 지구환경의 변화의 심각성 인식, 에너지 절감 및 자원 활용의 가치 제고, 기후변화 대응 노력 강화 등	
기술	SNS의 무한 확장, 초연결 사회로의 진전(사물 인터넷, 빅 데이터, 클라우드 서비스 등), 모바일 활용의 심화, ICT 기반 융합산업의 확대 등	

자료: 고석면·이재섭·이재곤, 관광정책론, 대왕사, 2018, pp.293-306.을 참고하여 작성함.

트렌드(trend)란 어떠한 경향이나 동향, 추세 또는 단기간 지속되는 변화나 현상을 의미하며, 소비자들이 필요로 하고 원하는 스타일이나 라이프 스타일에 영향을 주는 현상의 방향이라고 표현할 수 있다. 유행(流行)이란 상품 자체에 적용되는 의미가 강하지만 트렌드는 소비자들이 물건을 구매하도록 하는 원동력이라고도 하며, 그 의미는 광범위하다고 할 수 있다.

트렌드에 민감한 소비자들은 변화의 의지가 강하고 독특한 브랜드를 추구하기도 하며, 다양성을 선호하는 경향이 높다고 할 수 있다.

개인의 욕구 증대와 사회, 문화적 환경 변화는 생활에도 많은 변화로 나타나고 있으며, 일이라는 개념을 초월하여 여가시간을 활용하여 다양한 취미생활을 하려는 성향이 높아지고 있다.

2. 관광행동의 분류

서구사회에서 초기에 등장한 종교관광을 비롯하여 식도락관광, 예술 및 유적관광, 교육관광, 모국(母國)관광, 자연관광, 모험관광, 건강관광, 스포츠관광 등과 같은 형태가 주종을 이루었다. 그러나 개인이 추구하고자 하는 욕구와 특성이 변화하고, 체험활동이 반영되어 있는 상품의 필요성이 증대하면서 관광행동도 세분화되어 가고 있으며, 의료관광(medical), 골프관광, 와인관광, 축제 및 이벤트(festival & event), 쇼핑관광, 도시 관광(urban), 농촌관광(rural), 크루즈 관광(cruise), 마이스(MICE)관광, 안보관광, 노인관광(silver) 등 다양한 관광의 형태가 탄생하게 되었다.

> **마이스(MICE)**
>
> 마이스(MICE)란 기업회의(Meeting), 포상(Incentives), 컨벤션(Convention), 전시(Exhibition)의 분야를 통틀어 표현하는 용어이다.

> **인센티브 투어(incentive tour)**
>
> 포상여행의 개념으로 기업, 단체 등에서 직원 또는 회원을 상대로 근로의욕을 고취시키기거나 협동심을 높이기 위해 실시하는 여행이다.

다크 투어리즘(dark tourism)

잔혹한 참상이 벌어졌던 역사적 장소나 재난·재해 현장을 돌아보며 교훈을 얻는 여행으로 블랙투어리즘(black tourism), 네거티브 헤리티지(negative heritage·부정적 문화유산), 그리프 투어리즘(grief tourism)이라고도 표현한다.
비극적 역사의 현장이나 엄청난 재난과 재해가 일어났던 곳을 돌아보며 교훈을 얻기 위하여 떠나는 여행을 일컫는 말이다.

팸 투어(FAM: Familiarization Tour)

정부, 지방자치단체, 항공사, 여행사, 호텔업자, 기타 공급업자들이 자기네 관광상품이나 특정 관광지를 홍보하기 위하여 유관인사, 여행 전문 기고가, 보도 관계자, 블로거(blogger), 협력업체 등을 초청하여 설명회를 개최하고 관광, 숙박, 식사 등을 제공하여 실시하는 일종의 사전 답사여행을 지칭한다.

이처럼 관광활동의 유형들에 대해서 다양하게 분류되어 연구되어 왔으나, 대부분의 관광의 유형은 관광시장에서 배타적인 형태가 아닌 중복적인 형태로 발전되어 왔다.

관광객의 행동도 개인적인 관심에서 출발하였으나 자신에게만 국한되는 것이 아니라 기존의 관광활동의 유형과 병행되어 왔기 때문에 그 유형과 범주를 한정시키는 것이 매우 어려운 과제라고 할 수 있다.

소비자들의 욕구는 변화하고 있으며, 새롭고 다양한 상품을 추구하려는 경향이 높아지고 있고 상품과 정보의 홍수 속에서 소비자들의 욕구는 다양해지기도 하지만 쉽게 변하기도 한다. 관광객의 욕구를 자극하면서 트렌드 변화를 예측하여 상품을 개발하는 비즈니스가 필요하게 되었다.

〈표 3-6〉 관광행태의 새로운 분류

구분	사례	비고
교육	수학여행, 역사 탐방, 고고학 탐사	
예술 및 유적	박물관(국립, 도립, 시립, 사설), 미술관, 고궁(古宮)	
모국(母國)	생활체험, 종족(種族)생활 체험	
자연	생태관광	힐링(healing)
모험	오지탐험, 동굴 탐험	
스포츠	스포츠 관람(태권도, 택견, 씨름, 축구, 농구, 배구, 야구 등)	
건강	온천관광, 골프관광	웰니스(wellness)
사회	신혼(honeymoon)여행, 효도여행, 실버(silver)관광	
산업	산업시찰(technical visit), 농업(farm)관광 등	
축제/이벤트/문화	축제(festival), 이벤트(event), 다도(茶道)관광, 공연관광, 역사관광, 체험관광	
종교	종교관광(불교, 기독교, 천주교, 힌두교, 이슬람교 등)	
장소	드라마 관광(드라마 세트장 등)	
의료	미용(beauty)관광, 요양관광, 한방관광	웰니스(wellness)
식도락	음식, 와인 관광, 맥주 관광, 막걸리 관광	웰빙(wellbeing)
회의	MICE 관광(Meeting, Incentive, Convention, Exhibition)	
지역	도시(urban)관광, 농촌(rural)관광, 어촌 관광 등	
교통수단	크루즈 관광(cruise), 기차	도보 관광 (도보 여행)
상품 개발	창조관광(creative), 한류(韓流) 관광	
쇼핑	면세점, 백화점, 전통시장	
안보	전적지, 격전지	다크 투어리즘 (dark tourism) 블랙 투어리즘 (black tourism)

주: 관광행동의 분류는 특성상 중복적이고 인식하는 관점에 따라 다양한 시각에서 접근이 가능하다고 할 수 있음.

자료: 고석면 · 이재섭 · 이재곤, 관광정책론, 대왕사, 2012, p.225.등을 참고하여 재구성함.

CHAPTER

04

TOURISM BUSINESS

관광자원

CHAPTER

04

관광자원

제1절 관광자원의 의의와 가치

1. 관광자원의 개념

자원(resource)이란 "인간이 시간적 및 공간적 차원에서의 생태계에 대하여 기술을 매체로 얻을 수 있는 경제행위의 성과"라고 규정하고 있다. 자원이란 한 가지 사물을 생성하는 재료, 즉 자산의 원천을 의미했으나 최근에는 인간을 육성시키는 재료의 일체까지도 포함시켜 자원으로 이해되고 있다.

일반적으로 자원이란 존재하는 것이 아니라 산출되는 것이라고 하여 자원을 생산적 의미로 파악하는 견해가 있으며, 또 하나는 자원을 물리적, 인간적 세계의 상호작용 결과로 정의하고 시간·공간·기술을 자원변화에 작용하는 요인으로 보는 견해가 있다.

자원이란 자연이 부여한 것으로서 기술의 발달이나 시간의 흐름 또는 소득의 증가에 따라 변화하면서 질적·양적·기술적 측면에서 경제성을 가지고 인간의 요구나 욕구를 충족시킬 수 있는 속성을 지녀야 한다.

관광자원(tourist resources)이라는 용어는 1920년대 이후부터 사용되어 왔다. 이러한 관광자원은 관광객의 주관에 의하여 관광가치가 결정되기 때문에 매우 다종 다양할 뿐만 아니라 광범위하다. 어떤 의미에서는 모든 대상이 관광자원으로서 가치를 지니고 있다고 할 수 있다. 관광자원에 대한 정의는 관광자원의 대상과 범위 및 성격에 따라 국가별·기관별·학자별로 다양하게 규정하고 있는데 관광자원은 넓은 의미에서 관광대상을 지칭하는 것으로 관광객체로써 활용될 수 있는 모든 것을 지칭한다.

　관광여행의 유인이 되는 매력적인 자연 또는 인문적 대상물을 일반적으로 관광자원이라고 한다. 그러므로 관광의 매력물이 되는 요소를 지닌 것이거나 관광객체(tourist objects) 또는 관광대상(tourist attractions)으로서의 가치를 지닌 것들은 모두가 관광자원이 된다고 할 수 있다.

　이를 종합하여 관광자원(tourism resources)이란 관광동기(tourist motivation)를 유발하거나 관광욕구를 충족시켜 줄 수 있는 것으로서 매력성(attraction)과 신기성(novelty)을 갖춘 생태계 내의 유형·무형의 제(諸) 자원으로서 보호·보존하지 않으면 가치를 상실하거나 감소할 성질을 내포하고 있는 자원으로 규정을 하고자 한다.

2. 관광자원의 가치

　관광자원이란 관광객의 욕구충족의 대상으로서 매력과 유인성을 갖고 있고 보호·보존하지 않으면 가치가 상실되는 의미를 가지고 있으며, 관광이라는 현상 속에서 차지하는 영역과 기능은 자원의 가치와 특성에 따라 많은 차이가 발생한다.

　관광자원은 관광객의 주관에 따라서 그 가치가 달라질 수 있으며, 개인의 가치 차이에 의해서도 그 대상이 매우 넓고 인식의 정도에 따른 차이점도 높다고 할 수 있다. 특히 자원은 그 범주가 광범위하기 때문이며, 광의의 관광자원이란 관광객의 욕구를 충족시킬 수 있는 모든 대상물을 지칭한다고 할 수 있다.

　인간은 끊임없이 변화를 추구하며, 변화의 욕구가 인간의 본능이라고 할 때 인간의 본능과 상통하며, 사회의 환경과 관광객의 소비형태, 욕구의 변화로 기존(既存)의 관광자원이 자원으로서의 매력을 점차로 상실해가고 있는 반면에 새로운 자원이 각광을 받고 있기도 하다. 이는 관광자원이란 절대성 내지는 우월성을 가질 수가 없다는 것이며, 영원성을 가지는 것이 아니라는 것이라고 할 수 있다.

　부가르트와 메들릭(Burkart & Medlik)은 관광자원의 가치를 매력성(attractiveness), 이미지(image), 관광자원의 유형(type), 접근성(accessibility), 기반시설(infrastructure),

관광시설(tourism facilities) 등에 의해서 결정된다고 하였다.

관광은 관광객이 관광욕구 또는 동기를 충족시키는 과정이며, 관광객은 이러한 자신의 욕구를 충족시킬 수 있고 가치가 있다고 생각되는 대상을 선택하게 된다.

1) 매력성

매력성(attractiveness)은 관광자원의 기본적인 특성을 의미한다. 관광객이 관광 목적지를 선택하는 데 직접적인 연관성이 높으며, 관광사업의 운영자에게도 중요한 영향을 미친다.

2) 이미지

관광자원의 이미지(image)란 한 사람 또는 집단이 갖는 관광대상에 대한 느낌과 생각이다. 이미지는 관광객이 목적지를 선택하고 결정하며 여행참여를 유도 할 수 있는 중요한 동기이다. 관광객의 생각과 느낌에는 관광목적지의 시설도 중요한 역할을 하게 되는데, 편의시설·숙박시설·위락시설 등의 여부이며, 이러한 시설들은 관광객들에게 즐거움을 줄 수 있는 요소들이다.

3) 관광자원의 유형

관광자원의 유형(type)은 여러 가지의 다양한 형태가 존재한다. 자연적 자원(자연경관·경치), 문화적 자원(유적·고적), 사회적 자원(축제 및 이벤트), 산업적 자원(농장, 목장) 등으로 다양하게 분류할 수 있으며, 활동형태에 따라 감상형, 휴양형(피서·피한), 오락형, 스포츠형 등으로도 구분할 수 있다. 관광자원의 유형은 관광객의 관광행위의 발생 및 행동패턴에 많은 영향을 미치는 요인이 된다.

4) 접근성

접근성(accessibility)은 관광객이 느끼는 목적지에 대한 거리와 시간이다. 관광객의 관광욕구도 중요하지만 관광행동이 더욱더 중요하다. 따라서 목적지까지 도착하는 방법과 시간은 관광객의 목적지 선택과 행동에 많은 영향을 주게 된다. 일반적으로 관광객은 물리적인 거리도 중요하지만 시간거리와 비용에 의한 경제적 측면도 중요하게 인식하는 요인이며, 관광자원의 매력성을 높이기 위해서는 접근성을 개선하는 것이 매우 중요하다.

5) 기반시설

기반시설(infrastructure)이란 관광객이 관광지나 관광자원에 접근하거나 이용하는 데 필요한 것이다. 교통(도로 · 철도 · 항만 · 공항 · 주차장 등), 공간(유원지), 유통 · 공급(수도 · 전기 · 가스, 방송 · 통신시설 등), 공공 · 문화체육(문화시설 등), 방재(하천 등), 보건 위생(의료시설 등), 환경 기초(하수도시설 등) 등과 같은 시설들이 필요하다. 기반시설은 관광여행의 주된 목적대상은 아니지만 관광객에게 가장 기초적인 편의를 제공해 줄 수 있어야 한다.

6) 관광시설

관광시설(tourist facilities)이란 관광객에게 편의를 제공하기 위해 만든 시설로서 관광에 이용되는 오락, 관람 시설 등을 지칭한다. 관광시설은 관광자원에 부가된 것이 관광대상이 되거나 그 자체가 관광대상이 되기도 하기 때문에 자원의 가치를 향상시킬 수 있는 중요한 역할을 한다.

• 그림 4-1 **관광자원의 가치**

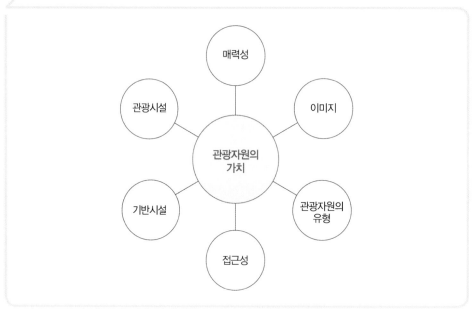

제**2**절 　관광자원의 현대적 특징과 분류

1. 관광자원의 현대적 특징

관광자원은 시대적 발전과 함께 그 대상도 변화되어 가고 있다. 관광대상을 제공하는 관광사업은 관광객의 욕구변화에 맞는 상품을 개발, 제공해야 하기 때문에 정부 및 공공기관 등의 역할도 증대되어 가고 있다. 따라서 관광상품 개발은 계획적이고 장기적인 계획을 수립하여 자원을 개발해야 하고, 복합형 관광자원의 개발과 더불어 관광상품 제공자의 시설과 서비스도 중요한 대상으로서 역할을 하게 되었다.

관광자원의 종류는 다종다양하고 그 범위는 무한히 확대되고 있다. 유·무형적인 것이든 자연적·인문적인 것이든 또는 관광객의 동기와 욕구를 충족시켜줄 수 있는 복합적인 것이든지 간에 모든 대상이 관광자원이라고 볼 수 있다.

관광자원의 분류는 관광자원의 현황을 파악하고 효율적인 관광개발을 위해서도 필요한데, 즉 자원이 지닌 매력성(attractiveness)과 특성을 고려하여 그 중요도에 따라 우선순위를 정할 수 있는 기초자료를 제공하여 준다.

일반적으로 관광자원은 여러 가지 기준으로 다양한 분류가 가능한데 국내와 국외의 발전적인 측면을 수용하고, 시대적인 변천에 따른 관광기호의 변화, 그에 따른 관광자원의 상대적 변화, 나아가 새로운 관광자원의 지속적인 출현이라는 인식하에 관광자원을 가시적인 속성, 행동패턴, 그리고 법·제도상의 기준 등으로 분류할 수 있다.

2. 관광자원의 분류

관광자원의 분류는 자원의 특성, 행동패턴에 따른 특성, 시장의 특성, 지역의 특성에 따라 분류할 수 있지만, 여기에서는 자원의 특성과 행동패턴의 특성에 따른 분류를 제시하고자 한다.

1) 자원의 특성에 따른 분류

관광자원이 가지고 있는 속성과 특성을 기준으로 분류하는 방법이다. 관광자원의 속성이 자연적인 것인가, 인문적인 것인가에 따라 관광자원은 자연적 관광자원과 인문적 관광자원으로 구분된다.

〈표 4-1〉 특성에 의한 분류

학 자	분 류	종 류
츠다 노보루 (津田昇)	자연관광자원	기후, 풍토, 풍경, 온천, 천연자원, 동식물, 도시공원
	문화관광자원	유형문화재, 무형문화재, 민속자원, 기념물
	사회관광자원	인정, 풍속, 행사, 국민성, 생활, 예술, 문화, 교육
	산업관광자원	공장시설, 농공장, 사회공공시설, 견본시
스에다게 (未武直義)	자연관광자원	관상적 자원(지형, 지질, 생물, 기상 등), 보양적 자원(지형, 기상, 온천)
	인문관광자원	문화적 자원(문화유산, 문화적 시설), 사회적 자원(사회형태, 생활형태)
	산업관광자원	농업(농장·목장 등), 어업(어획방법, 해산물 가공시설), 공업(공장시설, 기계설비), 상업(견본시, 전시회 등)
김진섭	자연관광자원	지형, 지질, 천문, 기상, 동물, 식물
	문화관광자원	유형문화재, 무형문화재, 민속문화재, 기념물
	사회관광자원	풍속, 행사, 국민성, 생활, 예술, 문화, 교육 등
	산업관광자원	공장시설, 농장, 목장시설, 공항, 항만, 댐 등의 사회공공시설
김홍운	자연관광자원	산악, 화산, 고원, 폭포, 계곡, 산림, 동식물, 온천, 지형, 천문, 기상 등
	문화관광자원	고고학적 유적, 사적, 건축물, 유·무형 문화재, 기념물, 민속자료, 민속예술제, 박물관, 미술관 등
	사회관광자원	인정, 풍속, 행사, 국민성, 생활, 예술, 문화, 교육, 종교 등
	위락관광자원	캠프장, 수영장, 놀이시설, 레저타운, 수렵장, 쇼핑센터, 카지노, 나이트클럽, 경마장 등
건 (Gunn)	자연자원 의존형	해변, 피크닉 장소, 캠핑 장소, 일반 경관지역, 암석 채취장소, 화석 채취장소, 사냥지역, 낚시지역, 스키, 동계스포츠 지역, 스노모빌 지역, 보트장, 카누장, 항해장, 동계 휴양지, 하계 휴양지, 마리나 보트 계류장, 야생지, 동물관찰지역, 수로, 휴가촌, 전망대, 산림채취장소, 자전거 탐방지역, 자연오솔길, 탐조지역, 동굴 탐사지역, 스쿠버, 해저탐험지역, 마리나 요트 계류장, 자연경관 주유지역

	문화자원 의존형	고고학적 유적, 박물관, 역사유적 및 복원지, 최초의 사건 발생지, 특수 인종적 문화, 과학적 불가사의, 제조공장, 장엄한 건물, 성지, 문화적 주유 관광지, 관광목장, 전설 유래지
	인공시설자원 의존형	콘서트, 드라마, 연극장, 공예품 전시장, 도시 캠핑장소, 대형 운동경기장, 골프장, 테마공원, 쇼핑센터, 나이트클럽, 호텔·모텔, 관광음식점, 정보센터, 휴식처, 놀이터, 친척·친구집, 축제 퍼레이드, 경마장, 회의장, 운동경기장
류 (Lew)	자연관광자원	풍광(산, 해변, 평야, 사막, 섬), 랜드 마크(지리적·생물학적), 생태적(기후, 국립공원, 자연보호구역)
	자연·인문 중간형 관광자원	관찰형(농업시설, 동식물원 등), 레저형(공원, 리조트), 참여형(산악·수상·야외활동을 할 수 있는 장소)
	인문관광자원	거주지 인프라(교육, 과학, 종교, 삶의 방식, 민속 등), 관광인프라(관광목적지 및 루트, 숙박, 음식점), 레저 상부구조(공연, 스포츠활동, 위락시설, 박물관, 공연·축제, 음식 등)

2) 관광객의 이용형태에 의한 분류

관광객의 이용형태에 의한 분류는 관광객의 활동과 체재기간에 따라서 경유(經由)형 자원과 체재(滯在)형 자원으로 분류할 수 있다.

경유(經由)형 관광자원은 주유(周遊)형 관광자원(touring attractions)이라고도 하며, 관광지에서 체재하고 다양한 경험과 활동을 하는 것이 아니라 지나가는 것을 의미한다. 경유형은 주로 정적이고 시각적인 활동이 중심이 되어 이루어지는 관광형태가 된다.

체재(滯在)형 관광자원은 체류(滯留)형 관광자원(destination attraction)이라고도 하는데, 관광지에서 숙박을 하기도 하고 머무르면서 각종 스포츠활동 등이 복합적으로 이루어진다. 체재형은 일반적으로 활동적이고 체험적인 관광활동을 한다는 것이 특징이다.

제**3**절 관광자원의 유형과 특징

1. 자연적 관광자원

자연적 관광자원(natural tourism resources)은 관광욕구와 결합된 자연적인 관광대상으로서 주로 경관미(美)와 위락적인 기능의 특성을 지닌 자원을 의미한다. 모든 자연대상이 관광자원이 될 수 있지만 관광자원은 관광욕구 충족이나 관광매력성과 결합될 수 있는 소재라야 하며, 이러한 자연적 관광자원에 대한 관광매력은 자연경관의 감상 또는 위락적인 기능 특성이 있어야 한다.

자연적자원은 산악, 해양, 하천, 호소(湖沼), 삼림, 초화(草花), 동물, 온천 등으로 분류할 수 있다. 일반적으로 자연적 자원은 인간의 생활환경의 보호와 생태계의 보호라고 하는 차원에서 자연공원의 지정·보존·이용 및 관리에 관한 사항을 규정함으로써 자연생태계와 자연풍경지를 보호하고 지속가능한 이용을 도모하여 국민의 보건향상에 기여하기 위하여 자연공원법에 의해서 운영되고 있다.

> **자연공원법**
>
> 자연공원이란 국립공원, 도립공원, 군립공원, 지질공원으로 구분하고 있다.

1) 산악관광자원

산악관광자원은 주로 경관미의 감상과 산악스포츠, 레저활동을 기능으로 하는 복합자원으로서 고산영봉, 원시적인 산림, 천길 단애, 계곡과 폭포, 그리고 변화무쌍한 산세 등으로 형성되고 있다.

산악관광자원은 자연성(기후, 기상, 지형, 동·식물 등), 활동성(등산, 수렵, 암벽 등반, 캠프, 스키 등), 예술성(경관, 조망, 친화성 등), 종교성(신앙, 사원, 초자연성 등) 등 관광가치도 다양하여 자연적 관광자원을 대표하고 있다.

산악관광자원은 인간에게 영감(靈感)을 촉발시키고 피곤한 영혼을 회복시켜 주는 역할을 하기 때문에 현대 도시인들이 가장 많이 친숙해진 자원이며, 대표적인 관광지로서는 공원 등이 해당된다.

2) 해안관광자원

해안관광자원은 바다의 조망미(美)와 해안에서의 스포츠, 레저활동을 즐길 수 있는 복합자원으로서 해안, 섬, 해양, 암초, 포구, 백사장, 어선과 어촌의 민가, 해녀와 파도, 바다의 일몰과 일출 등과 같은 다양한 자원이 있다.

해안관광자원은 일반적으로 자연성(일출·일몰, 해안선의 변화), 활동성(해수욕, 낚시, 수상스키, 스카이 다이빙), 예술성(경관, 조망, 백사장의 낭만), 종교성(무속 신앙) 등의 가치를 지니고 있으며, 특히 국민의 피서활동에 있어 잠재력이 큰 자원이라고 할 수 있다.

3) 하천·호수관광자원

하천·호수관광자원은 산악 또는 산림 계곡과 결합하여 내수면의 경관미를 형성하는 자원이다. 하천은 계곡, 암벽, 폭포, 산림, 평야와의 결합이 용이하고, 호수는 산악, 산림, 하천과의 복합성이 강하기 때문에 다양한 결합이 강하면 강할수록 관광자원의 가치가 매우 높다.

하천·호수의 경관 유형은 일반적으로 주변이 포위되어 있는 듯한 경관(focal landscape)으로 나타나고, 위치적 유형은 수평으로 전개되어 조용하고 아름다움을 연출할 수 있다. 하천·호수의 관광자원은 낚시, 보팅(boating), 수상스키, 유람선 관광 등의 레크리에이션 활동을 즐길 수 있다.

4) 온천관광자원

온천관광자원은 온천의 보양적·요양적 기능을 활용하고 주변의 산악경관과 결합하여 관광동기를 충족시킬 수 있는 자원을 의미한다. 온천관광자원의 가치는 과거에 주로 보양성이나 요양성에 초점을 맞추었으나, 오늘날에는 주변 경관과 문화적 경관을 결합하여 복합적인 기능을 강조하고 있다.

온천을 이용하는 현대인들은 이동과정이나 관광행동에 있어서도 온천자원만을 이용하는 것이 아니라 다른 자원들과 연계성을 갖고 관광행동을 하고 있다.

5) 동굴관광자원

동굴자원은 온천과 함께 화산의 지질작용과 연관성이 높은 자원으로서 지하의 신비적 경관을 관광자원의 가치로 활용하는 것이다. 동굴의 관광가치는 단순한 지하경관의 예술성뿐만이 아니라 원시인들의 종교의식과 관련된 종교성, 동굴 탐험의 모험성 및 학술 이용 등에서 무한한 가치를 갖고 있는 자원이다.

동굴관광자원은 그 구조의 특성에 따라서 산업적·군사적 또는 학술적 연구에 크게 기여하고 있으며, 다른 관광자원에 비해 비교적 단일성이 강한 자원이지만, 자연적 자원의 측면에서는 그 기능과 역할은 관광자원으로서 충분한 가치를 지니고 있다.

2. 문화적 관광자원

문화적 관광자원(cultural tourism resources)은 국가의 유산으로서 국민이 보전할 만한 가치가 있고 관광매력을 지닐 수 있는 자원을 말한다. 문화적 자원을 문화재라고도 표현을 하는데, 이 용어가 본격적으로 사용된 것은 제2차 세계대전 이후이다.

문화유산이 되기 위해서는 역사적인 가치가 있어야 하고, 보존할 만한 가치가 있어야 하며, 문화재(文化財)로서 예술적, 학술적 가치가 있어야 한다.

문화적 관광자원은 일반적으로 크게 문화자원과 박물관으로 구분할 수 있으며, 문화자원은 유형문화재(有形文化財), 무형문화재(無形文化財), 기념물(記念物), 민속자료(民俗資料) 등으로 분류할 수 있다.

1) 유형문화재

유형문화재(visible cultural assets)란 건조물(建造物), 전적(典籍), 고문서(古文書), 회화, 공예품, 기타의 유형적 문화소산으로서 우리나라의 역사상 또는 예술상 가치가 큰 것과 이에 준하는 고고자료(考古資料)를 유형문화재라고 한다.

유형문화재 가운데서 중요한 것은 보물(寶物)로 지정되고, 또한 보물 중에서 특히 인류문화의 보호 및 보존이라는 관점에서 가치가 크고 유례가 드문 것을 국보(國寶)로 지정한다.

2) 무형문화재

무형문화재(invisible cultural assets)란 연극, 음악, 무용, 공예기술 및 기타의 무형적 문화유산으로서 역사상 또는 예술상 가치가 큰 것을 무형문화재라고 한다. 무형문화재 중에서 중요한 것은 중요 무형문화재(重要 無形文化財)로 지정하고 있다.

3) 기념물

기념물(monuments)이란 패총(貝塚), 고분(古墳), 성지(城址), 궁지(宮趾), 요지(窯址), 유물포함층(遺物包含層) 등의 사적지로서 역사적, 학술적, 관상적 가치가 큰 것을 의미하며, 기념물은 역사적 기념물과 천연기념물로 구분한다.

역사적 기념물은 패총, 고분, 성지, 궁지, 요지, 유물포함층, 기타 등으로 분류하며, 중요한 것은 사적(史蹟)으로 지정한다. 또한 천연기념물 중에서 중요한 것은 명승(名勝) 또는 천연기념물(天然記念物)로 지정한다.

4) 민속자료

민속자료(folk customs materials)란 의·식·주, 생업(生業), 신앙, 연중행사 등과 관련된 풍속, 관습과 당시에 사용되었던 의복, 기구(器具), 가옥(家屋), 기타의 물건으로서 국민생활의 추이(推移)를 이해할 수 있는 것을 민속자료라고 한다.

민속자료는 무형의 민속자료와 유형의 민속자료로 구분한다. 무형의 민속자료에는 의·식·주, 생업, 신앙, 연중행사 등에 관한 풍속, 관습 등이 있고, 유형의 민속자료에는 의복, 기구, 가옥, 기타의 물건 등이 있다. 유형의 민속자료 중에서 중요한 것은 중요 민족자료(重要民俗資料)로 지정한다.

3. 사회적 관광자원

사회적 관광자원(social tourism resources)이란 나라의 국민성과 민족성을 이해하는 규범문화적인 자원을 의미한다. 문화의 유형은 용구문화(用具文化)(의식주의 생활도구), 가치문화(철학, 종교, 예술, 학문), 규범문화(인정, 제도, 풍속, 민족성, 도덕, 생활양식, 신앙) 등으로 구분할 수 있으며, 생활양식은 의·식·주를 중심으로 한 그 지역의 일상적인 생활을 의미한다.

사회적 관광자원은 민족의 의상이나 식사양식, 주택양식 등도 관광객의 중요한 관심의 대상이 되며, 그리고 전통화되어 온 풍속도 매우 중요한 관광자원이다. 또한 역사와 전통, 민족성, 세시풍속, 연중행사, 절기와 생활은 물론 전통적인 스포츠, 향토축제, 향토음식 및 특산물 등도 포함하고 있다.

환대(hospitality)는 민족성에 바탕을 둔 인정(人情)을 말하는데 이 또한 훌륭한 자원이 될 수 있다. 관광객은 미지의 세계에서 새로운 환경을 접해보려는 욕구가 강하기 때문에 환대는 추억거리를 만드는 중요한 관광자원이 된다.

1) 문화·축제행사

전통화된 향토축제와 연중행사 등은 하나의 대표적인 문화적인 행사로서 지역, 국가의 전통성을 계승·발전시킨다는 차원은 물론 관광대상으로서의 가치도 매우 높은 관광자원이다. 이러한 축제행사는 목적지의 매력을 증대시키고 비수기를 극복할 수 있는 수단이 되며, 관광의 지역적 확대, 관광이용시설의 확대, 잠재관광객 유치 증대에도 기여하며, 자원의 보호와 보존에도 기여하는 효과를 가져올 수 있다.

2) 교육 · 사회 · 문화시설

국가 및 지역의 이미지를 결정하는 요소를 가지고 있는 특성이나 개성 또는 공간 전체에 대한 통일성 등이다. 대표성을 지닌다고 할 수 있는 랜드마크, 안내 간판, 조명시설, 각종 시설 등은 이들 지역을 다른 지역과 분리해서 인식할 수 있는 특징이 된다. 행정관청, 국회의사당, 종교시설, 스포츠 관련 시설, 대학교, 미술관 시설 등은 중요한 관광대상이 된다고 할 수 있다.

한 국가의 역사와 문화적 산실을 보고 배울 수 있는 곳이 박물관이다. 박물관(museum)은 역사적 유물, 고고자료, 미술품과 같은 그 나라 민족 또는 지방의 문화유산 가운데서 역사적, 학술적, 예술적 가치가 있는 것을 모아 체계적으로 진열해 놓은 문화적 시설을 의미한다. 박물관은 시설주체에 따라서 국립 · 시립 · 도립 · 대학 · 사립 박물관 등으로 구분된다.

3) 향토음식 · 특산물

향토음식(鄕土飮食)은 지역 특유의 전통음식으로서 기후, 문화, 전통 등의 차이로 인하여 독특한 음식문화가 발전되어 왔다. 향토음식이 갖는 명칭 또한 문화나 전통 등에 의해 결정되는 경향이 많으며, 생활환경과 관련하여 발전하여 온 대표적인 자원이다. 관광객은 관광지에서 특유의 향토음식을 즐기려는 경향이 증가추세에 있으며, 생활양식에서 발전한 음식은 현대인의 미식(味食)의 추구, 식도락여행, 미식 탐방여행과 같은 관광형태가 탄생하였다.

특산물이란 역사적 전통성을 가지고 있으면서도 지역과 연관성이 높고 독특한 특성이 있는 산물이다. 지역마다 지형, 기온과 강수량에 차이가 있고 토질이 달라 그 지방의 풍토에 적합한 특산물이 생산된다. 특산물을 구매함으로써 여행의 추억을 만들고 기억하며, 사람들에게 선물을 하는 등 그 역할이 확대되고 있다. 특산물의 상품화 노력은 쇼핑관광객을 유도하기에 유리하기 때문에 전통적으로 상품의 가치가 있고, 개발이 가능한 상품을 선정하여 집중적으로 육성하고 있으며, 특산물을 홍보하기 위하여 생산과정을 견학하는 등 관광의 범위를 확대하고 있다.

4. 산업적 관광자원

산업적 관광자원(industrial tourism resources)은 일국의 산업시설과 기술수준을 보고 또한 보이기 위한 산업적 대상을 의미한다. 이러한 산업관광(technical visit)의 시초는 '프랑스의 산업을 보라'라는 국가적 홍보활동(1952년)에서 시작되었으며, 오늘날 새로운 형태의 관광자원으로서 각광을 받게 되었다.

이처럼 현대관광의 새로운 현상은 산업시설의 견학, 시찰, 체험을 통하여 관광객의 견문확대 및 지식욕구 충족차원에서 매우 의미 있는 일이라 하겠다. 산업적 관광자원은 일반적으로 다음과 같이 구분하고자 한다.

1) 농·임업 관계 자원

농업(農業)이란 토지를 이용하여 생활에 필요한 식물이나 동물 등을 기르는 산업으로 농경을 지칭하는 경우가 많다. 농(農)·임업(林業)과 관련된 자원은 관광농장(tourism farm), 농원, 목장, 농산물, 가공시설, 그 밖의 농업 관계시설 및 인공림, 벌채, 운반, 제재법(製材法)을 비롯하여 그 밖의 임업 관계시설 및 시험장 등이 있다.

> **농업관광**
>
> 태평양지역과 미국에서 관광과 레크리에이션으로 급속도로 성장하고 있는 것이며, 관광객의 체류기간 동안에 추가적인 수입증대로 인하여 경제활동의 활성화를 가져다주게 된다. 특히 생태관광, 문화관광, 모험관광 시장은 다양한 형태의 농업관광에 대한 잠재시장이라고 하였다.

2) 어업관계 자원

어업(漁業)이란 영리를 목적으로 물고기, 조개, 김, 미역 등을 채취하거나 기르는 산업이다. 어업과 관련된 자원은 어업활동을 비롯하여 해산물 가공시설, 양식업 및 양식시설, 기타 어장시설 등이 있다.

3) 공업관계 자원

공업(工業)이란 원료를 가공하여 그 성질과 형상을 변경하는 생산업의 부문이다. 공업과 관련된 자원은 공업시설, 기계, 상품을 생산하는 공정, 공업기술, 연구소, 시험소, 공장입지, 공업제품, 직업 후생시설 등이 있다.

4) 상업관계 자원

상업(商業)이란 상품을 팔고 사는 행위를 총칭하며, 생산자와 소비자 관계에서 재화(財貨)의 거래를 의미한다. 상업과 관련된 자원은 전통시장, 박람회, 전시회, 기념품점 및 백화점, 유통기구, 상품 진열관 등이 있다.

5) 산업공공시설

공공시설(公共施設)이란 국가 또는 지방자치단체가 국민생활의 복지증진을 위하여 설치하는 시설이다. 산업공공시설의 관련된 자원은 공항을 비롯하여 댐, 항만, 저수지, 공원, 운동장, 도로, 철도, 도시교통, 수도시설 등이 있다.

제**4**절 유네스코와 세계유산

1. 세계유산협약

유네스코(UNESCO: United Nations Educational, Scientific and Cultural Organization)
는 모든 이를 위한 교육, 과학, 문화 분야의 세계유산 보호와 창의성을 바탕으로
하는 문화발전, 정보와 정보학의 기반구축에 활동목표를 두고 있다.

유네스코에서는 세계 각국에 소재한 유산 중에서 자연 및 문화유산을 자연적,
인위적 파괴와 손상으로부터 인류 공동으로 보호하기 위해서 유네스코 총회에서
"세계 문화 및 자연유산의 보호에 관한 협약(convention concerning the protection
of world cultural and natural heritage)"을 채택(1972년)하게 되었고, 인류의 소중
한 유산이 인간의 부주의로 파괴되는 것을 막기 위해 세계유산협약(world heritage
convention)(1975년)을 제정하면서 시작되었다.

세계유산은 문화유산과 자연유산 그리고 복합유산의 3가지로 구분하고, 이 가
운데 특별히 '위험에 처한 세계유산'은 별도로 지정을 하고 있다.

세계유산협약은 유산보호에 대한 국가들 간의 협력을 증진시키는 계기를 마련
하였고, 협약에 따라서 가입국가의 문화 및 자연의 유산 중에서 가치가 있다고 인
정되는 유산을 유네스코의 세계유산 일람표에 등재하는 제도이다.

세계유산으로 등록이 됨으로써 해당 국가의 소유권이 인정되며, 세계유산기금
(world heritage fund)으로부터 유산 보존을 위한 재정적, 기술적인 지원을 받을
수 있으며, 유산의 보존상태를 지속적으로 모니터링하게 된다.

세계유산에 등록이 되는 효과는 수준 높은 문화국가라는 국제적인 공인을 받게
되고, 국민들에게 문화유산에 대한 중요성을 인식시키는 계기가 되어 문화유산을
보호·보존하는 데 기여할 수 있다. 또한 직·간접적인 홍보로 인하여 관광객을
유치하는 데 기여함으로써 관광부문에도 긍정적인 효과를 가져오게 된다.

2. 세계유산의 분류

세계유산은 본 내용에서는 문화유산, 자연유산, 복합유산, 무형유산, 기록유산으로 분류하고자 한다.

1) 문화유산

문화유산(cultural heritage)은 후세대에 계승·상속될 만한 가치를 지닌 문화적 소산을 지칭하며, 기념물, 건조물, 유적지로 구분할 수 있다. ① 기념물은 역사와 예술, 과학적인 관점에서 세계적인 가치를 지닌 비명(碑銘), 동굴생활의 흔적, 고고학적 특징을 지닌 건축물, 조각, 그림이나 이들의 복합물을 총칭한다. ② 건조물은 건축술이나 그 동질성 주변 경관으로 역사, 과학, 예술적 관점에서 세계적 가치를 지닌 독립된 건물이나 연속된 건물이다. ③ 유적지는 인간과 자연의 공동 노력의 소산물로서 역사적, 심미적(審美的), 민족학적, 인류학적 관점에서 세계적 가치를 지닌 고고학적 장소를 포함하고 있다.

2) 자연유산

자연유산(natural heritage)은 무기적 또는 생물학적 생성물로 이루어진 자연의 형태이거나 이러한 생성물의 구성되어 미적 또는 과학적 관점에서 세계적 가치를 지닌 곳이다. 또한 과학과 보존의 관점에서 세계적 가치를 지닌 지질학적, 지문학(地文學)적 생성물과 멸종위기에 처한 동식물의 서식지(棲息地)이며, 과학, 보존 또는 자연미의 관점에서 세계적 가치를 지닌 지점이나 구체적으로 구획된 자연지역을 말하고 있다.

3) 복합유산

복합유산(mixed heritage)이란 문화유산과 자연유산의 특징을 동시에 충족시키는 유산이며, 문화유산과 자연유산의 기준을 동시에 만족시켜야 하기 때문에 등재가 어려운 유산이라고 할 수 있다.

4) 무형유산

인류의 무형문화유산(intangible cultural heritage of humanity)은 문화 다양성의 원천인 무형유산의 중요성에 대한 인식을 고취하고, 무형유산 보호를 위한 국가적, 국제적 협력과 지원을 도모하기 위한 것이다. 무형유산의 등재 신청은 무형유산협약에 명시된 무형유산의 조건을 충족해야 한다.

무형유산협약에 의하면 "무형문화유산"이라 함은 공동체, 집단 및 개인들이 그들의 문화유산의 일부분으로 인식하는 실행, 표출, 표현, 지식 및 기술뿐 아니라 이와 관련된 전달 도구, 사물, 유물 및 문화 공간 모두를 의미한다. "무형문화유산"은 다음의 범위에 해당하는 것을 의미한다.

첫째, 언어를 포함한 구전(口傳) 전통 및 표현
둘째, 공연예술
셋째, 사회적 의식, 축제
넷째, 자연과 우주에 대한 지식 및 관습
다섯째, 전통적 공예기술

인류의 무형문화유산은 유산의 중요성에 대한 인식 제고에 기여함으로써 전세계 문화 다양성을 보여주고 인류 창의성을 증명하는 데 기여해야 하며, 해당 유산을 보호하고 증진할 수 있는 보호 조치가 구체화되어 있어야 한다.

5) 기록유산

세계기록유산(memory of the world)이란 전 세계 민족의 집단 기록이자 인류의 사상, 성과의 진화 기록을 의미 하는 것으로 세계적 가치가 있는 귀중한 유산을 가장 적절한 기술을 통해 보존할 수 있도록 지원하는 것이다. 유산의 중요성에 대한 전 세계적인 인식과 보존의 필요성을 증진시키고, 사업 진흥 및 신기술의 응용을 통해 가능한 한 많은 대중이 기록유산에 접근할 수 있도록 하는 데 있다.

기록유산의 종류에는 문자로 기록된 것(책, 필사본, 포스터 등), 이미지나 기호로 기록된 것(데생, 지도, 악보, 설계도면 등), 비문(碑文), 시청각 자료(음악, 영화,

음성 기록물, 사진 등), 인터넷 기록물 등을 지칭한다.

기록유산의 등재기준은 유물은 진품이어야 하며, 실체와 근원지가 정확해야 하고, 세계에서 유일하며 대체 불가능하고, 유물의 손실 또는 훼손이 인류 유산에 막대한 손실을 초래하는 것으로서 특정 문화권의 역사적 의미가 있으며, 세계적 가치가 있어야 한다. 다음 중 하나 이상의 기준에 적합해야 한다.

첫째, 변화의 시기를 반영하는 시간성(time)

둘째, 역사발전에 기여한 장소 또는 지역(place) 관련 정보

셋째, 역사에 기여한 개인(people)의 업적

넷째, 세계사의 주요 주제(subject theme)

다섯째, 형태나 스타일(form and style)에 있어 표본

3. 세계유산 등록 현황

유네스코(UNESCO) 산하의 유산위원회(world heritage committee)에서 인류의 유산으로 지정, 보호할 가치가 있는 것을 보호하는 것을 목적으로 하고 있다. 유네스코의 세계유산은 전 세계적으로 보존을 위한 노력을 전개하게 되는데, 보존할 능력이 없는 나라에는 기술 및 재정지원을 하게 된다.

세계유산위원회

"세계유산협약"에 의해 구성된 정부 간(政府間) 위원회(1975년)이며, 문화 및 자연유산의 보호를 목적으로 하며, 운영은 의장단과 회의운영(정기회의는 매년 12월 중, 임시회의)과 위원국(이사국)으로 구분되어 있다. 현재 이사국은 일본, 중국, 호주, 에콰도르, 필리핀, 프랑스, 이탈리아, 독일, 스페인, 미국, 캐나다, 쿠바, 이집트, 몰타, 사이프러스, 레바논, 모로코, 니제르, 브라질, 멕시코이다.

문화유산의 지정은 관광객 유치를 증대하고 한국의 문화유산을 세계에 널리 알릴 수 있는 좋은 계기가 되며, 한국은 문화유산, 자연유산, 무형유산, 기록유산의 영역에 지정되었다.

한국의 세계 문화유산

세계문화유산에는 불국사(국보 제24호:1995년)와 석굴암(사적 및 명승 제1호:1995년), 해인사의 장경판전(국보 제32호:1995년), 종묘(사적 제125호:1995년), 창덕궁(1997년), 수원 화성(華城:1997년), 경주 역사유적(2000년), 고창 · 화순 · 강화고인돌 유적(2000년), 조선왕릉 40기(2009년), 한국의 역사마을(2010년, 안동 하회마을과 경주 양동 마을), 남한산성(2014년), 백제역사 유적지구(2015년), 한국의 산사(山寺)(7곳: 영주 부석사, 해남 대흥사, 보은 법주사, 공주 마곡사, 안동 봉정사, 양산 통도사, 순천 선암사)(2018년), 서원(9곳: 영주 소수서원, 함양 남계서원, 경주 옥산서원, 안동 도산서원, 장성 필암서원, 달성 도동서원, 안동 병산서원, 정읍 무성서원, 논산 돈암서원)(2019년)이 있다.

한국의 세계 자연유산

세계자연유산에는 제주 화산섬과 용암동굴(2007년)이 있다. 한라산 천연보호구역, 성산일출봉, 거문오름 용암동굴계로 제주도 전체 면적의 약 10%를 차지한다.

한국의 무형 문화유산

인류 무형문화유산에는 종묘제례악(2001년), 판소리(2003년), 강릉 단오제(2005년), 강강술래(2009년), 남사당놀이(2009년), 영산재(2009년), 제주 칠머리당 영등굿(2009년), 처용무(2009년), 가곡(2010년), 대목장(2010년), 매사냥술(2010년), 택견(2011년), 김장문화(2013년), 농악(2014년), 줄다리기(2015년), 제주 해녀문화(2016년), 씨름(2018년)이 있다.

한국의 세계 기록유산

세계기록유산에는 훈민정음(1997년), 조선왕조실록(1997년), 직지심체요절(2001년), 승정원 일기(2001년), 조선왕조 의궤(2007년), 해인사 대장경판 및 제(제)경판(2007년), 동의보감(2009년), 일성록(2011년), 5 · 18 광주민주화운동 기록물(2011년), 난중일기(2013년), 새마을운동 기록물(2013년), KBS 생방송(이산가족을 찾습니다)(2015년), 조선왕실 어보와 어책(2017년), 조선통신사에 관한 기록(2017년), 국채(國債) 보상운동 기록물(2017년)이 있다.

유럽지역의 국가들은 문화유산의 등록이 많다. 문화유산으로 많은 지정을 받은 국가는 이탈리아, 스페인, 프랑스, 독일, 영국 등이다. 그러나 미국의 경우에는 국립공원으로 지정된 자연유산이 많으며, 캐나다, 호주 등도 자연유산이 많다. 아시아지역의 국가들 중에는 중국, 인도, 일본 등이 있으며, 동남아와 남미의 경우에는

문화유산과 자연유산이 병존하는 경우가 많다고 할 수 있다.

한번 파괴된 유산은 다시 복구하기 어렵다. 우리의 많은 유산이 지진, 폭풍우, 화재, 기상이변 등의 자연적인 요인에 의해 파괴되고 있을 뿐 아니라, 인간의 부주의, 전쟁, 무분별한 개발정책으로 날로 황폐화되고 있다. 유네스코는 세계유산 목록에 올라간 유산 중 파괴 위험에 처한 문화 및 자연유산을 특별히 관리해오고 있다. 위험에 처한 세계유산은 전쟁으로 파괴된 캄보디아의 앙코르와트, 옛 유고 지역의 역사도시와 미국의 옐로스톤 국립공원, 에콰도르의 갈라파고스 섬 등이 포함되어 있다.

현재 전쟁으로 황폐화된 캄보디아의 앙코르와트 사원과 크로아티아의 역사도시를 복원하기 위해 유네스코가 파견한 전문가들이 많은 노력을 기울이고 있다. 베트남의 후에 궁전, 예멘공화국의 사나 역사도시도 유네스코의 특별한 관리를 받고 있다.

〈표 4-2〉 세계유산 지정 현황

지역별	국가별	지정수	대표적 유산 및 내용
유럽	스페인	46	코르도바 역사지구, 알람브라 궁전, 부르고스 대성당, 에스코리알 수도원, 톨레도 옛 시가지, 알타미라 동굴과 스페인 북부의 구석기 시대 동굴 예술, 세고비아 옛 시가지와 수도교, 세비야 대성당, 쿠엥카 성곽도시, 테이데 국립공원 등
	프랑스	43	샤르트르 대성당, 베르사유 궁전과 정원, 아미앵 대성당, 스트라스부르 옛 시가지, 센 강변, 부르주 대성당, 아비뇽 역사지구, 리옹 역사 지구, 프랑스 산티아고 데 콤포스텔라 순례길, 보르도·달의 항구, 퐁다르크 장식(아르데슈의 쇼베라 동굴 벽화), 아미앵 대성당 등
	독일	43	쾰른 대성당, 뤼베크 한자도시, 아헨 대성당, 슈파이어 성당, 뷔르츠 부르크 성당, 성 마리아 성당과 성 미카엘교회, 베를린 궁전, 뮌스터 수도원, 포크링겐 제철소, 루터 기념관, 바이마르 지역, 중북부 라인 계곡, 레겐스부르크의 중세 도시 유적지 등
	영국	27	스톤헨지와 에미브 베리 거석, 런던 탑, 웨스트민스터 사원, 캔터베리 대성당, 고프섬 야생생물 보호지역, 웨스트 민스트 궁, 그리니치 해변, 성 조지 역사마을과 버뮤다 방어물, 콘월 및 데본 지방의 광산 유적지 경관, 영국 왕립식물원 등

	이탈리아	54	발카모니카 암석화, 베니스와 석호, 피렌체 역사 지구, 몬테 성, 나폴리 역사 지구, 플로렌스, 베니스, 폼페이 고고학 지역과 토레 안눈치아타, 나폴리 역사 지구, 아그리젠토 고고학지역, 에트나산 등
	스위스	9	생갈 수도원, 성 요한 베네딕트 수도원, 베른 옛 시가지, 알프스 융프라우, 라보의 포도원 테라스 등
	그리스	17	아폴로 에피큐리우스 신정, 델포이 고고 유적, 아테네의 아크로폴리스, 아토스산, 로도스 중세거리, 델로스(Delos)섬, 올림피아 고고 유적, 피타고레이온과 헤라신전, 베르기나 고고유적, 미키네 · 티린스 고고유적 등
	네덜란드	9	쇼클란트와 그 주변지역, 암스텔담 방어선, 엘샤우트 풍차망, 베임스터르 간척지, 반 넬레공장 등
	러시아	23	상트페테르부르크의 역사유적지대, 키지섬, 크렘린 궁전과 붉은 광장, 블라디미르와 수즈달의 백색 기념물군, 바이칼호, 캄차카 화산군, 알타이 황금 산맥, 카잔 크렘린 역사 건축물, 데르벤트의 성채 · 고대도시 · 요새 건물 등
중동	이집트	7	아부 메나 그리스도교 유적. 이슬람도시 카이로, 멤피스와 네크로폴리스(기자의 피라미드 지대), 누비아 유적, 성 캐트린 지구 등
	이스라엘	8	마사다 국립공원, 고대도시 아크레, 텔아비브 화이트 시티, 향로교역로(네게브 지역의 사막도시) 등
	이란	17	초가 잔빌, 페르세폴리스, 타흐트 슐레이만, 술타니아, 페르시아 정원, 골레스탄 궁전 등
아시아	인도	37	아잔타 석굴, 엘로라 석굴, 아그라 요새, 타지마할, 고아의 성당과 수도원, 인도 산악 철도, 카지랑가 국립공원, 마나스 야생동물 보호구역, 델리의 후마윤 묘지, 붉은 요새 복합단지, 라자스탄 구릉 요새, 히말라야 국립 대공원 등
	중국	53	黄山(황산), 경극, 진시황릉, 용선 축제, 푸젠성 토루, 자금성, 泰山(태산), 만리장성, 취푸의 공자 유적, 라사의 포탈라궁, 곡부(曲阜)의 孔子 유적 노산 국립공원, 아미산(峨眉山)과 낙산 대불(樂山 大佛), 무이산(武夷山), 룽먼 석굴, 명과 청 시대의 황릉, 리지앙 고대마을, 운강 석굴, 쓰촨 자이언트 팬더 보호구역 등
	일본	22	후지산, 일본 메이지 산업혁명, 히메지 성, 호류사 지역의 불교 기념물, 법륭사, 교토유적, 히로시마의 평화기념관(원폭돔), 이쯔쿠시마 신사, 나라, 니코 사당과 사원, 이와미 은광 및 문화경관 등
	인도네시아	8	보로부두르 불교 사원, 우중클론 국립공원, 코모도 국립공원, 프람바난 힌두사원, 산기란 초기 인류 유적, 로렌쯔 국립공원, 발리의 문화경관 등

	필리핀	6	투바타하 산호초 자연공원, 바로크 양식교회, 코르딜레라스의 계단식 논, 푸에르토프린세사 지하강 국립공원, 비간 역사도시, 하미구이탄 야생동물 보호 구역
	파키스탄	6	모헨조다로 유적지, 탁실라, 타흐티바히의 불교유적과 사리바롤의 도시 유적, 타타의 역사 기념물, 라호르 성과 샬리마르 정원, 로타스요새
	미얀마	1	퓨 고대도시
	태국	5	수코타이 역사도시, 아유타야 역사도시, 퉁야이 후아이카켕 야생동물 보호구역, 반치앙 고고유적, 동파야옌 카오야이 숲
	말레이지아	4	키나발루 공원, 구눙 물루 국립공원, 말라카 해협의 역사도시, 렝공 계곡 고고 유산
	네팔	4	사가르마타 국립공원, 카트만두 계곡, 치트완 국립공원, 룸비니 석가탄생지 등
	베트남	8	후에 기념물 복합지구, 하롱베이, 호이안 고대도시, 미선 유적, 풍나케방 국립공원, 탕롱의 제국주의 시대 성채 중앙 구역, 호 왕조의 요새, 짱 안 경관
	캄보디아	2	앙코르와트, 프레아 비헤아르 사원
	라오스	2	루앙 프라방, 왓 푸 사원과 고대 주거지
대양주	호주	19	카카두 국립공원, 그레이트 배리어 리프, 윌랜드라 호수 지역, 퀸즈 랜드 열대우림, 블루 마운틴 산악지대, 푸눌룰루 국립공원, 샤크만, 매쿼리섬, 시드니 오페라 하우스 등
	뉴질랜드	3	테 와히포우나무 공원, 통가리로 국립공원, 남극연안 섬
아프리카	남아프리카 공화국	7	이시망갈리소 습지공원, 로벤섬, 스테르크 폰테인·스와르트크란스·크롬드라이 화석 인류 유적, 케이프 식물 구계 보호 구역, 브레드포트 돔 등
	세네갈	7	고레섬, 니오콜로 코바 국립공원, 주지 국립 조류 보호 구역, 생루이섬, 살룸 삼각지, 세인트루이스섬, 세네감비아 환상 열석군
	콩고민주공화국	5	비룽가 국립공원, 가람바 국립공원, 살롱가 국립공원, 오카피 야생동물 보호 지역 등
북미	미국	22	메사 버드 국립공원, 옐로스톤 국립공원, 그랜드 캐니언 국립공원, 에버글레이즈 국립공원, 레드우드 국립공원, 요세미티 국립공원, 차코 문화, 자유의 여신상, 독립기념관, 하와이 화산 국립공원, 칼스배드 동굴 국립공원 등
	캐나다	17	란세오메도스 국립 역사 지구, 나하니공원, 알버타주 공룡공원, 우드 버팔로 국립공원, 퀘백 역사지구, 그로스 먼 국립공원, 루넌버그 옛 시가지, 미과샤 국립공원, 리도 운하, 그랑페레 경관 등

	쿠바	9	아바나 옛 시가지와 요새, 트리니다드와 인헤니오스 계곡, 쿠바 산티아고 산 페드로 드 라 로카성), 데셈바르코 델 그란마 국립공원, 비날레스 계곡, 홈볼트 국립공원, 카마구에이 역사 지구 등
남미	멕시코	34	시안 카안 생물권 보전 지역, 팔렌케(스페인 도시와 국립공원), 멕시코시티와 소치밀코 역사지구, 테오티후아칸(스페인 도시), 모렐리아 역사지구, 치첸이트사(스페인 도시), 욱스말(스페인 도시), 소치칼코 고고학 기념물 지역, 용설란 재배지 경관과 데킬라 생산시설 등
	페루	12	쿠스코, 마추픽추 역사 보호 지구, 차빈 고고 유적, 마누 국립공원, 리마 역사 지구, 아레키파 역사지구 등
	브라질	19	오루 프레투 역사 도시, 올린다 역사 지구, 이구아수 국립공원, 세라 다 카피바라 국립공원, 중앙 아마존 보존 지역, 상 루이스 역사 지구, 고이아스 역사지구, 세하도 열대우림 보호지역 등

주: 지정수는 국가별 기준연도에 따라서 다소 차이가 있음.
자료: http://www.unesco.or.kr/ 및 기타자료를 참고하여 재구성함.

CHAPTER

05

TOURISM BUSINESS

관광발전과 관광사업

05

관광발전과 관광사업

제 1 절   관광현상의 발전단계

1. 관광현상의 발전

관광이 대중화된 사회현상으로 자리 잡은 것은 최근의 일이지만, 관광이 이동을 전제로 한다면 관광의 기원은 생존을 목적으로 이동했던 고대 이전으로 돌아간다. 그러나 이 시기의 관광목적은 현대적 의미의 목적보다는 필요한 식량과 물자와 같은 생존조건을 충족시키기 위해 이동을 했던 것이기 때문에 엄격한 의미에서는 관광의 본질을 벗어난다고 할 수 있다. 그러나 이집트, 로마시대와 같은 문명의 발상지를 중심으로 종교·교육·건강 등의 목적을 가진 관광여행의 현상이 나타나기 시작했다고 할 수 있다.

관광현상의 발전과정을 논의하는 데 있어 시기적, 역사적인 관점에 대한 차이가 있으며, 본 내용에서는 관광의 시대적 구분을 기준으로 하여 다음과 같은 단계로 구분하고자 한다.

〈표 5-1〉 **관광현상의 발전**

구분	자연발생적 관광시대 (tour)	매개 사업적 관광시대 (tourism)	개발 · 육성적 관광시대 (mass tourism)	대안적 관광시대 (alternative tourism)	신관광시대 (new tourism)
시기	고대 ~1840년대	1840년대 ~1940년대	1940년대 ~1990년대	1990년대 ~2000년대	2000년대 이후~
관광 동기	종교, 건강, 교육, 탐험	종교, 상용, 건강, 휴양	상용, 휴양, 쾌락, 스포츠, 방문, 종교, 시찰, 회의, 건강, 교육, 연수, 탐험	기존의 동기 + 특정관심관광 (SIT), 이문화 체험, 세계적 교류,	동기의 개성화 · 다양화, 융 · 복합관광, 가상 체험
관광 체계 요소	관광행동, 관광자원	관광행동, 관광자원, 관광산업	관광행동, 관광자원, 관광산업, 관광정책	관광행동, 관광자원, 관광산업, 관광정책, 관광정보	관광행동, 관광정보, 관광자원, 관광정책
관광 계층	특권귀족층	부유층, 중산층	대중	전 국민	전 국민
정부 역할	역할 무의미	자유방임적 역할	주도적 역할	조성적 역할	조성적 역할
정부 개입	무(無)개입	간접적 · 소극적개입	직접적 · 적극적 개입	직접적 · 적극적 개입	직접적 · 적극적 개입
관광 현상	개인적 차원	사업적 차원	국가적 차원	세계적 차원	국가, 세계적 차원
관광 형태	개인여행	단체여행	단체여행 > 개별여행	개별여행 > 단체여행	개별여행 > 단체여행
관광 진흥	없음	경제적 이익	경제 · 사회적 이익	경제 · 사회 · 환경적 이익	경제 · 사회 · 문화 · 환경적 이익

주: 특정 관심분야의 관광(SIT: special Interest Tour)
자료: 장병권, 한국관광행정론, 일신사, 1997, p.286.을 참조하여 재구성함.

2. 관광현상의 발전과정

1) 자연발생적 관광시대

자연발생적 관광(tour)은 고대에서 토머스 쿡(1841년)이 사업을 시작할 때까지를 말하며, 이 시기는 관광현상에 기업이나 정부의 개입이 없었으며, 관광자 스스로 여행을 하는 자연발생적인 성격이 강한 시대이다.

주요 관광동기는 종교적 이유인 성지순례(pilgrim)가 주종을 이루었으며, 일부 교역목적의 이동도 있었다. 또한 일부 귀족층을 중심으로 온천(spa)을 방문하는 건강목적의 여행도 했다는 기록이 문헌에 나타나 있기도 하다. 그리고 중세로 넘어오면서 문예부흥기에는 견문확대를 목적으로 하는 교육관광(grand tour)과 탐험도 주요 관광동기가 되었다.

2) 매개사업적 관광시대

매개(媒介)사업적 관광(tourism)은 1840년대에서 제2차 세계대전 이전인 1940년대까지를 말하며, 이 시기에는 관광현상에 사업체가 개입하기 시작한다.

관광행동에 참여하는 관광객의 동기도 자연발생적인 단계보다는 다양화되기 시작하여 귀족층과 일부 부유층들 사이에는 휴양을 위하여 온천을 방문한다든지 해안가에 별장을 짓고 휴식을 즐기는 새로운 형태의 관광도 나타나기 시작하였다. 또한 관광계층도 산업혁명의 영향으로 새롭게 부상되는 신흥중산층까지 확대된다.

관광현상에 대한 정부의 역할은 자유방임적인 차원에 머물러 단지 관광발전을 위한 여건조성에 간접적이고 소극적인 영향력을 행사하는 시기다. 또한 이 시기의 정부의 관광진흥을 위한 초점은 주로 경제적 이익을 추구하는 데 집중되었다. 관광형태에 있어서는 여행업의 선구자인 토머스 쿡이 시도한 포괄여행(inclusive tour)이 유행하여 단체여행의 성격이 두드러지는 특징을 보인다.

3) 개발 · 육성적 관광시대

개발 · 육성적 관광(mass tourism)은 제2차 세계대전 이후부터 1990년대에 이르는 대중(大衆)관광시대를 말한다. 이 시기는 관광산업을 전후(戰後) 복구의 수단으로 인식하고 선진국을 중심으로 한 많은 국가에서는 관광진흥에 박차를 가하게 되었다.

대중교통의 발전과 경제적 발전에 따른 사회적 지위의 향상으로 관광활동에 일반 대중이 참여하게 되고, 저소득 계층을 위한 사회적 관광(social tourism)정책까지 등장하게 된다. 정부의 진흥도 초기의 경제적 이익에 집중되었던 현상이 사회 · 문화적 가치도 반영하는 형태로 변화되었다. 관광객의 참여 동기도 순수한 관광의 목적과 더불어 상용이나 국제회의, 스포츠 교류, 연수 등 겸관광의 형태로 다양해지기 시작한다. 수동적인 입장을 탈피하여 적극적인 수요개발에 나서게 되어 관광객의 조직화와 다양한 관광동기의 출현 등 관광형태도 단체여행과 더불어 개별적으로 여행하는 형태가 급증하기 시작한다. 이 시기의 특징은 정부가 관광발전에 적극 참여하게 됨으로써 진흥자의 역할과 조정자의 역할을 수행하게 되는 복잡한 체계를 갖게 된다.

사회적 관광(social tourism)

일부에서는 복지관광(welfare tourism)이라고도 표현하며, 재정적으로 약체(弱體)인 저액소득층(低額所得層)의 보건향상과 근로의욕의 증진을 위하여 특별한 사회경제적인 조직과 지원으로 추진하는 국민관광현상(國民觀光現象)이라고 정의를 내렸다. 구체적인 내용으로는 철도나 항공요금의 운임 할인제도, 관광비용 지원제도(觀光費用 支援制度), 국민휴가계획을 비롯하여 유스호스텔(youth hostel), 국민휴가촌(國民休暇村)(national holiday center)이나 국민숙사(國民宿舍)(national lodge)의 긴실 등을 국가에서 직접 참여했던 정책이다.

적극적인 수요개발

수요를 확대시키기 위한 방안으로 패키지 투어(package tour)의 개발과 월부여행(月賦旅行)의 실시를 들고 있다. 패키지 투어(package tour)란 여행사가 주최가 되어 여행 출발일, 여행기간, 여행요금, 교통, 숙박, 식사, 관광 등의 일체의 경비를 포함한 여행을 말한다.

4) 대안적 관광시대

대안(對案)적 관광(alternative tourism)은 1990년대 이후에 전개되는 관광시대이다. 관광자의 관광동기는 기존의 다양한 동기와 함께 개인의 흥미, 이문화(異文化) 체험, 세계적인 교류 확대 등 관광욕구 발생이 크게 작용하고 있으며, 관광형태도 기존의 단체여행의 형태보다는 개별여행의 형태가 주도적인 역할을 하게 되었다. 또한 표준화되고 정형화된 패키지(package) 여행보다는 자신이 관광지 정보를 얻어 자신만을 위한 여행을 하는 시대라고 할 수 있다.

그러나 대량관광은 대규모적이고 제약이 없는 가운데, 수요를 과다하게 책정하여 이들을 수용하려고 하는 특징이 강했다. 이로 인하여 환경을 파괴하고 오히려 지역산업을 붕괴시키는 결과를 초래하기도 하였다.

> **오버 투어리즘(over tourism)**
>
> 오버(over · 초과)와 투어리즘(tourism · 관광)이 결합된 말로 수용 범위를 넘어서는 관광객이 몰려들면서 도시 환경과 문화재 파괴, 주민 불안, 주거난 등의 부작용이 생기는 현상으로 일부 국가에서는 입장객수 등을 제한하는 조치를 취하는 경우가 발생하고 있다.
> 관광객은 '침입자(tourist invader)', '관광객은 나가(go out)' 등의 슬로건이 등장하며 투어리즘 포비아 현상(대중관광:mass tourism의 병폐)을 겪고 있다는 의미이다.

이러한 대량관광의 부정적 영향을 감소시키기 위한 형태로서 자연환경, 풍습, 역사, 문화 등을 보존하면서 신기하면서도 실질적인 경험을 획득하기 위한 그 대안(代案)으로서 등장하게 되었다. 특히 리우환경회의(1991년)에서 제창된 지속가능한 개발(sustainable development) 개념이 관광부문에도 예외 없이 적용되고 있으며, 무엇보다도 생태적 환경보호에 대한 관심이 증가하면서 생태관광(eco-tourism)의 도입과 활용이 확산되었으며, 정부의 관광진흥에 대한 초점도 경제적 이익과 사회적 이익, 그리고 환경적 측면을 고려하는 역할로 전환되었다.

대안관광(alternative tourism)의 형태는 지속가능한 관광(sustainable tourism), 생태관광(eco-tourism), 녹색관광(green tourism), 자연관광(nature tourism), 책임관광(responsible tourism) 등의 새로운 시대의 가치에 부응하는 다양한 형태로 변화되었다.

> **대안관광(alternative tourism)**
>
> 관광객의 대량 이동과 활동으로 야기되는 사회·환경의 부정적 영향을 최소화고자 하는 관광의 한 형태로서 대중관광으로 인한 피해를 최소화하는 데 있다.
> 세계관광기구(UNWTO, UNWorld Tourism Organization)에서는 대안관광에 대해 "사회적으로 책임성이 있고 환경을 의식하는 새로운 형태의 관광"이라고 정의하고 있으며, 생태관광, 연성관광, 녹색관광 등이 대표적인 사례이다.

5) 신관광시대

신관광(new tourism)시대는 2000년대 이후에 전개되는 새로운 차원의 관광이다. 사회 환경의 변화, 정보화의 가속화로 인한 개별여행 환경이 개선되고, 세계화, 글로벌화되는 시대적 환경 변화로 인한 이문화(異文化) 체험에 대한 기대가 더욱더 높아지면서 다품종 소량생산의 신관광시대는 합리성과 기능성을 중시하였던 성격에서 벗어나 관광도 다양화, 개성화를 추구하는 시대가 되었다. 스마트관광은 관광시장의 온라인 가속화에 발맞춘 새로운 시장환경이다.

정보통신기술의 발달은 스마트 기기 이용자의 증가로 클라우드 서비스(cloud service), 빅 데이터(big data), 모바일 서비스 등을 활용한 새로운 관광산업의 비즈니스 기회 및 부가가치가 창출되고 있다. 정보통신기술(ICT: Information and Communications Technology)을 통한 문화·관광 콘텐츠 활용의 극대화로 스마트한 관광서비스가 가능해지고 스마트 기기 활용으로 정보탐색이나 여행지 선택과 같은 관광객 의사결정의 이용체계가 변화되고 있다.

정보기술의 발달로 소비자 의사결정에 중요한 영향을 끼치는 다양한 가격 비교는 물론, 관광객의 구매행태, 관광지 정보나 길 안내 제공서비스 등을 이용하는 데 적극 활용하고 있다.

특히 관광분야에서 관광산업 현장에서 근거리 무선통신(NFC:Near Field Communication), 증강현실(AR: augmented reality), 가상현실(VR: virtual reality, 假想現實), 자동 통역, 빅 데이터 활용 등의 서비스가 접목이 가능할 것으로 전망하고 있다.

신관광 시대는 디지털시대에 걸맞은 융·복합관광을 비롯하여 새로운 트렌드에 맞는 상품을 개발하기 위한 전략 등도 필요로 하는 시대가 되었다.

증강현실(AR: augmented reality, 增强現實)

현실의 이미지나 배경에 3차원 가상 이미지를 겹쳐서 하나의 영상으로 보여주는 기술이다. 증강현실은 또한 혼합현실(Mixed Reality, MR)이라고도 하는데, 비행기 제조사인 '보잉' 사에서 1990년경 비행기 조립 과정에 가상의 이미지를 첨가하면서 '증강현실'이 처음으로 세상에 소개됐다. 증강현실 격투 게임은 '현실의 내'가 '현실의 공간'에서 가상의 적과 대결을 벌이는 형태가 된다. 따라서 증강현실이 가상현실에 비해 현실감이 뛰어나다는 특징이 있다.

가상현실(VR: virtual reality, 假想現實)

어떤 특정한 환경이나 상황을 컴퓨터로 만들어서, 그것을 사용하는 사람이 마치 실제 주변 상황·환경과 상호작용을 하고 있는 것처럼 만들어 주는 인간–컴퓨터 사이의 인터페이스(interface)를 말한다. 사람들이 일상적으로 경험하기 어려운 환경을 직접 체험하지 않고서도 환경에 들어와 있는 것처럼 보여주고 조작할 수 있게 해주는 것이다. 응용분야는 교육, 고급 프로그래밍, 원격조작, 원격위성 표면탐사, 탐사자료 분석, 과학적 시각화(scientific visualization) 등이다. 그 사례는 탱크·항공기의 조종법 훈련, 가구의 배치 설계, 수술 실습, 게임 등 다양하다. 가상현실 시스템에서는 인간 참여자와 실제·가상 작업공간이 하드웨어로 상호 연결된다. 가상적인 환경에서 일어나는 일을 참여자가 주로 시각으로 느끼도록 하며, 보조적으로 청각·촉각 등을 사용한다고 한다.

제**2**절 관광사업의 의의와 영역

1. 관광사업의 개념

관광사업이란 관광을 촉진시키기 위한 일련의 활동이라고 할 수 있는데, 관광객에게 관광활동을 하도록 촉진시키거나 관광객이 필요로 하는 재화와 용역을 생산하여 판매하는 사업이다.

수요를 창출하기 위하여 관광객의 행동에 부응하는 상품과 서비스를 제공하여 경제·사회·문화·환경 등 다양한 효과를 얻기 위한 사업이며, 교통(transportation), 숙박(accommodation), 식음료(food & beverage), 문화(culture), 자원(attraction), 통신(communication), 쇼핑(shopping), 오락·유흥(entertainment), 레저(leisure), 서비스(service) 등을 제공하는 포괄적인 사업이라고 정의할 수 있다.

종래에는 많은 학자들이 관광산업이 타 산업과 구별되는 특별한 상품을 생산하지 못하므로 관광산업이 존재하지 않는다고 하였으나, 현대적인 의미의 관광은 자연을 보호하고 상품을 개발하여 관광객에게 즐거운 체험을 판매하게 됨으로써 산업으로서 인정받기에 이르렀다.

관광은 19세기 중엽만 하여도 비산업화 단계였으나, 1950년 이후 관광에도 산업적인 의미가 부여되기 시작하였다. 관광이 추상적인 의미에서 현실로 전환되면서 사업(business)이나 산업(industry)으로 변화되게 되었다.

관광은 실제 행위가 복잡하고 광범위하기 때문에 관광사업의 개념을 규정하기에는 매우 어렵다. 관광사업은 관광객의 왕래에 대처해야 하고 사회의 급속한 발전과 가치관의 변화는 관광행동을 다양화시키고 있어 사업의 범위와 영역도 지속적으로 확대되어 가고 있으며, 수용 측면에서도 관광왕래를 촉진시키기 위한 선전, 판촉 등 일련의 활동까지도 포함한다면 사업으로서의 범위는 매우 광범위하다고 하겠다.

관광사업을 총칭할 때에는 그 범위와 내용이 관광자원의 보호 및 보존, 관광지 개발에서부터 도로, 위생, 휴게(休憩)시설 등과 같은 기반시설의 정비는 물론 국가 공공기관에서 행하는 관광진흥, 출·입국 절차, 관세 등에 관한 행정제도까지 포함하는 매우 광범위한 분야까지 포함하고 있다고 할 수 있다.

그러나 관광사업이라고 표현할 때에는 영리를 목적으로 한 사적(私的)인 사업을 의미하며, 한국의 관광법규에 의하면 "관광사업이란 관광객을 위하여 운송·숙박·음식·운동·오락·휴양 또는 용역을 제공하거나 그 밖에 관광에 부수되는 시설을 갖추어 이를 이용하게 하는 업"이라고 규정되어 있다.

〈표 5-2〉 **관광사업의 정의**

학자	정의
레이퍼(Leiper)	관광자의 특별한 욕구와 요구에 서비스하는 경향이 있는 모든 기업, 조직, 시설로 구성된다고 정의하였다.
파월(Powell)	관광자의 체험을 구성하는 데 조합되는 모든 요소와 관광자의 욕구 및 기대에 서비스하기 위하여 존재하는 모든 요소를 의미한다고 정의하였다.
미국 상무·과학·교통 (U.S. Commerce, Science and Transportation)	여행과 레크리에이션을 위하여 전체적·부분적인 면에서 교통, 상품, 서비스, 숙박시설과 기타 시설, 프로그램과 기타 자원을 제공하는 사업체, 조직, 노동, 정부기관 등이 상호 관련된 합성체로 정의하였다.
국제연합무역개발회의 (UNCTD)	외래 방문객 및 국내여행자들에 의하여 주로 소비되는 재화와 서비스를 생산하는 산업적·상업적 활동의 총체라고 정의하였다.
다나까 기이치 (田中喜一)	관광왕래를 각종 요소에 대한 조화적 발달을 도모(즉 각종 관광 관련 시설과 교통 정비 및 자연적, 문화적 관광자원에 따른 개발과 보호·보존의 도모)함과 동시에 그의 일반적인 이용을 촉진함에 따라 "경제적·사회적 효과를 노리기 위해 알선(斡旋), 접대(接待), 선전(宣傳) 등을 행하는 조직적인 인간활동"이다.
이노우에 만수조우 (井上萬壽藏)	관광왕래에 대응하여 이를 수용하고 촉진하기 위하여 행하는 일체의 인간활동이다.
관광진흥법	관광객을 위하여 운송·숙박·음식·운동·오락·휴양 또는 용역을 제공하거나 기타 관광에 부수되는 시설을 갖추어 이를 이용하게 하는 업이다.

2. 관광사업의 영역

관광에 대한 개념적 정의가 확대되면서 전통적인 개념을 강조하는 관광 이외에 거버넌스(governance)적 관점, 정책 주체 관점, 권력 관점 등에서 논의가 되고 있다.

관광에 대한 정의가 확대되면서 협의의 개념을 초월하여 관광도 산업규모가 커지고 확대되면서 관광산업의 영역이 점차 확대되고 있으며, 소수에 국한된 관광업종을 대상으로 하는 관광진흥을 위한 정책도 한계상황에 직면하면서 핵심 관광산업과 같은 직접적인 관광산업뿐만 아니라 간접적인 관광산업도 중요해지면서 이들을 연계하고자 하는 주요한 정책이 등장하게 되었다.

거버넌스(governance)

공동의 목표를 달성하기 위하여, 주어진 자원에서 모든 이해 당사자들이 책임감을 가지고 투명하게 의사 결정을 수행할 수 있게 하는 제반 장치를 의미한다.

관광객의 관광행동 변화와 이용하는 형태가 다양해지면서 관광객을 대상으로 하는 사업이 탄생하게 되었으며, 특히 정보 통신기술의 급속한 발전으로 인한 온라인(on-line) 업체가 등장하기도 하였다.

전통적인 관광의 영역으로 강조되었던 숙박, 항공, 식음료, 여행사, 관광지 등의 산업을 초월하여 엔터테인먼트(entertainment) · 문화 콘텐츠, 의료 · MICE, 스포츠, 정보통신 기술 (ICT: Information and Communications Technology) 등 다양한 산업분야와 융합 · 복합 · 연계가 강조되면서 관광산업의 영역(tourism umbrella)은 더욱 확대되고 있다.

관광산업도 융 · 복합시대를 맞이하여 다양한 산업분야와의 접목이 강조되면서 새로운 패러다임(paradigm)으로 전환되고 있으며, 따라서 관광산업의 육성과 발전을 위해서는 관광사업 범위와 영역을 새롭게 설정해야 하는 필요성이 요구된다고 할 수 있겠다.

● 그림 5-1 **관광산업의 영역**

자료: 한국관광공사, 2017

제 **3** 절 관광사업의 분류

1. 사업주체에 의한 분류

1) 관광의 공적사업(公的事業)

사업을 추진하는 주체가 정부나 지방자치단체 등이며, 관광관련 행정기관이 담당하고 있는 사업을 공적인 업무라고 할 수 있다. 이는 대내적으로는 국민경제의 발전과 국민의 복지를 증진시키기 위한 것이며, 대외적으로는 국위의 선양과 국제친선 그리고 국제경제의 발전을 위하여 정책적으로 추진하는 관광사업을 말한다. 따라서 공적(公的)인 사업이란 관광의 기본이념을 보급하고 국가의 관광진흥을 실현하기 위하여 추구하는 것이며, 관광발전과 사업을 관리하기 위한 것으로 관광행정이라고 할 수 있다.

관광의 공적사업은 관광의 공익(public benefit)을 목적으로 이루어지는 사업이며, 관광이념의 보급, 관광자원의 보호·육성 및 이용의 촉진, 관광시설의 정비·개선, 관광지의 개발, 선전매체의 활용을 통한 관광활동의 촉진, 서비스의 향상, 관광통계의 작성, 조사·연구 활동의 추진 및 실시, 국내·외 관련기관과의 유대강화, 관광사업의 지도, 지원, 행정업무의 추진 등과 같은 사업들을 정부나 지방자치단체 등의 관광행정 담당 부서에서 관장하는 업무와 공기업(한국관광공사 등), 관광사업자단체와 같은 공익법인(公益法人)에 의해서 실행되는 사업이 있다.

2) 관광의 사적사업(私的事業)

사적(私的)인 사업은 기업으로서 윤리성을 바탕으로 관광객의 관광왕래에 직접 대처하기 위한 영리목적의 활동이며, 관광객에게 재화(財貨)나 서비스를 생산, 제공하고 그 대가를 받아 사업을 영위해 나가는 것이다.

여행자들에게 교통, 숙박, 여행, 레크리에이션, 이용시설, 각종 물적·인적서비스를 제공하는 사업으로서 영리목적이 핵심이며, 관광의 가치와 효과가 최대화될 수 있도록 서비스 수준을 향상시키고, 서비스의 개선을 도모하여 관광객을 만족시키기 위한 기업이며, 이러한 기업의 사업관리를 관광경영이라고 표현한다.

관광 사업은 기본적으로 관광객을 대상으로 개별적인 영업활동을 하고 있으나, 관광왕래의 촉진과 관광객의 유치, 판촉활동이 공동의 이익을 가져다주기 때문에 관광선전, 홍보활동과 같은 마케팅 활동은 관광시장을 확보하기 위해서는 사업들의 주요한 연계활동이 필요하고 상호 협조가 수반되어야 한다.

• 그림 5-2 **관광사업의 지향가치 및 목표**

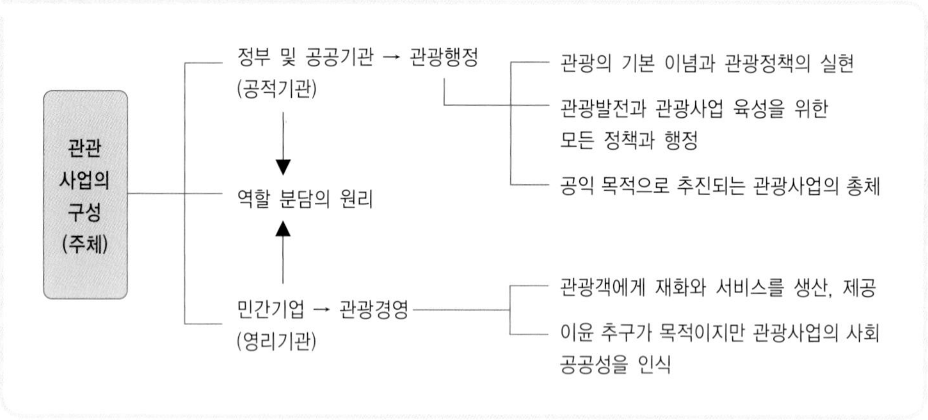

2. 기능에 따른 분류

관광사업을 관광기업이라는 관점에 국한해서 살펴보더라도 다양한 관련산업 분야에서 경제활동이 수행되고 있을 뿐 아니라 복잡성을 갖고 있으며, 관광사업의 경영은 일반사업과는 상이하다는 것을 제시하고 있다. 관광사업의 범위를 일반적으로 구분하면 다음과 같다.

1) 관광자원 보호 및 개발 관련사업

관광자원 보호 및 개발 관련사업을 전개하는 주체는 대부분 비영리적인 조직체로서 국가나 지방공공단체이다. 이러한 사업활동은 특정한 국가의 관광자원인 인문자원과 자연자원을 전래되도록 보존하고 개발을 하는 것으로서 관광사업 중에서 가장 기본적인 사업이다.

또한 이 사업에는 관광자원까지의 접근성을 개선하기 위한 일환으로서 도로 및 교통시설의 정비와 설치 그리고 숙박시설의 운영을 기본으로 하는 관광개발 사업도 포함된다.

2) 관광객의 유치 및 선전 관련사업

관광객의 유치 및 선전 관련사업은 관광을 통한 사회·경제적인 효과에 주목하여 지방공공단체나 관광협회 그리고 관광공사와 같은 공익법인이 관광시장을 개척하고 관광객을 유치하기 위해 선전활동을 전개하는 사업 등을 의미한다.

특히 외래 관광객을 인한 소비가 국가 및 지역사회에 미치는 파급효과가 높기 때문에 관광의 중요성과 그 가치를 재평가하고 국제관광사업을 국가전략산업으로 인식하여 외래 관광객의 유치를 위한 다양한 광고, 선전활동 등 적극적인 마케팅 활동을 하는 사업이다.

3) 관광시설의 정비와 이용증대 관련사업

관광시설의 정비와 이용증대에 관한 사업은 관광객들을 수용하는 시설을 사업화한 것으로, 관광객의 왕래를 원활히 하기 위해 운송서비스를 제공하는 교통업과 이들에게 숙식을 제공하는 숙박업 등이 해당된다. 이러한 사업들은 영리를 목적으로 서비스를 제공하는 업체들로서 관광수요에 대처해 나가는 관광사업의 중추적인 역할을 담당하고 있다.

이러한 사업에는 관광객에게 오락시설을 제공하거나 기념품을 판매하는 사업자, 스포츠 및 레저관련 시설을 갖추고 이용하게 히는 사업자도 포함이 된다.

4) 관광상품 기획 및 판매 관련사업

관광상품 기획 및 판매 관련사업은 교통 및 숙박의 예약·수배, 여행상품의 기획·판매, 관광안내와 관련된 형태의 여행서비스를 제공하고 여행객들에게 판매하는 사업활동이 포함된다. 이러한 활동은 관광여행과 관련되는 각종의 정보, 다양한 서비스의 내용이 체계적으로 구성되어 판매되고 있다는 차원에서 교통의존적인 사업성격이 포함된다.

〈표 5-3〉 **관광사업의 기능별 구성**

관련 사업	사업 내용
관광자원 보호 및 개발 관련사업	자연, 문화재 등 관광자원을 개발하고 보호하는 일, 관광지 환경정비, 쾌적한 관광환경의 창조와 관련된 사업
관광객의 유치 및 선전 관련사업	관광정보제공 관련 사업으로 출판사업, 여행자들을 위한 정보제공 사업과 관광선전 · PR광고 등의 사업
관광시설의 정비와 이용증대 관련사업	• 항공, 자동차, 철도, 선박 등의 여객운송기관이 여객을 운송하는 사업 • 호텔 등 숙박시설을 포함 숙박서비스 제공 사업 • 스포츠시설과 위락시설 등 관광시설 서비스를 제공하는 사업
관광상품 기획 및 판매 관련사업	교통 및 숙박의 예약 · 수배, 여행상품의 기획 · 판매 등 여행업을 포함한 여행 전반에 대한 사업

3. 업종에 따른 분류

관광객이 관광행동을 하려면 여행정보를 수집하고, 교통 · 숙박을 예약하고, 관광목적지로 이동하고, 체재함과 동시에 다양한 관광활동을 하고 돌아오는 일련의 순환과정이다.

따라서 관광객의 욕구와 동기를 충족시키고, 관광왕래를 촉진시키기 위해서는 다양한 사업이 존재하게 되며, 관광객의 행동에 따라 준비, 이동, 체재와 관련한 업종으로 분류하여 범주를 설정할 수 있다.

첫째, 준비에 관한 업종이다. 관광정보의 제공, 이용시설의 예약, 필요 용품의 구입과 관련된 사업이다. 정보를 제공하는 신문, 방송, 출판, 통신과 같은 매스컴과 관계되는 업종, 예약을 취급하는 여행업, 그리고 여행용 의류나 각종 스포츠용품을 판매하는 업종을 포함할 수 있다.

둘째, 이동에 관한 업종이다. 여행자를 운송하는 사업으로 항공, 철도, 버스, 렌터카, 선박 등이며, 교통수단으로서 접근성을 개선하는 역할을 한다.

셋째, 체재에 관한 업종이다. 관광객에게 숙박과 음식을 제공한다는 행위와 관련된 업종으로 숙박업과 음식업을 비롯하여 '본다, 먹는다, 배운다, 즐긴다, 산다'와 관련된 모든 행위와 관련된 업종이라고 할 수 있다.

〈표 5-4〉 **관광관련사업의 범주**

업종	세부업종
여행업 (travel industry)	• 여행도매업(wholesaler, tour operator) • 여행대리점(travel agent, sub-agent) • 관광객 모집 전문업자(tour organizer)
숙박업(accommodation, lodging industry)	• 호텔(hotel)/모텔(motel), 유스호스텔 등 • 보조 숙박업(supplementary accommodation facilities): 빌라, 콘도, 야영장 등
회의장 시설업 (convention industry)	• 호텔 및 회의장 시설업체 − 회의장(convention hall, conference rooms, seminar room) − 전시장(exposition, exhibition, show, mart) • 국제회의 전문용역업체(PCO: Professional Congress Organizer)
음식료 조달업 (catering industry)	• 호텔 연회행사 • 음식점(요식업) : 유흥 음식, 대중 음식 • 식품조달 전문점 : 여객기, 열차의 승객용 식사공급 • 향토 음식점 : 해산물, 특수요리 음식공급 판매
오락 · 유흥업 (amusement industry)	• 카지노 • 나이트 클럽
편의용품 조달업 (amenity industry)	• 리넨, 타월, 비누 등 편의용품 조달 • 식품, 육류, 주류 조달 • 주방용품 기구 조달
휴양업 (R/R industry)	• 온천장(spa) • 수영장 • 스키장 • 헬스클럽(fitness center) • 수상, 수중 레크리에이션 사업 • 수렵(hunting), 사파리(safari) • 골프장 • 구기장: 축구, 배구, 농구, 테니스 등 • 바다낚시

운송업
(transportation
industry)
	• 항공업: 정기(regular scheduled)/부정기 항공운송(irregular)
	• 지상운송업
	   – 전세버스
	   – 택시
	   – 열차(관광 열차)
	   – 캠핑카(camping, caravan car)임대업
	• 수상운송업(surface transportation)
	   – 여객운송업(ferry)
	   – 선상 관광(cruising)유선업
	   – 선박 임대업(boat, yacht)
	   – 도선(渡船)업(강, 호수)

종합관광지 (resort industry)	• 종합관광지(tourist resort): 관광시설, 놀이시설, 휴양시설을 갖춘 관광단지 • 민속촌(fork village) • 주제공원(theme park) • 관광농장(과수원, 채소농장) • 관광목장 • 해중 공연장: 수중 동물 쇼, 수상 스포츠 경연 • 수족관: 해변 대형수족관(sea aquarium) 및 휴게시설 • 동굴, 박물관(입장료를 징수)
기념품/사진 및 기타	• 기념품 제작ㆍ판매(souvenir) • 관광사진업, 출판업(관광자원 선전책자, 관광기념사진, 관광잡 지 등)

주: R/R Industry : Rest and Recreation(체력ㆍ건강관리), Rest and Relaxation(건강회복), Rest and Recuperation(요양)을 의미

4. 관광법규상의 분류

한국의 관광사업은 시대적 변화에 따라서 그 종류가 다양하게 발전되어 왔다. 1960년대 제정된「관광사업진흥법」(1961년 8월 22일)에 따르면, 이 법의 제정 당시에는 관광사업의 종류를 여행알선업, 관광호텔업, 통역안내업, 관광시설업 등 4가지로 구분하였으나, 1975년 12월 31일에 폐지될 때가지 4차에 걸린 개정을 통해 관광사업의 종류를 여행알선업, 통역안내업, 관광호텔업, 관광시설업, 토산품판매업, 관광교통업, 관광휴양업 등 7개 업종으로 구분하였다.

관광사업론 정오표

p	오	정
131 ~ 132	〈표 5-5〉 관광사업의 변천과정 **구분 / 관광진흥법(2019~현재)** **여행관련** 여행업 ① 종합여행업 ② 국내·외 여행업 ③ 국내여행업 ④ 관광안내업 **편의시설** 관광편의시설업 ① 관광유흥음식점업 ② 관광극장유흥업 ③ 외국인전용 유흥음식점업 ④ 관광식당업 ⑤ 관광순환버스업 ⑥ 관광사진업 ⑦ 여객자동차터미널시설업 ⑧ 관광펜션업 ⑨ 관광궤도(軌道)업 ⑩ 한옥(韓屋)체험업 ⑪ 관광면세업 ⑫ 관광지원서비스업	〈표 5-5〉 관광사업의 변천과정 **구분 / 관광진흥법(2019~현재)** **여행관련** 여행업 ① 일반여행업 ② 국외여행업 ③ 국내여행업 **편의시설** 관광편의시설업 ① 관광유흥음식점업 ② 관광극장유흥업 ③ 외국인전용 유흥음식점업 ④ 관광식당업 ⑤ 관광순환버스업 ⑥ 관광사진업 ⑦ 여객자동차터미널시설업 ⑧ 관광펜션업 ⑨ 관광궤도(軌道)업 ⑩ 관광면세업 ⑪ 관광지원서비스업 **※ 한옥체험업 삭제**
137	〈표 6-3〉 관광객이용시설업의 종류 및 정의 **세부업종 / 정의** 외국인관광도시민박업 / …	〈표 6-3〉 관광객이용시설업의 종류 및 정의 **세부업종 / 정의** 외국인관광도시민박업 / … 한옥(韓屋)체험업 / 한옥(韓屋)(주요 구조부가 목조구조로서 한식기와 등을 사용한 건축물 중 고유의 전통미를 간직하고 있는 건축물과 그 부속시설을 말한다)에 숙박 체험에 적합한 시설을 갖추어 관광객에게 이용하게 하는 업

p	오	정
139	〈표 6-7〉 관광편의시설업의 종류 및 정의 | 세부업종	정의
---	---
관광궤도(軌道)업	…
한옥(韓屋)체험업	…
관광면세업	…		〈표 6-7〉 관광편의시설업의 종류 및 정의 	세부업종	정의
---	---
관광궤도(軌道)업	…
관광면세업	…	 **※ 한옥체험업 삭제**
224	• **점위탁 모집여행** 위탁(委託) 모집여행이란 여행업자가 만든 상품의 여행자 모집을 타 여행업체에 위탁하여 실시하는 여행이다.	• **위탁 모집여행** 위탁(委託) 모집여행이란 여행업자가 만든 상품의 여행자 모집을 타 여행업체에 위탁하여 실시하는 여행이다.
256	〈표 10-1〉 숙박시설의 분류 	구분	분류내용	비고
한국 (관광 진흥 법)	• 관광숙박업: 호텔업(관광호텔업, 수상관광호텔업, 한국전통호텔업, 가족호텔업, 호스텔업, 소형호텔업, 의료관광호텔업), 휴양콘도미니엄업 • 관광객이용시설업(외국인관광도시민박업) • 관광편의시설업(관광펜션업, 한옥(韓屋)체험업)			〈표 10-1〉 숙박시설의 분류 | 구분	분류내용	비고
한국 (관광 진흥 법)	• 관광숙박업: 호텔업(관광호텔업, 수상관광호텔업, 한국전통호텔업, 가족호텔업, 호스텔업, 소형호텔업, 의료관광호텔업), 휴양콘도미니엄업 • 관광객이용시설업(외국인관광도시민박업, 한옥(韓屋)체험업) • 관광편의시설업(관광펜션업)	| **※ 한옥체험업 '관광객이용시설업'으로 이동**

1970년대에는 관광사업법(1975년 12월 31일)이 제정되면서 관광사업의 종류는 여행알선업, 관광숙박업, 관광객이용시설업 등 3개 업종으로 분류하였고, 1980년대의 관광진흥법(1986년 12월 31일)에서는 여행업, 관광숙박업, 관광객이용시설업, 국제회의용역업, 관광편의시설업 등 5개 업종으로 확대하였다.

1990년대에 들어와서 관광진흥법(1994년 12월)에서는 카지노업을 관광사업의 신규 업종으로 신설하였고 유원시설업을 법적으로 제도화(1999년)하였다.

우리나라 현행 관광진흥법에 의한 관광사업의 종류는 여행업, 관광숙박업, 관광객 이용시설업, 국제회의업, 카지노업, 유원시설업, 관광편의시설업으로 구분하고 있으며, 세부 업종은 다음과 같다.

〈표 5-5〉 **관광사업의 변천과정**

구분	관광사업진흥법 (1961~1973)	관광사업법 (1975~1983)	관광진흥법 (1986~1994)	관광진흥법 (1999~2019)	관광진흥법 (2019~현재)
여행관련	① 여행알선업 ② 통역안내업 ③ 관광교통업	여행알선업 ① 국제여행알선업 ② 국내여행알선업 ③ 여행대리점업	여행업 ① 일반여행업 ② 국외여행업 ③ 국내여행업	여행업 ① 일반여행업 ② 국외여행업 ③ 국내여행업	여행업 ① 종합여행업 ② 국내·외 여행업 ③ 국내여행업 ④ 관광안내업
숙박관련	④ 관광숙박업 - 관광호텔 - 청소년호텔 - 민박 - 자동차여행자호텔	관광숙박업 ① 관광호텔 ② 청소년호텔업 (1, 2종) ③ 해상관광호텔업 ④ 모텔(1984년 삭제) ⑤ 휴양콘도미니엄업	관광숙박업 1) 호텔업 ① 관광호텔업 ② 해상관광호텔업 ③ 한국전통호텔업 ④ 가족호텔업 ⑤ 국민호텔업 2) 휴양콘도미니엄업	관광숙박업 1) 호텔업 ① 관광호텔업 ② 수상관광호텔업 ③ 한국전통호텔업 ④ 가족호텔업 ⑤ 호스텔업 ⑥ 소형호텔업 ⑦ 의료관광호텔업 2) 휴양콘도미니엄업	관광숙박업 1) 호텔업 ① 관광호텔업 ② 수상관광호텔업 ③ 한국전통호텔업 ④ 가족호텔업 ⑤ 호스텔업 ⑥ 소형호텔업 ⑦ 의료관광호텔업 2) 휴양콘도미니엄업

이용시설관련	⑤ 골프장업
	⑥ 관광휴양업
	⑦ 유흥음식점업
	⑧ 음식점업
	⑨ 관광토산품판매업
	⑩ 관광사진업
	⑪ 유선업(遊船業)
		관광객이용시설업
		① 골프장업
		② 종합휴양업
		③ 유흥음식점업
		  (한국식, 극장식당, 특수유흥)
		④ 관광기념품
			관광객이용시설업
			① 전문휴양업
			② 종합휴양업
			③ 외국인전용
			  유흥음식점업
			④ 관광음식점업
			⑤ 외국인전용관광
				관광객이용시설업
				① 전문휴양업
				② 종합휴양업
				  (1종, 2종)
				③ 야영장업
				  - 일반야영장업
				  - 자동차야영장업
					관광객이용시설업
					① 전문휴양업
					② 종합휴양업
					  (1종, 2종)
					③ 야영장업
					  - 일반야영장업
					  - 자동차야영장업

	⑫ 관광전망업 ⑬ 보울링장업 ⑭ 관광삭도(索道)업	판매업 ⑤ 관광사진업	기념품판매업 ⑥ 관광유람선업 ⑦ 자동차야영장업	④ 관광유람선업 – 일반유람선업 – 크루즈업 ⑤ 관광공연장업 ⑥ 외국인관광도시 　민박업	④ 관광유람선업 – 일반유람선업 – 크루즈업 ⑤ 관광공연장업 ⑥ 외국인관광도시 　민박업 ⑦ 한옥(韓屋) 　체험업
국제회의	–	–	국제회의용역업	국제회의업 ① 국제회의시설업 ② 국제회의기획업	국제회의업 ① 국제회의시설업 ② 국제회의기획업
카지노	–	–	카지노업(1994년 신설)	카지노업	카지노업
유원시설	–	–	–	유원시설업 ① 종합 유원시설업 ② 일반 유원시설업 ③ 기타 유원시설업	유원시설업 ① 종합 유원시설업 ② 일반 유원시설업 ③ 기타 유원시설업
편의시설	–	–	관광편의시설업 ① 관광토속주판매업 ② 여객자동차터미널시설업 ③ 전문관광식당업 ④ 일반관광식당업 ⑤ 관광사진업	관광편의시설업 ① 관광유흥음식점업 ② 관광극장유흥업 ③ 외국인전용 　유흥음식점업 ④ 관광식당업 ⑤ 관광순환버스업 ⑥ 관광사진업 ⑦ 여객자동차터미널시설업 ⑧ 관광펜션업 ⑨ 관광궤도(軌道)업 ⑩ 한옥(韓屋)체험업 ⑪ 관광면세업	관광편의시설업 ① 관광유흥음식점업 ② 관광극장유흥업 ③ 외국인전용 　유흥음식점업 ④ 관광식당업 ⑤ 관광순환버스업 ⑥ 관광사진업 ⑦ 여객자동차터미널시설업 ⑧ 관광펜션업 ⑨ 관광궤도(軌道)업 ⑩ 한옥(韓屋)체험업 ⑪ 관광면세업 ⑫ 관광지원서비스업

자료 : 한국관광발전사 및 관광관련 법규집 등을 참고하여 작성함.

CHAPTER

06

BUSINESS TOURISM

관광사업의
종류와 특성

CHAPTER

06 관광사업의 종류와 특성

제1절 관광사업의 정의와 종류

1. 여행업

여행업이란 여행자 또는 운송시설·숙박시설 기타 여행에 부수되는 시설의 경영자 등을 위하여 그 시설이용의 알선이나 계약체결의 대리, 여행에 관한 안내, 그 밖의 여행 편의를 제공하는 업이다.

〈표 6-1〉 **여행업의 종류 및 정의**

세부업종	정의
일반여행업	국내·외를 여행하는 내국인 및 외국인을 대상으로 하는 업(사증(査證)을 받는 절차를 대행하는 행위를 포함한다)
국외여행업	국외를 여행하는 내국인을 대상으로 하는 업(사증을 받는 절차를 대행하는 행위를 포함한다)
국내여행업	국내를 여행하는 내국인을 대상으로 하는 업

2. 관광숙박업

1) 호텔업

호텔업이란 관광객의 숙박에 적합한 시설을 갖추어 이를 관광객에게 제공하거나 숙박에 부수되는 음식·운동·오락·휴양·공연 또는 연수에 적합한 시설 등을 함께 갖추어 이를 이용하게 하는 업이다.

2) 휴양콘도미니엄업

휴양콘도미니엄업이란 관광객의 숙박과 취사에 적합한 시설을 갖추어 이를 그 시설의 회원·공유자, 기타 관광객에게 제공하거나 숙박에 부수되는 음식·운동·오락·휴양·공연 또는 연수에 적합한 시설등을 함께 갖추어 이를 이용하게 하는 업이다.

〈표 6-2〉 **관광숙박업의 종류 및 정의**

세부업종		정 의
호텔업	관광호텔업	관광객의 숙박에 적합한 시설을 갖추어 이를 관광객에게 이용하게 하고, 숙박에 부수되는 음식·운동·오락·휴양·공연 또는 연수에 적합한 시설 등을 함께 갖추어 이를 관광객에게 이용하게 하는 업
	수상관광호텔업	수상에 구조물 또는 선박을 고정하거나 매어 놓고 관광객의 숙박에 적합한 시설을 갖추거나 부대시설을 함께 갖추어 관광객에게 이용하게 하는 업
	한국전통호텔업	한국전통의 건축물에 관광객의 숙박에 적합한 시설을 갖추거나 부대시설을 함께 갖추어 이를 관광객에게 이용하게 하는 업
	가족호텔업	가족단위 관광객의 숙박에 적합한 시설 및 취사도구를 갖추어 관광객에게 이용하게 하거나 숙박에 딸린 음식·운동·휴양 또는 연수에 적합한 시설을 함께 갖추어 관광객에게 이용하게 하는 업
	호스텔업	배낭여행객 등 개별관광객의 숙박에 적합한 시설로서 샤워장, 취사장 등의 편의시설과 외국인 및 내국인 관광객을 위한 문화·정보교류 시설 등을 함께 갖추어 이를 이용하게 하는 업
	소형호텔업	관광객의 숙박에 적합한 시설을 소규모로 갖추고 숙박에 부수되는 음식·운동·휴양 또는 연수에 적합한 시설을 함께 갖추어 관광객에게 이용하게 하는 업
	의료관광호텔업	의료관광객의 숙박에 적합한 시설 및 취사도구를 갖추거나 숙박에 부수되는 음식·운동 또는 휴양에 적합한 시설을 함께 갖추어 주로 외국인 관광객에게 이용하게 하는 업
휴양콘도미니엄업		관광객의 숙박과 취사에 적합한 시설을 갖추어 이를 그 시설의 회원이나 공유자, 그 밖의 관광객에게 제공하거나 숙박에 부수되는 음식·운동·오락·휴양·공연 또는 연수에 적합한 시설 등을 함께 갖추어 이를 이용하게 하는 업

3. 관광객이용시설업

관광객이용시설업은 관광객을 위하여 음식·운동·오락·휴양·문화·예술 또는 레저 등에 적합한 시설을 갖추어 이를 관광객에게 이용하게 하는 업으로서, 대통령령이 정하는 2종 이상의 시설과 관광숙박업의 시설 등을 함께 갖추어 이를 회원 기타 관광객에게 이용하게 하는 업이다.

〈표 6-3〉 관광객이용시설업의 종류 및 정의

세부업종		정의
전문휴양업		관광객의 휴양이나 여가선용을 위하여 숙박업시설을 포함하며, 휴게음식점영업·일반음식점영업 또는 제과점 영업의 신고에 필요한 시설 중 1종류의 시설을 갖추어 관광객에게 이용하게 하는 업(민속촌, 해수욕장, 수렵장, 동물원, 식물원, 수족관, 온천장, 동굴자원, 수영장, 농어촌휴양시설, 활공장, 등록 및 체육시설업 시설, 산림휴양시설, 박물관, 미술관)
종합휴양업	종합휴양업 1종	관광객의 휴양이나 여가선용을 위하여 숙박시설 또는 음식점 시설을 갖추고 전문휴양시설 중 2종류 이상의 시설을 갖추어 이를 관광객에게 이용하게 하는 업이나, 숙박시설 또는 음식점 시설을 갖추고 전문휴양시설중 1종류 이상의 시설과 종합유원시설업의 시설을 갖추어 관광객에게 이용하게 하는 업
	종합휴양업 2종	관광객의 휴양이나 여가선용을 위하여 관광숙박업의 등록에 필요한 시설과 제1종 종합휴양업 등록에 필요한 전문휴양시설 중 2종류 이상의 시설 또는 전문휴양시설 중 1종류 이상의 시설과 종합유원시설업의 시설을 함께 갖추어 이를 관광객에게 이용하게 하는 업
야영장업	일반 야영장업	야영장비 등을 설치할 수 있는 공간을 갖추고 야영에 적합한 시설을 함께 갖추어 관광객에게 이용하게 하는 업
	자동차 야영장업	자동차를 주차하고 그 옆에 야영장비 등을 설치할 수 있는 공간을 갖추고 취사 등에 적합한 시설을 함께 갖추어 자동차를 이용하는 관광객에게 이용하게 하는 업
관광 유람선업	일반관광 유람선업	해운법에 따른 해상여객운송사업면허를 받은 자 또는 유선 및 도선사업법에 의한 유선사업의 면허를 받거나 신고한 자로서 선박을 이용하여 관광객에게 관광을 할 수 있도록 하는 업
	크루즈업	해운법에 따른 순항(順航) 여객운송사업이나 복합 해상여객 운송사업의 면허를 받은 자가 해당 선박 안에 숙박시설, 위락시설 등 편의시설을 갖춘 선박을 이용하여 관광객에게 관광을 할 수 있도록 하는 업

관광공연장업	관광객을 위하여 공연시설을 갖추고 한국전통 가무(歌舞)가 포함된 공연물을 공연하면서 관광객에게 식사와 주류를 판매하는 업
외국인관광도시민박업	「국토의 계획 및 이용에 관한 법률」에 따른 도시지역의 주민이 자신이 거주하고 있는 주택을 이용하여 외국인 관광객에게 한국의 가정문화를 체험할 수 있도록 적합한 시설을 갖추고 숙식 등을 제공하는 업(마을기업이 외국인 관광객에게 우선하여 숙식 등을 제공하면서, 외국인 관광객의 이용에 지장을 주지 아니하는 범위에서 해당 지역을 방문하는 내국인 관광객에게 그 지역의 특성화된 문화를 체험할 수 있도록 숙식 등을 제공하는 것을 포함)

4. 국제회의업

국제회의업은 대규모 관광수요를 유발하는 국제회의(세미나·토론회·전시회 등을 포함)를 개최할 수 있는 시설을 설치·운영하거나 국제회의의 계획·준비· 진행 등의 업무를 위탁받아 대행하는 업이다.

〈표 6-4〉 **국제회의업의 종류 및 정의**

세부업종	정의
국제회의시설업	대규모 관광수요를 유발하는 국제회의를 개최할 수 있는 시설을 설치하여 운영하는 업
국제회의기획업	대규모 관광수요를 유발하는 국제회의의 계획·준비·진행 등의 업무를 위탁받아 대행하는 업

5. 카지노업

카지노업이란 전문영업장을 갖추고 주사위·트럼프·슬롯머신 등 특정한 기구 등을 이용하여 우연의 결과에 따라 특정인에게 재산상의 이익을 주고 다른 참가자 에게는 손해를 주는 행위 등을 하는 업이다.

〈표 6-5〉 **카지노업의 정의**

종류	정의
카지노업	전문영업장을 갖추고 주사위·트럼프·슬롯머신 등 특정한 기구 등을 이용하여 우연의 결과에 따라 특정인에게 재산상의 이익을 주고 다른 참가자에게 손실을 주는 행위 등을 하는 업

6. 유원시설업

유원시설업(遊園施設業)이란 유기시설(遊技施設)이나 유기기구(遊技機具)를 갖추어 이를 관광객에게 이용하게 하는 업으로서 다른 영업을 경영하면서 관광객의 유치 또는 광고 등을 목적으로 유기시설 또는 유기기구를 설치하여 이를 이용하게 하는 경우를 포함한다.

〈표 6-6〉 **유원시설업의 종류 및 정의**

세부업종	정의
종합유원시설업	유기(遊技)시설이나 유기기구를 갖추어 관광객에게 이용하게 하는 업으로서 대규모의 대지 또는 실내에서 안전성검사 대상 유기시설 또는 유기기구 6종류 이상을 설치하여 운영하는 업
일반유원시설업	유기시설 이나 유기기구를 갖추어 관광객에게 이용하게 하는 업으로서 안전성검사 대상 유기시설 또는 유기기구 1종류 이상을 설치하여 운영하는 업
기타유원시설업	유기시설 이나 유기기구를 갖추어 이를 관광객에게 이용하게 하는 업으로서 안전성검사 대상이 아닌 유기시설 또는 유기기구를 설치하여 운영하는 업

7. 관광편의시설업

관광편의시설업이란 관광진흥에 이바지할 수 있다고 인정되는 사업이나 시설 등을 운영하는 업을 말한다.

〈표 6-7〉 **관광편의시설업의 종류 및 정의**

세부업종	정의
관광유흥음식점업	식품위생 법령에 따른 유흥주점 영업의 허가를 받은 자가 관광객이 이용하기 적합한 한국 전통 분위기의 시설을 갖추어 그 시설을 이용하는 자에게 음식을 제공하고 노래와 춤을 감상하게 하거나 춤을 추게 하는 업
관광극장유흥업	식품위생 법령에 따른 유흥주점 영업의 허가를 받은 자가 관광객이 이용하기 적합한 무도(舞蹈)시설을 갖추어 그 시설을 이용하는 자에게 음식을 제공하고 노래와 춤을 감상하게 하거나 춤을 추게 하는 업
외국인전용 유흥음식점업	식품위생법령에 의한 유흥주점영업의 허가를 받은 자로서 외국인 이용에 적합한 시설을 갖추어 이를 이용하게 하는 자에게 주류나 그 밖의 음식을 제공하고 노래와 춤을 감상하게 하거나 춤을 추게 하는 업
관광식당업	식품위생법령에 의한 일반음식점영업의 허가를 받은 자로서 관광객의 이용에 적합한 음식제공 시설을 갖추고 이들에게 특정 국가의 음식을 전문적으로 제공하는 업
관광순환버스업	여객자동차운수사업법에 따른 여객자동차운송사업의 면허를 받거나 등록을 한 자가 버스를 이용하여 관광객에게 시내와 그 주변 관광지를 정기적으로 순회하면서 관광할 수 있도록 하는 업
관광사진업	외국인 관광객을 대상으로 이들과 동행하며 기념사진을 촬영하여 판매하는 업
여객자동차 터미널시설업	여객자동차 운수사업법에 따른 여객자동차터미널 사업면허를 받은 자로서 관광객의 이용에 적합한 여객자동차 터미널 시설을 갖추고 이들에게 휴게시설·안내시설 등 편익시설을 제공하는 업
관광펜션업	숙박시설을 운영하고 있는 자가 자연·문화 체험관광에 적합한 시설을 갖추어 이를 관광객에게 이용하게 하는 업
관광궤도(軌道)업	궤도운송법에 따른 궤도사업의 허가를 받은 자가 주변 관람과 운송에 적합한 시설을 갖추어 이를 관광객에게 이용하게 하는 업
한옥(韓屋)체험업	한옥(韓屋)(주요 구조부가 목조구조로서 한식기와 등을 사용한 건축물 중 고유의 전통미를 간직하고 있는 건축물과 그 부속시설을 말한다)에 숙박 체험에 적합한 시설을 갖추어 관광객에게 이용하게 하는 업
관광면세업	자가(自家) 판매시설을 갖추고 관광객에게 면세물품을 판매하는 업으로서 「관세법」에 따른 보세판매장의 특허를 받은 자 또는 「외국인관광객 등에 대한 부가가치세 및 개별소비세 특례규정」에 따라 면세판매장의 지정을 받은 자
관광지원서비스업	주로 관광객 또는 관광사업자 등을 위하여 사업이나 시설 등을 운영하는 업으로서 문화체육관광부장관이 「통계법」 제22조제2항 단서에 따라 관광 관련 산업으로 분류한 쇼핑업, 운수업, 숙박업, 음식점업, 문화·오락·레저스포츠업, 건설업, 자동차대여업 및 교육서비스업 등. 다만, 법에 따라 등록·허가 또는 지정(이 영 제2조제6호가목부터 카목까지의 규정에 따른 업으로 한정한다)을 받거나 신고를 하여야 하는 관광사업은 제외한다.

제 **2** 절 관광사업의 특성

1. 관광사업의 특성의 의의

특성(特性)이란 어떠한 상황에 대해서 다른 것과 비교해서 파악하는 과정이다. 관광은 관광주체, 관광객체, 관광매체라는 구성요소에 의해서 성립이 되며, 관광 사업은 이러한 시스템에 의해서 영향을 받는다. 관광사업은 일반적으로 다른 사업 에 비해서 복합성, 입지의존성, 변동성, 공익성, 서비스성이 있다고 한다.

다나까 기이치(田中喜一, 일본)는 관광사업은 다른 사업과는 달라서 여러 가지 의 특성인 복합성, 다각성, 변동성, 전체성, 서비스성 등이 인적 · 물적 요소와 결합 해서 종합가치를 만들어 내는 것이기 때문에 관련 사업자의 능력만으로는 충분한 진가(眞價)를 발휘할 수 없으며, 오히려 편견적 · 타산적 행위에 의해 관광가치를 상실하는 결과를 초래할 수도 있다고 하였다. 이러한 의미는 관광사업에 공적인 사업이 개입함으로써 관광의 목적을 달성할 수 있다는 의미로 이해할 수 있다.

미국의 경우에는 관광산업에 대한 정확한 통계와 분류가 체계화되지 못하고 있어 관광산업의 정확한 규모, 생산액, 고용효과, 국내의 다른 산업에 미치는 연관 효과 측정에 많은 어려움이 제기되고 있어 이러한 산업의 재분류와 통계의 정확성 을 기하기 위해 관광산업의 범주를 체계화시키기에 이르렀다.

한국의 경우에는 관광사업의 종류를 확대하였으나, 현행 법규에는 관광객의 이 동을 담당하는 사업인 교통업이 제도화되어 있지 않은 상황이다. 그러나 대부분의 대학에서는 관광교통 또는 항공운송과 관련이 되는 교과과정을 개설하여 운영하 고 있다. 따라서 법적으로 규정되어 있는 관광사업을 범주로 하여 특성을 논의 할 것인지, 관광객의 다양한 이용성의 창출이라는 관점에서 그 범주를 확대하여 논의할 것인지에 대해서는 이론의 여지가 많이 발생할 수 있다.

산업환경의 변화와 정보기술의 발전은 관광과 직 · 간접적으로 관련이 되는 사 업들이 등장하고 있으며, 이러한 업종들을 관광사업에 포함시켜야 할 것인지에 대 한 논의가 필요하다.

2. 관광사업의 특성

1) 복합사업

복합성(複合性)이란 서로 다른 2가지 이상이 합쳐져서 그 기능을 발휘할 수 있다는 특성을 의미한다. 관광사업은 사업주체의 복합성과 관광사업들 상호 간의 복합적인 성격을 내포하고 있다고 할 수가 있다.

첫째, 공적(公的)사업들 간의 복합성이다. 공적(公的)인 사업이란 국가의 행정기관에 의해서 추진해야 할 공익성 사업으로서, 관광행정을 직접적으로 관할하는 담당 조직을 비롯하여 간접적인 행정을 담당하는 조직 등 업무의 성격과 특성에 따라서 여러 관련부처로 다원화되어 있다. 따라서 관광분야는 관광현상이라는 관점에서 사회의 여러 분야와 관련성이 높기 때문에 행정조직 간의 상충된 의견이 발생되며, 그 기능을 협의하고 조정하기 위한 협조체계가 요구된다.

둘째, 영리를 추구하는 사적(私的)사업들 자체의 복합성이다. 관광은 한 가지 사업에 의해서 독립적으로 운영된다는 과정보다는 관광객의 욕구와 행동에 의해서 발생되며, 관광객의 이동, 관광지에서의 체재로 인하여 발생되는 다양한 사업이 존재하며, 이러한 사업들은 업종의 차이는 있지만 관광객을 대상으로 한다는 공통적 특징이 있다. 관광사업을 경영하는 사업자들이 판매하고자 하는 상품 특성의 차이는 존재하지만, 관광지로서의 성공은 업종 간의 유기적인 협조가 이루어지느냐의 여부가 관건이 된다.

2) 입지의존사업

일반적으로 입지의존성이라고 하는 것은 관광사업의 종류, 영업 특성에 따라서 그 기능 및 역할이 다르게 나타날 수 있으며, 이는 산업적인 측면이나 경영 성격과 연관성이 높다고 하겠다.

관광지의 경우 유형·무형의 관광자원을 소재로 하여 각각의 특색 있는 관광지를 형성하고 있다. 그러나 이러한 관광지는 상품의 특성상 대개 유사성이 존재하고 소비자가 이용을 한 후에 만족도가 표출된다. 결국 관광사업은 관광객의 유치를 위해서 상호 간의 공존과 경쟁은 불가피한 것이며, 유리한 입지조건이 관광객의 선택기준에 의해서 결정될 수 있다는 것이다. 이는 관광사업은 입지의존도가 중요한 역할을 하고 있다는 것이며, 관광사업의 발전과 직결이 될 수 있다는 것을 의미한다.

3) 계절성 사업

관광사업은 관광객의 왕래에 의해서 경제활동 및 사회적 활동이 이루어지기 때문에 관광지의 입지적 조건, 계절에 따라서 그 차이가 크다고 할 수 있다. 이러한 요인은 소비계층이 각각 다르고 관광객의 왕래가 시간별·요일별·주간별·월별·계절별 등과 같은 요인에 의해서 그 격차가 크기 때문이다. 이러한 이유는 관광객의 임의적인 행동에 따라서 좌우되기 때문으로 비수기(off-season)에는 관광사업 자체의 독특한 마케팅활동을 통해서 어느 정도까지는 극복할 수 있으나, 기업의 규모가 커지고 그 영역도 광범위해져 가고 있기 때문에 대처할 수 있는 방안을 강구하는 것이 중요한 과제라고 하겠다.

4) 상품판매사업

관광사업에서 생산하여 판매하는 상품은 소비자에 의해서 소비가 발생되는데, 이를 생산·소비의 동시완결형(同時完結型)이라고 한다. 여행업에서 소비자에게 판매하기 위한 패키지 투어(package tour)상품이나 호텔업에서 고객에게 제공되는 객실상품 등은 저장이 불가능하며, 경영상 탄력성이 없다는 것이다.

결국 관광사업에서 제공되는 상품의 이용률을 고도화하고 높은 매출액을 달성하기 위해서는 효율적인 마케팅활동을 필요로 하게 되었으며, 이를 극복하기 위해서는 예약시스템의 적극적인 활용과 유통시스템의 개선, 새로운 상품의 개발 등을 통해서 이용률을 증대시켜 나가야 한다.

5) 인적자원의 의존 사업

관광사업은 경쟁에서 우위를 확보하기 위해서는 일정한 시설을 갖추어야 하며, 이러한 시설을 운영하기 위해서는 인적자원이 필요하다. 인적자원의 확보는 조직의 자산 가치를 상승시키고 우수한 인력의 확보와 활용은 기업의 성장가치를 높이는 계기가 된다. 관광사업은 서비스사업으로서 다른 사업에 비해서 많은 노동력이 필요하며, 더욱이 고객의 욕구를 충족하고 고객의 상담에 대응하기 위해서는 전문인력의 확보가 필요하다는 것을 의미하고 있다.

6) 변동성(變動性) 사업

관광객의 욕구를 충족시킬 수 있는 관광은 일반적으로 생활필수품의 성격이 아니라고 할 수 있기 때문에 내·외부적인 환경영향을 많이 받게 된다.

따라서 이러한 상품을 판매하는 관광사업은 다른 사업에 비해서 전체 환경에서 가장 불리한 환경의 영향을 받게 된다고 하는 '최소 환경의 법칙'이 작용한다는 특징이 있다고 하는데, 관광사업은 관광변수(tourism variable)에 의해서 크게 영향을 받는다.

> **관광변수(tourism variable)**
>
> 관광사업의 특성은 종합성과 변동성, 경제성이 있으며, 관광경제 변수는 경제적인 회전에 의해 소득의 변수가 항상 달라질 수 있으므로 이 변수를 수동적인 것에서 능동적인 것으로 전환해야 할 필요성이 있다.

일반적으로 관광객에게 미치는 행동요인은 자연적 요인, 경제적 요인, 사회·정치적 요인, 법적·제도적 요인 등이며, 이러한 요인들은 일반적으로 통제가 불가능하고 관광객에게 직접적으로 영향을 주는 환경이다.

〈표 6-8〉 관광객에게 미치는 영향 요인

요인	내용
자연적 요인	천재지변(天災地變): 지진, 태풍, 악천후 등
경제적 요인	경기불황, 경기변동, 환율의 변화, 국민소득의 수준, 가격 변동 등
사회·정치적 요인	국제정세의 변화, 정치 불안정, 안전 및 보건의 미비, 질병의 발생, 사회 정세의 변화
법적·제도적 요인	출국세 및 여행세의 부과, 여행 제한 조치, 외화 사용의 제한 등

7) 공익성(公益性) 사업

관광사업은 공(公)·사(私)의 여러 부문이 복합적으로 작용하고 있는데, 이윤만을 목적으로 추구하고 있는 것이 아니라, 관광객에 대한 위락적(慰樂的) 가치 제공은 물론 정신적인 효용성을 제공하고 있다.

따라서 관광사업의 목표도 국제관광측면인 사회·문화적인 관점에서 관광객의 관광소비에 의한 경제적인 효용성만을 추구하고 있는 것이 아니며, 국위(國威)의 선양, 상호이해를 통한 국제친선의 증진, 국제문화의 교류, 세계평화에 기여하고 있다. 국민관광차원에서는 일반국민의 보건향상, 근로의욕의 증진 및 교양의 함양(涵養), 애국심의 고취(鼓吹) 등과 같은 역할을 하고 있다.

경제적인 관점에서는 국민 경제차원인 외화획득을 통한 국제수지의 개선과 이를 통한 경제의 발전, 국제무역과 기술협력의 증진효과를 기대할 수 있다. 지역경제적 차원인 지역주민들의 소득효과, 고용효과, 다른 산업과의 연관효과 그리고 주민의 후생복지의 증진, 생활환경의 개선 및 지역개발의 효과를 크게 기대할 수 있다.

따라서 관광사업의 활동도 공익적인 면의 관심이 높아져 가고 있으며, 개별 활동의 특징인 이익을 추구하는 것은 공익적인 효과를 증진시켜 나가는 것이다. 관광사업 경영은 공익성과 수익성의 조화로운 발전을 도모해 나가는 데 그 존재의 의미를 찾아야 할 것이다.

8) 서비스사업

서비스란 고객의 명시적(明示的) 요청에 의해 제공되는 욕구만족의 핵심적 주체이다. 서비스는 소비자들이 느끼는 효용에 의해서 발생이 되며, 본질적으로는 무형의 행위에 의해 발생되는 가치 및 용역을 총칭한다고 정의하고 있다.

관광사업은 관광객에게 서비스를 제공하고 이 서비스는 관광객에게 중요한 영향을 끼치고 있기 때문에 영리를 추구하는 관광사업, 관광지의 환대 정신, 국가사업의서비스의 확립여부는 관광사업 전체와도 관련이 된다.

서비스는 부존자원이 없는 국가에서는 곧 상품이요, 친절한 예의는 가장 큰 상품이라고 할 수 있다. 서비스란 인적자원에 해당되는 말로서 '최선을 다하는 태도'로서 관광객의 불편을 예방할 수 있는 세심한 봉사정신, 즉 미소(smile), 신속한 서비스(speed), 정성어린 마음(sincerity), 우아한 자세(smartness), 지속적인 학습(study)의 기본자세를 복합적으로 나타낼 수 있는 근무 자세와 같은 것이다. 관광 서비스란 결국 다의적(多義的)인 의미를 갖고 있으며, 어떠한 업종이든지 간에 영업효과를 극대화하기 위하여 헌신 봉사하는 자세를 말한다.

TOURISM
BUSINESS

관광행정

CHAPTER

07

관광행정

제 1 절 관광행정 조직의 의의와 분류

1. 관광행정 조직의 의의

사회에는 다양한 많은 조직들이 존재하고 있으며, 추구하고자 하는 목표를 달성하기 위해서 상호 경쟁적 관계, 상호보완적 관계를 지속하면서 자발적인 활동을 추구해 나가고 있다. 조직 간의 협력관계를 근거로 조직은 목표달성을 위해서 신중한 관계를 형성하기도 하고, 갈등의 관계도 표출되기도 한다. 관광은 사람의 생활환경과 관련이 되는 사업으로서 관광의 출발에서부터 다양한 사업이 존재하게 되고 이러한 사업을 관할하고 주관하는 행정조직도 다양한 형태로 존재하게 된다.

관광행정을 추진하는 과정에서 관광과 관련된 업무들이 각 행정조직에 분산되어 있고, 그 기능들을 유기적으로 조정하여 추진해야 하는 협조체계가 필요하다. 관광사업을 복합사업이라 규정한다는 것 자체가 관광과 관련된 업무의 분업화를 의미하는 것이기 때문이다. 따라서 관광과 관련된 행정 전반을 일원화한다는 것은 무의미할지도 모른다.

즉 외래객의 유치 등 인바운드 관광객들의 유치나 이를 통한 지역경제의 활성화라고 하는 목표를 설정하였으나, 관광행정과 관련된 조직 간의 협조체계가 미흡한 것이 현실이라 하겠다.

따라서 관광을 통해 국가경쟁력의 강화나 산업구조의 개편 및 산업 유발효과 등 관광을 기초로 하여 국가경제가 활성화된다고 한다면 이에 대한 적극적인 해석이 모색되어야 하기 때문이다.

관광행정의 근간은 교통부 육운국 관광과(1954년)를 필두로 하여 국가적 차원에서 관광에 대한 관심을 나타나기 시작했고, 관광사업진흥법의 제정(1961년), 한국관광공사의 전신인 국제관광공사법의 제정(1962년)을 통한 관광공사의 설립 등은 외래객 유치를 위한 행정조직의 강화를 의미하게 되었다. 특히 관광기본법을 제정(1975년)하면서 관광을 국가전략산업으로 지정하고 육성을 하면서 관광행정조직도 확대·발전하여 왔다.

관광행정 조직은 정책을 입안하고 실행하는 공식적인 주체로서 정책과정의 전 과정에 걸쳐서 관계하며, 구조적으로는 대통령을 정점으로 하여 중앙행정부처, 지방자치단체, 공기업, 공공단체까지를 포함하고 있으나, 이 가운데 실질적인 정책기능은 행정부처가 중심이 된다.

2. 관광행정조직의 분류

관광행정조직의 분류는 직접적인 관광행정을 담당하는 조직과 간접적인 행정을 담당하는 조직 등 업무의 성격에 따라서 분류할 수 있으며, 여기에서는 관광행정조직을 일반적 분류와 행정권한에 의한 조직으로 분류하고자 한다.

1) 일반적 분류

(1) 협의의 관광조직

협의의 관광조직은 국가조직과 공공단체로 분류할 수 있다. 첫째, 국가조직인 문화체육관광부, 둘째, 지방자치단체로서 광역자치단체 관광조직(특별시·특별자치도·광역시·특별자치시·도), 셋째, 기초 자치단체 관광조직(시·군·구의 관광계), 넷째, 한국관광공사로 그 범주를 설정하고자 한다.

(2) 광의의 관광조직

광의의 관광조직은 협의의 관광조직과 관광관련 중앙행정기관 그리고 공적단체인 한국관광협회중앙회(KTA:Korea Tourism Association), 한국여행업협회(KATA: Korea Association of Travel Agents), 한국호텔업협회(KHA:Korea Hotel Association)

등과 연구기관, 학술단체 등을 포함할 수 있다.

2) 행정권한적 분류

(1) 중앙행정조직

관광분야는 관광현상이라는 관점에서 사회의 여러 분야와 관련이 되어 있다. 관광행정을 관할하고 직접적으로 담당하는 조직을 비롯하여 정부조직법에 근거한 여러 관련부처로 다원화되어 있다. 따라서 행정조직 간의 상충된 기능을 협의하고 조정하기 위한 협조체계가 반드시 필요하고 이를 조정하고 협력하는 체제가 요구된다.

한국의 중앙관광행정조직은 관광행정과 정책의 기본방향이 되는 기능을 수행하고 있는데, 지방자치단체·한국관광공사·관광관련사업자단체·관광사업체 등의 기능을 조정하는 역할을 수행하고 있다.

그동안 한국의 행정조직은 중앙집권적 구조와 기능을 갖고 있었으며, 관광에 관한 행정사무도 예외는 아니었다. 그러나 지방자치제도가 시작이 되어(1995년) 지방정부는 여러 가지 사업들을 지속적으로 추진해 왔으며, 지방의 재정자립도를 향상시킨다는 차원에서 관광지 개발 및 관광상품 개발에 우선을 두고 추진해 오고 있다.

(2) 지방행정조직

지방자치단체란 광역자치단체로서 특별시·광역시·특별자치시·특별자치도·광역시·도가 있으며, 기초자치단체는 시·군·구를 말한다. 지방자치단체는 원칙적으로 독립적인 법인으로서 자치권이 있으며, 국가로부터 상대적 독립성을 갖고 있다. 그러나 자치권의 범위에는 한계가 있으며, 현행 한국의 법령에서는 지방자치단체는 국가 또는 광역자치단체(특별시·광역시·특별자치시·특별자치도·도)로부터 위임을 받아 처리하는 기관위임 업무, 단체위임 업무에 대해서 국가 또는 상급자치단체로부터 지도·감독을 받도록 규정하고 있다.

최근 지방자치단체에서는 관광산업의 중요성을 인식하고 지방관광공사(RTO: Regional Tourism Organization)를 설립하여 관광지·관광단지 개발 및 관광진흥에 주력하고 있으며, 여타 지방자치단체에서도 설립 움직임이 활발해지고 있다.

지방관광공사(RTO: Regional Tourism Organization)

지방에는 지방관광공사가 설립되어 운영되고 있는데, 경북문화관광공사(1975년), 경기관광공사(2002년), 제주관광공사(2008년), 부산관광공사(2012), 인천관광공사(2015년), 서울관광재단(2018)(STO) 등이 운영되고 있다.

〈표 7-1〉 **한국의 관광관련 행정조직**

조직	구분	조직적 관점	기능적 측면
국가 조직	관광(NTA)	대외적, 국가적 차원의 관광 행정 총괄	– 관광에 대한 일반 행정 – 관광기획과 개발 – 관광법률 제정 – 업계 지원 및 관광 여건조성
	관광관련 행정기관	관광관련 행정 기능	관광관련 중앙행정 업무
	관광(NTO)	국가 관광진흥 업무	– 관광진흥과 마케팅 – 관광객에 대한 서비스 – 관광조사 및 연구 – 기획 – 통제와 조정
	공익법인	업종별 관광사업 진흥	업종별 관광사업자단체
지방 조직	지방자치단체(RTA)	지역 차원의 관광행정 총괄	– 중앙정부 시책에 대한 협조 – 지역별 관광진흥 집행 – 관광지 개발 및 자원 보호 – 관광시설의 관리와 이용 – 관광질서 확립
	관광(RTO)	각 지역 관광진흥 업무	– 지역 관광 진흥과 마케팅 – 관광객에 대한 서비스 – 관광개발 – 기획 – 통제와 조정
	공익법인	지역별 관광사업 진흥	지역별 관광사업자 단체

주: NTA(National Tourism Administration), NTO(National Tourism Organization), RTA(Regonal Tourism Administration), RTO(Regional Tourism Organization)

자료: 정혜경, 관광진흥 조직간 협력증대 방안, 한양대 국제관광대학원, 2003, p.8. 및 고석면, 관광정보론, 서연출판사, 2017, p.152.를 참고하여 재작성함.

제 **2** 절 **관광행정조직의 기능과 역할**

1. 국가행정조직

정부가 수립(1948년)된 이후 통치권력 구조의 변동으로 지금까지 수십 차례의 정부조직법 개정이 있었다. 그중에서 대규모 개편(1955년 2월)은 6·25 부흥계획의 추진 등 국가재건을 위한 개편이 처음이었다. 당시 국무총리 제도를 폐지하고 대통령 중심제의 정비를 강화했으며, 경제개혁의 종합적 기획조정을 위해 부흥부를 신설하였다.

제3공화국 출범(1961년 5월~1963년 12월까지) 과정에서 강력한 국가경제 발전계획을 추진하기 위해 정부조직 체계를 대폭적으로 개편하였는데 경제기획, 감사원, 중앙정보부, 철도청 등을 신설하고 주요 정책을 심의하는 국무회의를 신설하였는데 이 당시의 정부조직 개편이 현행 정부구조의 근간을 이루게 되었다.

제5공화국(1981년)에는 '작은 정부' 구현을 목표로 한 행정개혁이 있었는데 기관장의 직급 조정 및 부기관장의 폐지, 소속기관의 하부조직 정비 등 불합리한 조직을 정비하고 기관 상호 간에 분산된 기능을 조정하고 보조기관 상호 간의 유사 중복 기능을 조정했다.

행정개혁위원회의 건의(1989년)를 토대로 정부조직을 일부 개편하였는데, 환경청을 환경처로 승격시키고 문화부와 공보처를 분리했다. 또한 국토통일원을 통일원으로 개칭하고 문교부를 교육부로, 체육부를 체육청소년부로 개칭(1990년)했다. 조사통계국을 통계청으로 중앙기상대를 기상청으로 격상했으며, 내무부 치안본부를 경찰청으로 개편했으며, 문화부와 체육 청소년부를 통합하여 문화체육부, 상공부와 동력자원부를 통합하여 상공자원부로 개편(1993년)하기도 하였다.

기획원과 재무부를 통합하여 재정경제원으로, 건설부와 교통부를 통합하여 건설교통부로 개편(1994년)했으며, 보건사회부는 보건복지부로, 체신부는 정보통신부로, 상공자원부는 통상산업부로 개칭했고, 환경처는 환경부로 승격되었다. 또한 중소기업청이 신설(1996년)되었고 해양수산부가 신설되었으며, 농림수산부는 농림부로 명칭이 변경되어 정부조직(2원 14부 1외국)이 변경되었다.

관광행정을 담당했던 정부기구가 교통부(MOT: Ministry of Transportation)관광국에서 문화체육부로 이관(1994년)되었고, 정부조직법(법률 제5529호)에 의해 문화관광부(1998년)로 발족되었으며, 문화체육관광부로 그 명칭이 변경(2008년)되었다.

〈표 7-2〉 **정부조직 개편 약사**

일시	주 요 내 용	비고
1948. 7	정부조직법 제정, 공포(14부 4처 3위원회)	
1955. 2	6.25 이후 국가조직 전면개편(12부 2실 3청 1위원회)	국무총리실 폐지 및 부통령제 도입, 부흥부 신설
1963.12	5.16이후 3공화국 정부조직 개편(2원 3처 13부 6청 7외국)	경제기획원, 감사원, 중앙정보부, 철도청 신설, 국무회의 신설
1981.10	'작은 정부' 구현 위한 행정개편(2원 15부 4처 14청 5외국 1위원회)	기관장 직급조정 및 부기관장제 폐지 등 조직정비로 599명 감축
1990.12	행정개혁위 건의로 일부조직 개편(2원 16부 6처 15청 2외국)	국토통일원 → 통일원, 문교부 → 교육부, 체육부 → 체육청소년부, 조사통계국 → 통계청, 중앙기상대 → 기상청, 치안본부 → 경찰청
1993. 4	새 정부 출범 후 2개부를 통폐합(2원 14부 6처 15청 2외국)	문화부 + 체육청소년부 → 문화체육부, 상공부 + 동력자원부 → 상공자원부
1998. 2	새 정부 출범에 따른 조직개편	중앙인사위원회, 여성특별위원회, 중소기업특별위원회 등의 신설
1998. 5	제2차 정부조직 및 직제개편(17부 4처 16청)	국정홍보처, 기획예산처, 문화재청 등의 신설
2001.1	정부조직 명칭변경(18부 4처 17청)	교육부 → 교육인적자원부, 여성부 신설 등
2008.2	새 정부 출범에 따른 조직개편(15부 2처 18청)	문화관광부 + 국정홍보처 + 정보통신부(일부업무) → 문화체육관광부, 기획예산처 + 재정경제부 → 기획재정부, 건설교통부 + 해양수산부 → 국토해양부 등
2013.2	새 정부 출현(17부)	교육과학기술부 → 미래창조과학부, 교육부, 행정안전부 → 행정자치부 국토해양부 → 국토교통부, 해양수산부 농림수산식품부 → 농림축산식품부
2017.7	정부조직법 개정(18부 5처 17청)	행정자치부 + 국민안전처 → 행정안전부 중소기업청 → 중소벤처기업부 미래창조과학부 → 과학기술정보통신부

자료: 한국행정연구원 및 각종자료를 참고하여 작성함.

2. 관광관련 중앙행정조직

관광분야는 관광현상이라는 관점에서 사회의 여러 분야와 관련성이 높다. 관광행정을 담당하는 조직인 문화체육관광부를 비롯하여 기획재정부, 교육부, 과학기술정보통신부, 외교부, 통일부, 법무부, 국방부, 행정안전부, 농림축산식품부, 산업통상자원부, 보건복지부, 환경부, 고용노동부, 여성가족부, 국토교통부, 해양수산부, 중소벤처기업부의 여러 관련부처로 다원화되어 있다. 따라서 행정조직 간의 상충된 기능을 협의하고 조정하기 위한 협조체계가 요구된다.

한국의 중앙관광행정 조직으로서는 문화체육관광부로 관광행정과 정책의 기본방향이 되는 기능을 수행하고 있는데, 문화체육관광부는 지방자치단체·한국관광공사·관광관련사업자단체·관광사업체 등의 기능을 조정하는 역할을 수행하고 있다.

〈표 7-3〉 **중앙행정조직의 주요 기능**

행정기구	주요기능	관련청
기획재정부	중장기 국가발전전략수립, 경제·재정정책의 수립·총괄·조정, 예산·기금의 편성·집행·성과관리, 화폐·외환·국고·정부회계·내국세제·관세·국제금융, 공공기관 관리, 경제협력·국유재산·민간투자 및 국가채무에 관한 사무 등	국세청 관세청 조달청 통계청
교육부	학교교육, 평생교육 및 학술에 관한 업무	
과학기술정보통신부	과학기술을 위한 기본정책의 수립, 기술협력 및 원자력과 과학 기술 진흥, 정보통신 진흥 등	
외교부	외교관계, 재외(在外)국민의 보호·지원, 국제사정의 조사 및 이민에 관한 업무	
통일부	통일 및 남북대화·교류·협력에 관한 정책 수립, 통일교육 및 기타 통일 관련 업무 등	
법무부	검찰·행형(行刑)·인권·출입국관리 및 기타 업무, 검사에 관한 업무	검찰청
국방부	국방에 관련된 군정 및 군령과 기타 군사에 관한 업무, 징집·소집 및 기타 병무 행정업무	병무청 방위사업청

행정안전부	국무회의의 서무, 법령 및 조약의 공포, 정부조직과 정원, 상훈, 정부혁신, 행정능률, 전자정부, 개인정보보호, 정부청사의 관리, 지방자치제도, 지방자치단체의 사무지원·재정·세제, 낙후지역 등 지원, 지방자치단체간 분쟁조정, 선거·국민투표의 지원, 안전 및 재난에 관한 정책의 수립·총괄·조정, 비상대비, 민방위 및 방재에 관한 사무 등	경찰청 소방청
문화체육 관광부	문화·예술·방송행정·출판·간행물·체육·청소년·해외문화 홍보 및 관광, 문화재에 관한 업무 등	문화재청
농림축산 식품부	농업·잠업(蠶業)·식량·농지·수리 및 축산, 농촌 진흥, 산림에 관한 업무	농촌진흥청 산림청
산업 통상자원부	외국과의 통상교섭 및 통상교섭에 관한 총괄·조정, 조약 및 기타 협정, 상업·무역 및 무역 진흥·에너지 및 지하자원에 관한 업무, 특허·실용신안·의장 및 상표에 관한 업무와 심사·심판업무의 관장 등	특허청
보건복지부	보건위생·방역·의정·약정·생활보호·자활지원·복지·아동·노인·장애인 및 사회보장 업무, 식품 및 의약품의 안전관리에 관한 업무 등	
환경부	자연환경 및 생활환경 보전, 환경오염 방지에 관한 업무 등	기상청
고용노동부	근로조건의 기준설정, 직업안정, 직업훈련, 실업대책, 고용보험, 산업재해 보상보험, 근로자의 복지후생, 노사관계 조정 및 기타노동에 관한 업무 등	
여성가족부	여성정책의 기획·종합 등 여성정책의 지위향상에 관한 업무 등	
국토교통부	국토종합개발계획의 수립·조정, 국토 및 수자원의 보전·이용 및 개발, 도시·도로 및 주택건설, 해안·하천 및 간척, 육운 및 항공과 관련된 업무, 철도 관련업무 등	새만금개발청 행정중심복합 도시건설청
해양수산부	수산, 해운, 항만, 해양환경보전, 해양조사, 해양자원 개발, 해양과학 기술연구·개발 및 해난 심판업무, 해양에서의 경찰업무 및 오염방제업무 등	해양경찰청
중소벤처 기업부	중소기업 정책의 기획·종합, 중소기업의 보호·육성, 창업·벤처기업의 지원, 대·중소기업 간 협력 및 소상공인에 대한 보호·지원에 관한 사무등	

주: 행정중심복합도시건설청과 새만금개발청은 정부조직법에 규정된 '청'이 아님
자료: 정부조직법 및 관련자료를 참조로 하여 작성함.

3. 문화체육관광부

관광행정과 정책의 추진은 교통부 관광국에서 관장하였다. 교통부 관광국은 관광행정과 정책을 전담하는 정부관광기구(NTA: National Tourism Administration)으로 교통부 관리국 관광계가 육운국 관광과로 승격(1954년)되면서 관광국 체제의 토대가 마련되었다.

그 후 몇 차례(1963년, 1975년, 1979년 등)의 기구 개편을 하였는데, 관광공로국이 관광국과 항공국으로 분리 · 승격(1963년)됨으로써 관광행정을 전담하는 관광국의 탄생과 관광기본법의 제정(1975년)으로 국민관광과가 신설되기도 하였다. 지난 40여 년 동안 한국의 관광정책을 추진해 온 교통부의 관광업무가 정부조직법의 개정(1994년)으로 관광업무가 문화체육부로 이관되었고 또한 문화관광부로 변경(1997년)되어 관광산업에 대한 인식의 변화를 가져왔다.

문화체육관광부는 관광에 관한 업무뿐만이 아니라 문화 · 체육에 관한 업무를 관장하고 있으며, 관광과 관련된 법령에 의하여 다양한 관광진흥에 관한 기본정책의 수립, 관광자원개발 정책의 수립, 관광사업의 육성 · 지도 및 관리, 관광선전 및 홍보정책 등을 추진하고 있다.

정부에서는 지역의 균형발전과 국가의 경쟁력강화를 위해서 관광 · 레저스포츠 · 문화 · 교육 · 의료 · 주거 등 다양한 기능이 복합적으로 갖추어진 관광레저형 기업도시 조성을 위한 정책 개발 및 지원, 집행업무를 수행하기 위하여 관광레저도시추진기획단을 신설(2005년)하였다.

정부에서는 관광국의 행정조직을 성과중심의 팀 제도로 개편(2006년)하여 관광정책, 관광자원, 관광산업, 국제관광의 4개팀에서 관광과 관련된 행정을 추진하고 있으며, 관광레저도시기획관은 관광레저기획과, 관광레저기획과, 관광레저시설과, 관광레저개발과 및 투자지원팀의 소관업무에 관하여 관광산업국장을 보좌하는 조직형태를 취하고 있다.

문화체육관광부의 관광산업국은 관광정책과, 관광진흥과, 국제관광과, 관광레저기획관은 녹색관광과, 관광레저도시과, 새만금 개발팀으로 구성되었으며, 관광산업의 고도화 다변화되어가고 있는 현 시점에서 그 기능과 역할에 대한 검토가 선행되어야 할 것이다.

〈표 7-4〉 한국의 중앙 관광행정조직의 변천과정

연 도	국	과
1954. 2	육운국	관광과
1961.10	관광공로국	관광과
1963. 8	관광국	기획과, 업무과
1972. 8	관광국	기획과, 지도과, 시설과
1972.12	관광국	기획과, 진흥과, 지도과, 시설과
1975.12	관광국	기획과, 진흥과, 지도과, 시설과, 국민관광과
1977. 9	관광국	기획과, 진흥과, 지도과, 시설과, 국민관광과, 관광지도담당관
1979. 9	관광진흥국 관광지도국	기획과, 해외과, 개발과 지도과, 시설과, 국민관광과
1981.11	관광국	기획과, 진흥과, 시설과, 국민관광과, 지도과
1989. 8	관광국	기획과, 국제관광과, 시설과, 국민관광과
1994.12	관광국	관광기획과, 국제관광과, 관광시설과
1999.12	관광국	관광정책과, 관광개발과, 관광시설과, 국제관광과
2000.	관광국	관광정책과, 관광개발과, 국민관광과, 국제관광과
2006.	관광국	관광정책과, 관광자원과, 관광사업과, 국제관광과
2006.7.2	관광국	관광정책팀, 관광자원팀, 관광산업팀, 국제관광팀
2008.2	관광산업국	관광정책과, 관광자원과, 관광산업과, 국제관광과 관광레저기획과, 관광레저시설과, 관광레저개발과, 투자지원팀
2011.	관광산업국	관광정책과, 관광진흥과, 국제관광과 녹색관광과, 관광레저도시과, 새만금 개발팀
2013.3	관광국	관광산업국 → 관광국 문화예술정책실, 관광체육레저정책실 신설
2016.4	관광정책국	관광정책관실(관광정책과, 관광산업과, 관광개발과, 관광콘텐츠과) 국제관광정책관실(국제관광기획과, 국제관광서비스과, 전략시장과)
2017.9	관광정책국	관광정책과, 국내관광진흥과, 국제관광과, 관광기반과 관광산업정책관실(관광산업정책과, 융합관광산업과, 관광개발과)

자료: 문화체육관광부, 2018년도 관광동향에 관한 연차보고서, 2019, p.373 및 문화체육관광부 홈페이지
　　를 참고하여 작성함.

　　문화체육관광부의 관광정책국에서 추진하고 있는 주요기능 중 관광 및 관련
산업부문의 업무는 다음과 같다.

1) 관광정책과

- 관광진흥장기발전계획 및 연차별계획의 수립
- 관광관련법규의 연구 및 정비
- 관광진흥개발기금의 조성 및 운용
- 남북관광교류·협력의 증진에 관한 사항
- 관광종사원의 교육 및 훈련에 관한 사항
- 관광학술 및 연구단체의 육성
- 관광연차보고, 그 밖에 통계의 종합에 관한 사항
- 한국관광공사 및 한국관광협회중앙회와 관련된 업무
- 관광산업의 정보화 촉진에 관한 사항
- 관광복지 증진에 관한 사항
- 관광에 대한 인식의 개선 및 건전관광의 홍보에 관한 사항
- 국민의 국내여행 촉진에 관한 사항
- 그 밖에 국내 다른 과의 주관에 속하지 아니하는 사항

2) 국내관광진흥과

- 지역관광 콘텐츠 육성 및 활성화에 관한 사항
- 문화·예술·민속·레저·자연·생태 등 관광자원의 관광상품화에 관한 사항
- 템플스테이 등 전통문화체험 및 지역전통문화 관광자원화에 관한 사항
- 산업시설 등의 관광자원화 및 도시 내 관광자원 개발 등에 관한 사항
- 문화관광축제의 조사·개발 및 육성에 관한 사항
- 걷기여행길 관리·활성화에 관한 사항
- 지방자치단체 시티투어 홍보 및 마케팅에 관한 사항

3) 국제관광과

- 국제관광 분야 정책 개발 및 중장기 계획 수립
- 정부 간 관광교류 및 외래 관광객 유치에 관한 사항

- 한국관광의 해외광고 업무
- 관광 분야 국제협력에 관한 사항
- 관광 분야 공적개발원조(ODA) 사업
- 중국 전담여행사 관리 · 감독 및 활성화에 관한 사항
- 한국문화관광대전의 기획 및 실행

4) 관광기반과

- 관광불편해소 및 안내체계 확충에 관한 사항
- 관광교통 통합 안내체계 구축에 대한 업무
- 국민의 해외여행 편익 증진에 관한 사항
- 관광특구 관련 업무
- 여행업에 관한 사항
- 관광분야 인증제 통합에 관한 사항
- 한국관광 온라인 사이트 및 홍보물 제작에 관한 사항

5) 관광산업정책과

- 관광산업정책 수립 및 시행
- 관광전문인력양성 및 취업지원에 관한 사항
- 관광종사원의 교육, 관광자격제도 운영 및 개선에 관한 사항
- 호텔업 육성지원 및 중저가관광호텔 체인화 관련 업무
- 휴양콘도미니엄업 육성 · 지원에 관한 업무
- 공유숙박 등 신규 관광숙박정책에 관한 사항
- 야영장 육성지원, 국민여가캠핑장 조성 및 친환경 캠핑문화 활성화에 관한 업무

6) 융합관광산업과

- 국제회의 관련 외래관광객 유치 및 지원에 관한 사항

- 국제회의 · 인센티브관광 · 컨벤션 · 이벤트(MICE) 등 분야의 기반 조성 업무
- 음식관광 활성화 및 서비스 개선에 관한 사항
- 의료 · 웰니스 관광 육성 및 지원에 관한 사항
- 한류관광 · 공연관광 · 스포츠관광 정책 수립 및 상품개발에 관한 사항
- 전통시장 관광활성화에 관한 사항
- 관광유람선업(일반관광유람선업 및 크루즈업을 말한다) 육성 및 지원에 관한 사항
- 카지노산업 육성 및 정책 수립
- 카지노 복합리조트 설립 및 관리 업무
- 카지노업 허가 및 관리 · 감독에 관한 사항

7) 관광개발과

- 관광개발기본계획 수립
- 권역별 관광개발계획 검토 · 조정
- 관광지 · 관광단지의 개발
- 문화 · 예술 · 민속 · 레저 · 자연 · 생태 · 유휴자원등 지역관광자원 개발 및 지원
- 광역 관광자원개발 계획 수립 및 지원에 관한 사항
- 관광자원개발 평가 및 통합정보시스템 구축 · 운영, 지역관광발전지수
- 관광개발관련 관계부처 · 지방자치단체와의 협력 및 조정
- 지속가능한 관광자원개발
- 관광레저형 기업도시 개발
- 국내 · 외 관광 투자유치 촉진 및 지방자치단체의 관광 투자유치 지원

4. 지방자치단체

지방자치단체란 광역자치단체로서 특별시 · 광역시 · 특별자치시 · 특별자치도 · 도가 있으며, 기초자치단체는 시 · 군 · 구를 말한다. 지방자치단체는 원칙적으로 독립적인 법인으로서 자치권이 있으며 국가로부터 상대적 독립성을 갖고 있다. 그

러나 자치권의 범위에는 한계가 있으며, 현행 한국의 법령에서는 지방자치단체는 국가 또는 광역자치단체(특별시·광역시·특별자치시·특별자치도·도)로부터 위임을 받아 처리하는 기관위임업무, 단체위임업무에 대해서 국가 또는 상급자치단체로부터 지도·감독을 받도록 규정하고 있다.

〈표 7-5〉 **지방자치단체의 관광행정조직**

구분	행정조직	2019년도 관광부분 예산액(백만원)	정원 (명)
서울특별시	관광체육국, 관광정책과(관광정책팀, MICE정책팀, 여가관광진흥팀, 지역관광팀), 관광산업과(관광산업정책팀, 관광산업지원팀, 콘텐츠마케팅팀, 관광서비스개선팀)	64,647	46
부산광역시	문화체육관광국 관광마이스과, 관광개발추진단	34,813	40
대구광역시	문화체육관광국 관광과(관광정책, 관광개발, 관광마케팅, 관광서비스개선)	28,025	23
인천광역시	관광진흥과(관광정책팀, 지역관광진흥팀, 관광산업팀, 국제관광팀, 관광개발팀)	21,637	24
광주광역시	문화관광정책실 관광진흥과(관광기획, 관광마케팅, 관광산업, 관광개발)	17,832	19
대전광역시	문화체육관광국 관광마케팅과(관광정책팀, 관광마케팅팀, 관광개발팀, 관광산업팀)	21,542	17
울산광역시	문화관광체육국 관광진흥과(관광기획, 관광마케팅, 관광개발, 관광산업, 전시컨벤션)	30,525	24
세종특별자치시	자치분권문화국 관광문화재과(관광정책, 관광개발, 문화재, 종무)	12,036	15
경기도	문화체육관광국 관광과(관광정책팀, 국제관광팀, 지역특화관광팀, 관광기반팀)	51,814	20
강원도	문화관광체육국 관광마케팅과(관광정책, 국내마케팅, 해외마케팅, 관광산업), 관광개발과(관광개발, 관광시설, 관광자원, 인허가 지원)	59,381	43
충청북도	문화체육관광국 관광항공과(관광정책팀, 관광마케팅팀, 관광산업팀, 관광개발팀, 공항지원팀)	23,305	24
충청남도	관광진흥과(관광정책팀, 국내관광팀, 국외관광팀, 관광개발팀, 안면도개발팀, 관광공사TF팀)	73,532	26

전라북도	문화체육관광국 관광총괄과(토탈관광팀, 관광산업팀, 관광자원개발팀, 관광마케팅팀, 마이스산업팀)	68,754	25
전라남도	관광문화체육국 관광과(관광정책, 관광개발, 관광마케팅, 관광산업)	2,607	24
경상북도	문화체육관광국 관광정책과, 관광마케팅과	210,486	31
경상남도	관광진흥과(관광정책, MICE 산업, 관광마케팅, 관광자원개발, 축제지원)	44,823	20
제주 특별자치도	관광국 관광정책과(관광정책팀, 관광산업팀, 마이스산업팀, 관광마케팅팀, 중국협력팀), 투자유치과(투자정책팀, 투자유치팀, 관광지개발팀, 유원지관리팀), 카지노감독과(카지노산업팀, 카지노관리팀)	79,777	55

자료: 문화체육관광부, 2018년도 관광동향에 관한 연차보고서, 2019, pp.421-558.를 참고로 구성함.

지방자치단체는 관광에 관한 국가시책에 관하여 필요한 시책을 강구하고 이에 협조하도록 규정하고 있는데 주요업무는 다음과 같다. ① 위임받은 국가적 관광사무, ② 관광공사, 다른 지방자치단체 등 공공단체가 위탁한 사무, ③ 지방자치단체가 관광진흥을 위한 고유사무를 관장하는 기능을 수행하고 있다.

구체적인 업무는 다음과 같다. ① 관광지 및 관광단지 조성, ② 관광에 관한 국가시책에 협력하는 사업(관광진흥, 선전·홍보 등), ③ 우수토산품 발굴과 관광민예품 개발, ④ 도립·군립 및 도시공원, 녹지 등 관광 휴양시설의 설치 및 관리, ⑤ 관광자원의 관리(문화재, 역사유적지, 무형문화재의 발굴 및 보존 등) 등이다.

지방자치단체는 국가적 관광사무, 자치단체의 고유한 관광사무, 다른 공공단체로부터 위임받은 사무 등 다양한 기능과 역할을 수행하고 있다. 지금까지 한국의 행정조직은 중앙집권적 구조와 기능을 갖고 있었던 것과 마찬가지로 관광에 관한 사무에 있어서도 예외는 아니었다. 따라서 앞으로 지방자치단체 등 지방관광 조직의 기능과 기구의 보완이 강구되어야 할 것이다. 특히, 관광지와 관광단지의 개발을 지방의 이익과 지방자치단체별 특수성이 반영될 수 있는 조직 구조와 기능의 보완이 요구된다고 하겠다.

5. 한국관광공사

1) 설립목적

한국관광공사(KTO : Korea Tourism Organization)는 한국관광공사법에 의해 설립(1962년)되었으며, 한국의 관광발전에 중추적인 역할을 수행하여 왔다. 그러나 한국관광공사는 최근 변화하는 경영환경변화 속에서 정부투자기관으로서 각종 사업의 추진과정에 공익성을 최우선적인 목적을 고려하여 수익성을 추구해야 하는 구조적인 특징으로 인해 활동적인 측면에서 상당한 제약요인을 내포하게 되었으며, 일반 공기업의 민영화의 추진과 공공부문에 있어서도 민간부문과 같은 경쟁원리가 활발히 도입되고 있고 관광공사도 정부로부터 보호받는 고정적인 사업영역을 고수하기가 어렵게 되는 경영환경으로 변화되고 있다.

한국관광공사는 세계관광의 각축전 속에서 한국관광산업의 역할을 토대로 국가 성장동력이 되도록 변화와 혁신을 추구하고 있으며, 경영혁신, 윤리경영, 인권경영, 경영공시, 클린경영 등 한국관광의 새로운 성장을 구현하기 위해서 노력하고 있다.

2) 조직

한국관광공사(KTO)는 2018년 12월 말 기준으로 경영혁신본부, 국제관광본부, 국민관광본부, 관광산업본부 등 4개 본부에 15실·1원, 4센터·50팀, 해외지사(29개), 해외사무소(3개), 10개 국내지사로 조직이 구성되어 있으며, 관련조직을 바탕으로 관광진흥 발전에 기여하려고 노력하고 있다.

3) 주요사업

한국관광공사는 관광의 진흥, 관광자원의 개발, 관광산업의 연구개발 및 관광인력의 양성·훈련에 관한 사업, 중문골프장, 중문 관광단지 등과 관련된 사업을 수행하고 있으며, 주요사업은 다음과 같다.

(1) 관광마케팅 지원 사업

■ K-MICE

국내외 행사를 홍보할 수 있도록 하는 사용자 기반과 MICE 관련업체, 숙박, 켄벤션시설을 DB화하여 필수적인 정보를 제공 지원하는 사업

■ 굿 스테이(good stay)

문화체육관광부와 한국관광공사가 지정한 우수 숙박업체로서 건전한 숙박문화 조성을 위해 제정한 고유 브랜드 사업

■ 베니키아(BENIKEA: Best Night In Korea)

국내외 여행객들에게 편안한 쉼터와 합리적인 가격, 우수한 서비스와 시설의 중저가 관광호텔 체인 브랜드 사업

■ Tour API

다양한 관광정보를 여러 가지 어플리케이션 개발에 편리하게 활용할 수 있도록 개발된 관광정보 Open API(Application) 사업

■ 코리아 스테이(korea stay)

글로벌 민간교류 시대를 맞이하여 외국인 관광객들에게 친절하고 편안한 한국의 가정문화 체험을 통하여 한국에 대한 한국의 문화를 소개하는 우수 외국인 관광도시 민박인증 사업

■ 의료관광

의료관광의 활성화를 도모하고 의료관광의 인지도를 제고하기 위하여 의료관광 홍보 광고, 해외 관광 및 의료/건강 박람회에 참석하여 홍보하며, 의료기관, 관련업체에 온라인 홍보 마케팅 지원 사업

■ 한옥스테이

전통문화를 보고 체험하는 사업으로 한옥의 종류, 지역별·유형별 정보를 지원

하고 연계 관광정보도 제공하는 사업

■ 관광두레

지역관광의 활성화와 지역경제의 발전을 위해서 주민들이 자발적이고 협력적 사업체를 만들어 숙박, 식음, 기념품, 여행 알선, 체험, 레저, 휴양 등의 사업을 성공적으로 창업하고 자립할 수 있도록 육성, 지원하는 사업

(2) 관광홍보 지원

■ 외국어 홍보 간행물 지원

한국관광의 안내와 관련된 가이드북의 팜플렛과 한국관광 포스터 및 한국 관광 지도를 지원해 주는 사업

■ 외국어 관광안내 표기 및 간행물 번역 및 감수

외국인들의 서비스를 위하여 외국어 관광 안내표지판, 관광지명, 음식명, 관광 안내문은 물론 외국인 출입이 빈번한 공공시설의 외국어 안내문, 표지판(공항 · 항만 · 철도역 · 지하철 · 버스터미널 · 고속도로휴게소 등), 지자체 및 관광 유관기관에서 발간하는 관광관련 외국어 홍보 간행물에 대한 간행물 번역 및 감수 사업

(3) 관광투자 지원

관광부문 투자 진흥을 위하여 관광관련 투자 관련제도, 뉴스, 투자 동향, 투자 유치 프로젝트 등의 정보제공과 지방자치단체의 투자 유치 컨설팅, 투자 유치 설명회 등의 투자 유치 지원 사업

(4) 관광교육 사업

■ 문화관광해설사 양성사업

문화관광해설사 양성교육과정 인증제도는 전국 문화관광해설사 신규양성 교육 과정의 지역별 질적 격차 해소를 통하여 교육 서비스의 표준화 및 전문화를 도모하는 데 목적이 있다. 관광객들에게 역사, 문화, 예술, 자연 등 관광자원에 대한

지식을 체계적으로 전달하고 지역에 대한 올바른 이해를 돕기 위하여 문화관광해설사 신규 양성교육과정에 대한 인증기준을 마련하고 인증 심사를 통하여 적격한 교육 과정을 인증하는 제도를 운영하고 있다.

- ■ 우수호텔 아카데미

호텔사업 현장에서 요구하는 실무형 인재를 양성하기 위해서, 구직자에게 실무 위주의 체계적인 교육훈련을 제공하고 교육생의 국가직무능력표준(NCS) 기반 직무역량의 획득을 보증하며, 양질의 취업처에 연계 취업할 수 있도록 사후 관리까지 책임지는 고품질의 호텔리어 양성기관을 의미한다.

우수호텔 아카데미는 문화체육관광부와 한국관광공사 주도하에 우수 교육기관을 선정하여 교육예산이 지원된다.

- ■ 프리미어 관광통역안내사 제도

프리미엄 관광통역안내사란 한국관광공사에서 프리미엄 관광통역안내사 양성 교육과정(영어, 중국어, 일본어, 스페인어, 독일어)을 이수하도록 하여 VIP 외래 관광객에게 맞춤형 서비스를 제공하도록 하는 제도

(5) 관광컨설팅 지원

관광개발과 관련하여 지방자치단체등의 관광개발계획의 구상 및 타당성 검토, 관광개발 기본 계획 및 설계, 테마형 관광자원 개발 계획 수립 등에 대하여 컨설팅 지원 사업

(6) 남 · 북 관광사업

남 · 북 관광사업은 교류 협력 활성화를 통한 남북공동체 의식을 고양하기 위하여 남 · 북 연계 관광상품 개발 추진 및 관광홍보체제 구축 사업, 대북 관광사업 참여를 통한 협력기반 조성 사업

(7) 한국관광품질 인증제

한국의 관광서비스 정착을 위하여 서비스의 특성을 반영하여 관광품질 평가 모형을 개발하여 서비스 이행표준을 제시하고 이에 맞는 우수업체를 평가하여 운영하는 사업

6. 한국문화관광연구원

1) 설립목적

한국문화관광연구원(KCTI: Korea Culture & Tourism Institute)은 관광과 문화 분야의 조사·연구를 위하여 체계적인 정책개발 및 정책대안을 제시하고 문화·관광산업의 육성을 지원하여 국민의 복지증진 및 국가 발전에 기여할 목적으로 설립되었다.

문화체육관광부 산하 재단법인이며, 기타 공공기관으로 분류한다. 한국문화예술진흥원 내 문화발전연구소(1987년)로 출발해 한국문화정책개발원으로 개편(1994년) 했으며, 교통개발연구원의 관광기능과 연구 인력을 이전받아 한국관광연구원으로 새롭게 출범(1996년)했다. 한국문화관광정책연구원(2002년)에서 한국문화관광연구원으로 명칭을 변경(2007년)했다.

2) 주요기능

한국문화관광연구원의 주요기능은 기본연구 사업을 중점으로 하여 수탁연구 사업을 비롯하여 연구지원 사업 등 다양한 활동을 추진하고 있는데 그 기능은 다음과 같다.

- 문화·관광발전을 위한 정책개발 연구
- 문화산업의 육성을 위한 조사·연구
- 관광산업의 육성을 위한 조사·연구
- 예술진흥을 위한 조사·연구
- 문화 복지 및 문화 환경 조성에 관한 조사·연구

- 전통문화 및 생활문화 진흥을 위한 조사·연구
- 남·북한 문화통합 및 북한 문화예술 연구
- 관광자원 개발 관련 조사·연구
- 국민관광의 건전한 발전을 위한 조사·연구
- 국민 여가생활에 관한 조사·연구
- 관광서비스 부문 개선을 위한 조사·연구
- 문화·관광 관련 각종 자료의 조사, 수집
- 문화·관광 관련 연구용역의 수탁 및 위탁
- 조사·연구결과의 출판 및 교육
- 문화·관광정보화 개발 및 정보서비스
- 문화관광 통계 생산·개발 및 분석
- 문화·관광 정책평가 조사·기획·연구 사업
- 정부기관 및 문화체육관광부장관이 위탁하는 사업
- 기타 연구원의 목적에 부합하는 학술연구 사업 및 위 각호에 부대되는 사업

3) 관광지식정보시스템

관광지식정보시스템은 관광 부문의 정보화 사업추진 전략을 제시한 국가관광 정보화 추진 전략계획(문화체육관광부, 2002년)에 근거하여 구축된 관광지식 포털이다. 관광지식정보시스템은 관광통계, 정책 & 연구, 자원, 법령 등 수요자 중심의 관광관련 서비스를 제공하고 있으며, 통계수요의 증가에 따라 다양한 형태의 통계정보를 제공하고 있다. 관광지식정보시스템에서는 관광관련 정책 및 연구동향을 파악 및 분석하여 다양한 자료로서 활용이 가능하며, 서비스 내용은 다음과 같다.

- 국제관광통계: 세계관광 지표, 국가별 관광통계, 국가별 관광산업 기여도, 국가별 관광경쟁력 순위, 국가별 여행수지
- 관광객통계: 출국관광통계, 입국관광통계, 한국관광수지, 주요관광지 입장객통계

- 조사통계: 국민여행실태조사, 외래 관광객 실태조사, 관광사업체 기초 통계조사
- 관광예산/인력 현황: 관광예산 현황, 관광인력 현황
- 전망 및 동향: 관광사업체 경기 동향, 관광소비 지출 전망
- 관광자원통계: 관광지, 관광단지, 관광특구, 문화관광 축제, 안보관광지, 관광 통역안내사, 유관시설 정보 등

〈표 7-6〉 **관광지식 정보시스템의 주요 내용**

구분		정보 내용
통계	관광통계 주요 지표	관광통계 주요 지표
	국제관광 통계	세계 관광지표, 국가별통계, 국가별 관광산업 기여도, 국가별 관광경쟁력 순위, 국가별 여행수지
	관광객 통계	출국 관광통계, 입국 관광통계, 관광수지, 주요 관광지점 입장객 통계
	조사 통계	국민여행 실태조사, 외래 관광객 실태 조사, 관광사업체 기초 통계조사
	관광산업 통계	전국관광숙박업 등록 현황, 관광숙박업 운영 실적, 일반여행업 현황, 카지노업 현황, 국제회의업(MICE) 현황, 관광사업체 현황, 관광경영 실적 통계, 항공 통계
	관광예산/인력현황	관광예산 현황, 관광인력 현황
	전망 및 동향	관광사업체 경기 동향(BSI), 관광소비 지출 전망(CSI)
	관광자원 통계	관광지, 관광단지, 관광특구, 문화관광 축제, 안보관광지, 관광통역 안내사, 유관시설
정책 & 연구	관광이슈	today topic, tour go 뉴스레터
	관광정책 포커스	국내 관광정책, 세계 관광정책
	관광지식 플러스	국내 연구 보고서, 국외 연구 보고서, 관광지식 채널
관광자원	관광자원	관광자원 조회, 보유 자료 현황, 외국어 표기 안내

주: 기업경기실사지수(BSI: Business Survey Index), 소비자동향지수(CSI: Consumer Survey Index).
자료: http://www.tour.go.kr/fmf 참고하여 작성함.

7. 관광사업자단체

관광사업자단체는 업종별 단체와 지역별 단체로 분류할 수 있다. 관광진흥법에 의하면 관광관련사업자는 정부로부터 허가를 받아 업종별관광협회를 설립할 수 있으며, 업종별 단체는 다음과 같다.

1) 한국관광협회중앙회

한국관광협회중앙회(KTA: Korea Tourism Association)는 관광진흥법에 의해 설립(1963년)되었으며, 관광업계를 대표하여 업계의 의견을 종합·조정하고, 국내·외 관련기관과의 상호협조를 통하여 관광산업의 진흥을 목적으로 하고 있다. 주요 사업으로는 다음과 같다.

- 한국관광 명품점 운영
- 여행공제사업
- 관광종사원 자격증 발급 신청(국내여행안내사, 호텔서비스사)
- 내나라 여행박람회
- PATA 한국 지부
- 환대서비스 개선 사업
- 관광의 날 기념식
- 관광인 신년 인사회
- 관광안내사(자원봉사자) 등 인력교육
- 관광진흥개발 기금 융자 선정
- 한국관광 장학재단
- 내나라 여행상품사업
- 문화누리 카드(국내여행상품 홍보사업)
- 여행주간 사업
- 국제관광행사 지원사업
- 통계조사·연구사업 등

2) 한국여행업협회

한국여행업협회(KATA : Korea Association of Travel Agent)는 관광진흥법에 의하여 설립(1991년)된 일반여행업단체로서 회원 및 여행종사원의 권익을 보호하기 위한 단체이다. 주요 사업은 다음과 같다.

- 관광사업의 건전한 발전과 회원 및 여행종사원의 권익증진을 위한 사업
- 여행업무에 필요한 조사, 연구, 홍보활동 및 통계업무
- 여행자 및 여행업체로부터 회원이 취급한 여행업무에 대한 진정사항의 처리
- 여행업무 종사자에 대한 지도 및 연수
- 여행업무의 운영을 위한 지도
- 여행업에 관한 정보의 수집 및 제공
- 관광사업에 관한 정보의 국내 · 외 단체와의 연계협조
- 관련 기관에 대한 건의 및 의견의 전달
- 정부 또는 지방자치단체로부터의 수탁업무
- 장학사업 업무
- 관광진흥을 위한 국제관광기구의 참여 등 대외활동
- 관광안내소 운영사업
- 공제 운영사업

3) 한국호텔업협회

한국호텔업협회(KHA : Korea Hotel Association)는 관광호텔의 권익을 보호하기 위해서 설립(1996년)된 단체이다. 주요 업무는 다음과 같다.

- 관광호텔업의 건전한 발전과 권익증진을 위한 사업
- 관광호텔업의 발전에 필요한 조사연구와 출판물의 간행 및 통계
- 정부, 유관기관 및 관련단체와의 협력 증진
- 국제호텔협회(IHA: International Hotel Association) 및 국제관광기구와의 유대 강화
- 관광호텔산업의 정책지원 및 현황대책을 위한 대정부 건의 및 관광정책 자문

- 정부 또는 지방자치단체로부터 위탁받은 업무
- 관광호텔업의 서비스 업무 향상을 위한 종사원 연수
- 관광호텔업 전문인력 양성 교육 사업
- 지역 간 관광호텔산업의 균형발전을 위한 사업
- 관광객 유치를 위한 관광호텔업 홍보
- 인천국제공항 호텔 종합안내소 운영사업

4) 한국휴양콘도미니엄경영협회

한국휴양콘도미니엄경영협회는 한국의 휴양콘도미니엄업계를 대표하여 업계 전반의 의견을 종합 조정하고 관련기관과 상호 협력함으로써 콘도미니엄산업의 건전한 발전과 콘도의 합리적이고 효율적인 운영을 도모함과 동시에 회원의 권익 및 복리증진에 이바지함을 목적으로 설립(1998년)되었다.

- 콘도사업의 건전한 육성 발전
- 회원사의 권익 증진
- 법규관련 정책 입안 건의
- 콘도 경영에 관한 조사 연구 및 정보 교환
- 콘도 종사자에 대한 교육훈련 연구사업
- 콘도의 인식 제고 및 홍보
- 콘도사업에 관한 지도 지원 및 자율규제
- 정부·공공기관 또는 관련단체로부터 위임받은 업무

5) 한국카지노업관광협회

한국카지노업관광협회(KCA: Korea Casino Association)는 관광진흥법에 의하여 설립(1995년)된 카지노사업단체로서 한국관광산업의 진흥과 회원사의 권익증진을 목적으로 하고 있다. 주요 사업은 다음과 같다.

- 관광사업의 건전한 발전과 회원 및 카지노 종사원의 권익 증진
- 카지노업 진흥을 위한 조사연구 및 출판물 간행 및 보급

- 관광사업에 관한 국내외 단체 등과 교류 및 협력
- 외국관광객 유치를 위한 선전 홍보 등 수용태세 확립을 위한 사업
- 카지노업의 업무 개선에 관한 지도 감독 업무
- 카지노업의 발전에 관한 대 정부 건의
- 도박 중독증 등 카지노로 인한 폐해의 치유 등에 관한 사업
- 카지노업 종사자 교육 훈련 및 관련 기구 설치 운영
- 행정부 또는 공공기관으로부터 위탁받은 업무
- 카지노업 관련법 규정에 따른 업무
- 본 협회의 목적달성을 위한 부대사업

6) 한국종합유원시설협회

한국종합유원시설협회(KAPA: Korea Amusement Parks Association)는 유원시설업의 건전한 발전을 기하기 위하여 설립(1984년)되었다. 주요 사업은 다음과 같다.

- 유원시설 육성관련 의견수렴 및 회원 권익 보호
- 국내 · 외 유원시설 자료수집 · 정리
- 유원시설의 안전성검사 실시
- 유원시설 사업자 및 그 종사원에 대한 안전 교육 실시
- 기타 정부가 위탁하는 사업

7) 한국MICE협회

한국MICE협회(Korea MICE Association)는 업계의 의견을 종합 조정하고, 국내외 관련기관과 상호협력활동을 전개함으로써 국내의 MICE산업의 진흥과 회원사의 권익과 복리증진을 추구하고 MICE산업의 육성을 통하여 사회적 공익실현과 국가경제발전에 이바지하기 위한 목적으로 설립되었다.

8) 한국PCO협회

한국PCO(Korean Association of Professional Convention Organization)협회는 대한민국의 컨벤션 산업의 발전을 위하여 설립(2007년)되었다. 주요 사업은 다음과 같다.

- 교육사업
- 컨벤션산업 비즈니스 환경 개선 사업
- 컨벤션산업 지속 홍보 사업
- 관련기관·단체와의 네트워킹 사업
- 업계의 권익보호를 위한 건의 사업

9) 지역별 관광협회

지역별 관광협회는 업종별 관광협회와 마찬가지로 관광진흥법에 의해서 설립된다. 지역별 협회는 해당 지역을 관할하는 시·도지사의 허가를 받아 설립하도록 규정하고 있으며, 조직의 지위는 사단법인에 준한 법인격이 부여되고 있다.

지역별 관광협회는 관광진흥과 관광사업의 경영개선을 목표로 하며, 특별시·특별자치도·광역시·도(道)관광협회가 설립되어 운영되고 있다. 특별시 관광협회(서울특별시·세종특별시), 특별자치도 관광협회(제주특별자치도), 광역시 관광협회(부산·대구·인천·광주·대전·울산), 도 관광협회(경기도·강원도·충청북도·충청남도·전라북도·전라남도·경상북도·경상남도)가 설립되어 운영되고 있다.

TOURISM
BUSINESS

08

지방자치시대와 관광

CHAPTER

08 지방자치시대와 관광

제 1 절 지방자치시대와 지방자치

1. 지방시대의 의의

전 세계적으로 지방화, 분권화, 탈획일화의 물결이 일고 있다. 이러한 지방주의 (localism)의 대두는 일찍이 앨빈 토플러(Alvin Toffler), 존 나이스 비트(John Naisbitt) 와 같은 미래학자들이 『제3의 물결』 등의 저서를 통해 적절하게 예견한 바 있다.

지방시대라는 용어는 일반적으로 지방의 자주성 및 자율성을 존중하면서 각 지방의 개성이나 특성을 살리기 위한 방안에서 출발하는 사고방식을 말하며, 지방 의 시대라고 불리는 기본개념은 다음과 같은 점에서 정의할 수 있다.

첫째, 지역성의 존중과 분권의 지향이다.

현대사회는 많은 영역에서 국가의 의사결정이 우선시되고 있는데, 지방시대는 지역이나 지방의 역할을 적극적으로 평가하여 지역을 중심으로 사물을 보려는 태도 이다. 다시 말해 지역의 개성, 문화, 전통을 존중하고 다양성을 중시하는 입장이다.

둘째, 소규모적인 것을 존중하려는 사고이다.

고도 성장기에 있어서는 '큰 것이 좋다'는 사고방식이 일반화되어 대규모적인 것이나 양적인 것을 동경하는 사회적 풍토가 팽배하였으나 지방시대에는 '작은 것 이 아름답다'라는 시각에서 작은 집단이나 소규모적인 것과 질을 중요시하려는 흐 름이 있다.

셋째, 기업이나 이익집단 등의 비대화이다.

기업이나 집단들은 사회를 선도하는 데 반해 지방시대에는 지연이나 혈연과는 전혀 다른 의미이며, 인간의 정주(定住)를 기반으로 한 공동체적 집단을 존중하고 공동체적인 생활을 설계하고 사물을 생각하는 경향이 강하다. 지역의 주민은 전통적 개성을 배경으로 지역의 공동체에 대해 일체감을 가지고 경제직 자립을 위해서 정치적, 행정적 자율성을 스스로 확보하고 문화적 독자성을 추구하는 이른바 내발적(內發的) 지역주의라고 할 수 있다.

2. 지방주의 형성의 배경

지방주의의 형성은 선진 국가들에서 찾아볼 수 있다. 개발도상국가들은 선진국들의 신지방분권주의에 영향을 받아 중앙집권적 국정운영이 전국적, 총량적 성장주의와 능률위주의 행정을 수행하는 과정에서 지방의 형평성이 미흡하였고 지역행정이 희생당해온 데 대한 반성으로 지방화 운동들이 나타나게 되었다. 지방주의의 시대적 배경은 다음과 같이 요약할 수 있다.

첫째, 현대 선진 자본주의가 공통적으로 직면하고 있는 문제 해결이다.

대도시 집중, 환경오염, 자원 및 에너지 고갈, 식량부족, 나아가서는 인간 소외현상 등의 문제를 해결하기 위한 방안이다. 특히 정치적 측면에서는 중앙집권적이며 하향적 정책결정에 대한 회의, 경제적 측면에서는 양(量)중심의 국가경제 성장정책에 따른 지역격차의 심화, 그리고 사회·문화적 측면에서는 지나친 동질성, 획일성을 추구하는 과정에서의 도덕성, 귀속감, 일체감의 상실 등의 문제를 해결하기 위한 새로운 접근방법으로 생겨나게 되었다고 볼 수 있다.

둘째, 정보화 사회의 출현은 지방주의의 탄생의 배경이다.

산업구조의 변화에 따른 지식산업이 산업구조를 지배하는 정보화사회가 되었기 때문이다. 정보화사회란 정보의 생산과 이용을 중심으로 살아가는 사회라고 할 수 있다. 정보가 유력한 자원이 되고 정보가치의 생산을 중심으로 해서 경제, 사회가 발전해가는 사회가 되었기 때문이며, 정보화사회는 지방자치와 연관해서 규모의 축소화나 분권화·참여화의 특성이 나타난다. 지식과 정보가 발달한 정보화 사회에서는 컴퓨터에 의한 정보의 용이한 접근과 통신기술의 발달로 장소의 한정성을 벗어날 수 있으며, 정보를 중요 자원으로 한 정보경제의 출현으로 경제의 소프트화가 진행되어 작은 규모의 지방도 충분한 경쟁력을 갖출 수 있게 되었기 때문이다.

셋째, 세계적으로 동일화되어가는 생활양식에 대응한 문화적 민족주의의 출현과 획일화 경향을 탈피하려는 지방주의의 가속화이다.

세계는 범세계적 원거리 통신망의 발전, 해외여행을 선호하는 경향으로 변화하고 있으며, 세계인의 생활양식이 과거에 비해 상당히 균질화, 보편화되었다. 그러나 생활양식은 유사성이 더 강해지고 이에 대한 역반응도 나타나고 있다. 획일화에 대한 반발, 문화와 언어의 독창성을 내세우고자 하는 갈망, 외래객의 영향에 대한 거부감 등이 바로 그것이다.

그러나 지방주의의 폐해도 있다. 지방의 권한을 논리적으로 발전시켜 나가다 보면, 한 지역에 뭉쳐있는 여러 지방이 서로의 고유한 이익을 보호하기 위해서 단결해야 한다는 생각을 하게 된다. 이것은 경제적 지역주의라는 새로운 방향이고 또한 그룹에 속해있는 모든 지방에 공통적으로 존재하는 문제에서 파생되어 일종의 애향심으로 나타나기도 하는데, 이것을 '신지역주의'라고 한다. 이러한 신지역주의는 지역이기주의로 흘러 지역들 간의 갈등과 마찰, 대립의 부작용도 나타나고 있다.

그러나 긍정적 차원에서 지방주의는 많은 기회와 선택을 제공하며, 지방주의라는 폐해보다는 지방의 발전 가능성을 보여주기도 할 수 있다. 지방분권은 인구를 지방으로 분산하여 지역의 중심지를 만들어 낼 수 있으며, 기업의 분산은 사람들은 자기가 살고 싶은 지방에서도 일자리를 얻을 수 있게 된다. 또한 마이컴이나 워드프로세서가 원격지에서의 재택근무(在宅勤務)를 가능하게 해 주고 있으며, 이 같은 분산화는 여러가지 문제의 해결이나 변화와 창조를 통해서 지역적인 형태로 발전시킬 수 있으며, 지방분권은 지역적 특색을 살릴 수 있는 유일한 길이 될 수도 있다.

3. 지방자치의 의의

지방자치란 간단히 말하면 일정한 지역을 기초로 하여 지역주민으로 구성된 공공단체가 지역의 행정사무를 자신의 책임과 권능(權能)으로 주민들이 부담하는 조세를 기본으로 자주적인 재원을 갖게 되며, 주민이 선정한 기관을 통해 주민의 의사에 따라 집행하고 실현하는 것이다. 그러나 이와 같은 지방자치의 의의에 대해 부정적인 견해를 피력하는 사람들도 적지 않으며, 실제로 부정적으로 전개될 가능성이 높은 요소가 내재하고 있는 것도 사실이다. 특히 지방자치가 분리주의에 빠질 경우에는 지방 간 대립과 마찰, 혼란을 야기할 수도 있다. 지방자치는 어디까지나 한 나라의 주권 안에서 이루어지는 것으로 국가로부터의 완전한 독립을 의미하는 것이 아니며 중앙정부와 지방정부 간의 올바른 관계 정립을 통한 기능적, 협동적 자치를 의미한다.

1) 참여적 민주주의

지방자치는 참여적 민주주의(participatory democracy)의 실천이 가장 가능한 정치형태라고 한다. 선진국가에서 가장 중요시되고 있는 정치적 이념은 참여적 민주주의이며, 종래의 대의적 민주주의(representative democracy)의 보충적 사상으로 등장하였다.

참여적 민주주의는 투표권을 행사하는 것으로 민주주의의 뜻을 펴나가기 힘들 정도로 현대국가는 조직화, 관료화되어 있기 때문에 선거 이외에도 주요한 정책의 결정 및 집행에 주민의 참여를 극대화시켜야 한다는 것이다. 참여적 민주주의야말로 중앙정부 수준에서보다는 지방에서 더 손쉽게 실현될 수 있기 때문에 지방자치는 민주주의에 대한 가장 이상적인 정치형태라 할 수 있다.

2) 정치의 안정

지방자치는 통치권력의 수직적 분권으로 정치안정의 기틀을 제공한다. 오늘날의 정치는 이해관계의 갈등이 깊어지고 자아(自我) 의식이 높아져 정치적 요구와 지지의 폭과 층이 매우 넓고 다양하다. 따라서 아무리 정치가 잘 발달된 나라들이

라 해도 정치적 경쟁이 치열하고 그 결과에 의한 변화도 크고 심하다

이러한 정치 환경 속에서 지방자치를 통한 통치권의 수직적 분산은 정치안정에 커다란 기반이 된다. 중앙정부의 내각이 바뀌고 더 나아가 정치체제가 바뀐다 하더라도 지방자치를 통한 업무 수행만은 지장이 없다는 사실은 국민들에게 무한한 안정감을 줄 수 있다. 중앙집권적 체제에서는 지극히 작고 사소한 지역적 문제일지라도 잘못 다루게 되면 곧 전국적 쟁점이 될 수 있으며 정치 불안의 요소가 언제든지 발생될 수 있다. 그러나 지방자치를 실시하면서 발생되고 있는 지역적 문제는 문제가 발생한 지역의 문제로 끝날 수 있기도 하지만 더 무겁게 만들 수도 있다.

3) 행정의 능률화

지방자치는 작은 정부로서 행정의 능률화를 기할 수 있다. 흔히 지방자치의 가장 큰 취약점으로 비능률성을 이야기한다. 이러한 인식은 중앙집권이 능률적이라고 믿는 데서 오는 전통적 관념이다. 그러나 오늘날과 같이 교통, 통신, 교육, 문화가 발달한 사회에서는 권력분산이 비능률이라고 하는 구체적 증거는 없다. 오히려 지나친 획일화, 방대한 관료제, 정치적 통제의 허약이 비능률, 비생산을 초래할 가능성이 높다고 인식하는 경향이 많다. 지방자치는 지방정부의 지원, 지도, 격려 및 주민의 적극적 참여를 통해 지역의 사회, 경제, 환경적 여건에 맞는 행정을 수행함으로써 능률성을 가져올 수 있다. 또한 지방자치의 능률성을 논하는 과정에서 바로잡아야 할 인식 중 하나는 능률에 대한 극단적 판단기준이다. 즉 종래의 능률성은 경제적 측면에만 중점을 둔 나머지 행정의 효과성은 무시되었으나 현대적 의미에서의 능률성은 행정의 효과성도 포함한 경제성을 의미한다. 지역사회에 미치는 행정의 효과성 면에서는 지방자치가 훨씬 더 능률적이라 말할 수 있다.

4) 이념과 가치 창조

지방자치는 탈공업사회에 접어든 시대에 많은 국가들에서 관심이 높아지고 있는 무(無)성장, 무(無)공해, 자연보호 등의 이념과 가치를 가장 잘 실현할 수 있는

통치체제이다. 도시의 과밀, 공해 문제를 비롯하여 조직의 대형화에서 오는 인간성 상실을 전원 도시적 생활방식을 소규모 지역사회에서 되찾고자 하는 현대인들이 증가하면서 지방정부의 중요성 및 지방주민의 자율성이 그 어느 때보다도 강조되고 있다. 쾌적한 생활환경 조성, 공해가 없는 물·공기·풍경의 보존 및 유지 등이야말로 지방자치단체가 역점을 두이야 할 기능 분야이며 또한 지방의 차원에서만이 효과적으로 수행될 수 있는 분야라 하겠다.

제 **2** 절 　지방자치시대의 관광산업

1. 관광 및 여가환경 변화

　　관광 및 여가활동을 위한 사회·문화적 환경이 급격하게 변화함에 따라 우리나라 국민들도 관광에 대한 인식도 점차 전환되고 있다. 그동안 경제성장 일변도의 국가정책에서 생활의 여유를 찾기 위한 방향으로 환경이 변화하면서 관광여가 활동의 수준이 삶의 질을 측정하는 중요한 수단으로 인식하게 되었다.

　　여가시간의 활용이 자아실현과 재창조를 위해 의미 있는 시간으로 인식되고 있으며, 여가에 대한 욕구가 다양해지고 개별적인 관광활동에 참여할 수 있는 사회여건이 좋아지는 실정에서 관광 및 여가활동의 형태는 매우 다양해지고 있다.

　　소득수준의 향상, 의학기술의 발달 및 국민들의 생활양식(life style)의 변화 등에 따라 소자녀화, 핵가족화, 고령화 현상 진전 등 사회의 인구구조 변화가 가속화되고 있다. 이와 같은 인구구조 및 가치관의 변화에 따라 관광활동 참여인구의 증가가 예상되며, 관광활동에 있어서도 가족중심의 관광활동, 노인층의 관광 참여 확대, 건강과 관련된 관광활동의 증가 등 전반적인 여가활동의 변화가 전망되고 있다.

　　관광 및 여가활동의 변화는 여건이 적합한 관광 또는 여가활동을 선택하고, 참여하는 기회를 가지며, 집단여행보다는 개인별 개성과 취향에 맞는 차별화된 활동을 선호하게 되고 보편화된 관광지보다는 잘 알려지지 않은 곳을 선택하는 경향으로 바뀌고 있다. 특별히 개발된 관광지나 편익시설이 집중된 관광단지에 머무르기보다는 한 지역의 여러 곳을 방문하는 자유로운 관광활동이 증가하고 있다.

　　개별 관광시대의 관광객은 개발 주체인 지방자치단체의 의도에 따라 이동하는 것보다는 자신의 취향과 여건에 따라 자유롭게 관광 목적지를 선택하고 창의적인 관광활동을 추구하는 자율적인 경향을 보이고 있다. 또한 관광객은 자신의 경제적 여력이 있는 범위 내에서 참여 가능한 관람활동을 선택하게 될 것이다. 이러한 현상들은 관광객은 관광목적을 달성하기 위해 선택하는 활동과 그 활동의 범위, 관광활동이 발생하는 공간적인 범위나 관광활동의 내용적인 범위의 한계가 없어졌다는 것이며, 이러한 관광경향은 지속적으로 증가할 것으로 예상되며, 여러 계층별 수준에 적합한 활동 프로그램의 개발이 지방자치단체가 인식해야 할 당면한 과제라고 하겠다.

2. 관광산업에 대한 기대

지방자치단체들은 경쟁력을 강화시키기 위한 새로운 대안 중의 하나로 관광산업에 대한 인식이 증대되고 있다. 이처럼 관광관련 사업에 대한 관심이 커지고 업무의 비중이 늘어난 것은 중앙정부로부터 대규모 개발사업을 유치하는 것이 용이하지 않을 뿐만 아니라 한정된 재원으로 추진할 수 있는 경쟁력 있는 사업이 관광관련 사업이라는 판단에서 비롯된 것이다.

다른 지역과 차별화된 자원이나 문화적인 특성을 고려한 이벤트 사업은 단순한 관광의 수익뿐만 아니라 자기 고장의 농산물이나 특산물의 판매량을 증가시켜 지역경제에 큰 도움을 주고 있으며, 일부 관광관련 기업들이 독특한 발상의 전환을 통해서 성공을 거두는 사례가 많아지고 있다. 단순히 식량생산의 목적에서 농촌에서 다양한 축제개발로 승화·발전시켜 관광상품으로 개발되었으며, 특히 농촌에서는 흔한 곤충인 나비와 메뚜기를 지역 홍보와 농산물 판매의 촉매제로 활용되는 등 지역축제로 발전하게 되었다.

이 같은 사례는 관광산업이 지역경제의 활성화에 직접적인 도움을 주는 동시에 주민들에게는 아무리 사소한 자원이라도 지역의 특성에 맞게 개발된다면 훌륭한 관광상품이 될 수 있다는 가능성을 심어주는 간접적인 효과를 보여주고 있다. 또한 농·어·산촌의 생활들이 도시민의 새로운 체험 대상으로 부각되고, 접근하기 어려웠던 지역이 관광과 휴양의 가치로 재조명되면서 지역발전에 있어서 관광의 역할이 중요시되고 있으며, 발전가능성이 있다.

지방자치단체의 경쟁력은 차별화에서 찾아야 한다. 타 지역과의 차별화는 그 지역만이 가지고 있는 특색에서 발굴되어야 한다. 한 고장의 개발 잠재력은 그 지역의 자연자원을 비롯하여 지역주민의 삶의 흔적을 고스란히 간직하고 있는 역사·문화자원에 있으며, 이 같은 자원을 활용할 수 있는 사업이 바로 관광이다.

　　지방화 시대의 관광정책의 수행에서 가장 중요한 핵심적인 요소는 개성과 참여
이다. 지방고유의 개성을 구현하는 관광개발은 소비자들의 새로운 관광욕구를 만
족시켜줄 수 있으며, 주체성(identity) 확립 및 애향심 고취에도 중요하게 작용할
것이다. 또한 지역특성을 살린 관광지 조성은 지역주민의 참여를 통해서만이 가장
효과적으로 반영할 수 있으며, 지역주민의 참여 또한 지역주민의 경제적 이익 및
환경을 보호하는 측면에서도 중요하다.

．그림 8-1 **관광 커뮤니티 비즈니스의 정책추진 영역**

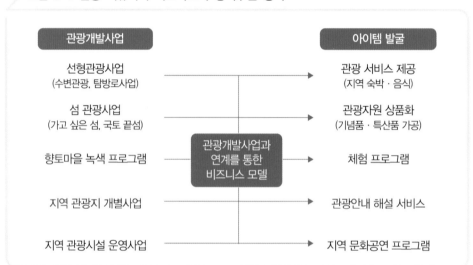

자료: 김현주, 관광 커뮤니티 비즈니스(TCB) 운영체제, 한국문화관광연구원, 2011, p.111.

제**3**절 지방자치시대의 관광행정

1. 관광정책의 이념

사회가치의 변화, 사회여건의 변화는 관광부문에도 시대상황에 상응하는 신속한 발상전환을 요구하고 있다. 특히 관광부문은 지방자치의 실시로 인해 넓은 영역에서 강도 높은 영향을 받을 수 있는 분야이기 때문에 향후 관광정책의 추진에 있어 그 기초가 되는 이념의 재정립이 시급히 요망되고 있다.

그동안 관광정책은 구체적이고 목적화된 이념 없이 관광이 가져다주는 경제적 측면에서의 효율성에 우위를 두고 추진되어 왔다. 지방자치제의 취지 및 의의 그리고 관광부문의 특성을 고려할 때 관광정책은 지역성·자율성·참여성·적정성·형평성·효율성·공익성·계획성의 요소를 기본이념으로 하여 입안되고 실행되어야 할 것이다.

첫째, 지역성이란 지역의 지리적 특성과 문화전통, 독자성을 존중하고 지역실정에 부합하는 관광정책을 실천해 나가는 것을 말한다.

관광개발을 통해 각 지역의 전통과 문화를 계승 발전시킴으로써 지역문화의 독자성을 보전하고 지역주민의 긍지와 애향심을 높일 수 있으며 보다 새로운 경험을 원하는 관광객들의 관심을 끌 수 있다.

둘째, 자율성이란 하향식 의사결정이 아닌 상향식 의사결정에 의해 관광정책을 입안하고 집행하는 것을 말한다.

자율적 의사결정을 통해 각 지방의 여건과 민의에 부합한 정책을 펴나갈 수 있다. 이러한 상향식 의사결정을 위해서는 관광행정에 있어서 많은 권한이 지방으로 이양되어야 할 것이다.

셋째, 참여성은 관광정책의 입안, 집행과정에 있어 지역주민의 참여를 높이는 것을 말한다.

지역주민의 참여를 통한 자주적 의사결정이 지방자치의 핵심임을 생각할 때 관광정책에 있어서도 주민의 참여를 높이는 일이 시대적으로 매우 중요하다. 주민의 참여를 배제할 때 관광객, 개발주체와 지역주민 간에 대립과 마찰을 초래할 수 있다.

넷째, 적정성은 적정한 수준의 관광개발을 의미한다.

개발대상지의 여건에 적합한 적정수용능력을 설정하고 이러한 적정수용능력을 벗어나지 않는 범위 내에서 개발을 추진함으로써 자연, 문화 등 지역 환경에 무리한 영향을 미치지 않도록 해야 할 것이다.

다섯째, 형평성이란 사회적 형평(social equity)에 기초한 개념으로 관광의 권리를 향유하기 어려운 소외계층에 대한 관광 기회의 제공에 관심을 기울이는 것을 말한다. 이 개념은 유럽을 중심으로 소셜 투어리즘(social tourism)이라는 관점에서 폭넓게 구현되고 있다. 저소득자를 위한 여행경비 지원 또는 할인 혜택, 각종 저렴한 여행시설의 건설 등이 그 대표적 사례이다.

여섯째, 효율성은 효과성과 능률성을 합한 개념으로 관광정책의 효과와 능률의 극대화를 의미한다. 관광은 측정하기 어려운 비계량적 효과가 큰 부문이므로 관광정책의 효율성은 경제적 측면에서의 효율성뿐만 아니라 사회·문화적 효율성도 중시해야 한다.

일곱째, 공익성은 관광의 효과가 공공이익에 부합하도록 정책을 전개하는 것을 말한다. 관광이 장기적으로 안정적 발전을 이루려면 공공의 이익을 우선적으로 고려해야 하며 이익은 지역전체에 균형 있게 분배될 수 있도록 노력해야 한다.

여덟째, 계획성은 치밀한 사전계획을 바탕으로 정책을 전개해 나가는 것을 말한다. 국가발전을 도모함에 있어 지방의 중추적 역할이 기대되고 있는 오늘날에 있어서는 각 지역단위의 중·장기계획이 수립되고 있으며, 특히 관광정책은 토지 이용계획, 산지 이용계획 등 많은 분야와 연관되므로 보다 더 치밀한 계획수립이 요청되고 있다.

2. 관광정책 환경 변화

관광정책 및 관광사업의 발전은 그동안 시행착오를 거치면서 발전해 왔다. 그동안 우리 사회는 총량 성장제일주의, 수출위주 성장주의가 지배적인 정책가치가 되어왔으며, 관광부문도 이러한 중심주의적 경제철학 하에서 '외래객 유치'를 통한 '국제관광 수입 증대'에만 치중해 왔다. 그 결과 지역 관광 사업이 주민이해를 우선으로 하는 지역적인 시각이 아닌 대도시 주민, 외래객 등 이용자 편의 중심으로 추진되었고, 각 지방의 주체성과 특성이 도외시되었고, 지역 간 관광시설의 불균형 현상이 심화되는 등 적지 않은 역효과가 초래되었다.

지역발전을 위한 대안산업으로서 자연, 역사, 문화자원을 활용한 관광개발 및 관광산업 육성의 중요성이 증대되면서 지역주민의 삶의 질 향상, 생활환경 개선 등을 기대하고 있는 지방자치단체가 증가하고 있다. 지방분권 및 균형발전을 통한 지역의 특성을 위해서 정책을 입안, 집행할 수 있는 권한을 지방정부에 위임하는 등 각종 정책을 지역으로 분산하는 정책을 추진하여 왔다.

그러나 지방자치제가 도입되었어도 관광부문을 포함한 지방행정이 중앙정부의 통제하에 움직이는 경향이 있으며, 중앙과 지방 간의 사무 배분이나, 관광부문에 있어서의 창조적 정책 개발 등에 많은 어려움이 있다. 지방자치단체의 재정자립도는 일부 대도시를 제외하면 낮은 수준에 머무르고 있어 대규모 투자비용이 필요로 하는 관광개발의 재원조달에 어려움이 있다. 또한 정부의 다양한 관광산업의 육성정책의 추진에도 불구하고 경쟁력이 답보 상태를 보이고 있는 것은 관광산업이 정부주도의 개발에 크게 의존해오고 있으며, 규제와 관광산업에 대한 일부 부정적인 인식 등으로 민간투자가 활발히 이루어지지 못한 데 그 원인이 있다.

지방자치단체는 지역관광 부문의 경쟁력을 강화시키기 위해서 관광을 위한 투자재원 확충 방안 강구, 지역실정에 맞는 각종 조례 및 규칙 제정, 주민의 의견을 관광정책에 반영하기 위한 위원회제도의 도입 등 제도적 장치 마련, 관광개발을 위한 지방공사 설립 추진 등 지역관광 발전을 위한 기반을 마련, 조성하고 있다.

이제는 지방화시대에 따른 관광정책 환경 변화를 진단하고 이러한 여건 변화에 부응하여 추구해야 할 관광정책 이념을 검토해야 할 필요성이 제기되며, 관광부문에서는 다음과 같은 환경 변화를 예상할 수 있다.

첫째, 지역경제 발전의 수단으로 관광개발에 대한 관심과 투자가 증대될 것이다. 관광자원 이외에는 뚜렷한 부존자원이 없고, 인력 등 기존 가용자원이 불완전고용상태에 있을 때 관광산업은 그 지역의 경기를 발전시키는 주된 산업이 될 수 있다. 관광의 고용승수는 제조업보다 높고 큰 자본투자 없이도 단기에 외화를 벌어들일 수 있으며 외화가득률 또한 높기 때문이다.

둘째, 지역의 특성에 부합한 지역단위 관광진흥 기본계획을 수립, 집행코자 하는 지방자치단체의 노력이 강화될 것이다. 현재의 지방자치단체 관광행정 업무는 중앙행정의 보조기능과 일부 관광산업 인·허가와 지도에 그치고 있어 관광 진흥계획 수립과 같은 전문적 업무의 수행을 위해서는 조직과 기능, 전문성 면에서 많은 개선이 필요하므로 상당한 어려움이 있을 것으로 예상된다.

셋째, 지역문화 및 주체성(identity)의 재발견, 지역문화 및 지역특성의 관광자원화를 위한 노력이 활발해질 것으로 보인다.

넷째, 지방자치단체의 부족한 재정능력을 확충하기 위한 방안으로서 관광관련사업 개발 및 관광관련 세제의 도입이 활발할 것으로 보인다. 관광관련 세금 제도로 관광자원세, 환경세 등이 거론되고 있다.

다섯째, 지방자치제의 근본취지가 주민의 의사를 존중하고 지방의회를 통해 주민의견을 수렴하는 데 있으므로 관광관련 사업에 있어 주민의 참여가 제도적으로강화될 것이다. 관광단지 개발 시 지방의회의 영향력이 커지며, 주민참여의 극대화를 위하여 사업계획 단계부터 공개적, 공공 참여방식을 취하게 될 것이다.

여섯째, 각 지방에서는 주체적으로 관광개발 사업을 추진하기 위해 경쟁적으로지방공사를 설립하여 운영할 수도 있다. 일부 지방자치단체는 주민의 복지 증진과사업의 효율적 수행을 위하여 지방공기업 또는 지방공사 및 지방공단을 설치할수 있게 되어 있다. 이러한 방법을 통하여 당해 지역의 관광개발 이익을 지방자치단체가 흡수·이용하고자 하는 노력이 증대될 것이다.

일곱째, 지방자치단체와 한국관광공사 간의 역할 배분에 관한 논란이 증대될경우 관광공사의 기능에 대한 재검토를 요구할 것이다. 지방자치단체의 지방공사설립과 운영이 활성화될 경우 한국관광공사는 고유기능을 확보할 수 있는 경영전략을 마련해야 할 것이다.

여덟째, 관광개발 사업을 중앙정부 또는 한국관광공사와 같은 중앙정부 소속하의 공공기관이 수행한다 하더라도 지방에서 행해진 개발사업의 이익이 당해 지방에 환류·귀속될 수 있도록 지방의회 및 지방자치단체의 요구가 강하게 표출될것이다.

아홉째, 지역의 자립경제 지향정책이 지역 이기주의로 변화되어 외부로부터의자본 유입에 대한 거부감이 나타날 수 있어 폐쇄 경제를 형성함으로써 관광개발의효율적 추진을 어렵게 할 가능성이 있다.

제**4**절 지방자치시대의 관광진흥

1. 관광지 지정 및 개발

1) 관광지 지정

정부에서는 자연적 또는 문화적 관광자원을 갖추고 관광 및 휴식에 적합한 지역을 대상으로 관광지를 지정하고 있다. 관광지는 관광자원이 풍부하고 관광객의 접근이 용이하며 개발 제한요소가 적어 개발이 가능한 지역과 관광정책상 관광지로 개발하는 것이 필요하다고 판단되는 지역을 대상으로 한다.

관광개발의 접근 방법도 선택과 집중, 네트워크화, 지역 특성에 맞는 개발의 중요성이 대두되면서 관광지 개발을 촉진하기 위해 관광지 지정 및 조성 계획 승인권한을 시·도지사에 이양하였으며, 동시에 관광지 지정 등의 실효성을 제고하기 위해서 노력하고 있다.

관광객의 관광활동에 필수적인 기반시설을 비롯하여 다양한 편익시설을 공공사업으로 추진하고 이용하는 관광객에게 편의를 제공하기 위한 사업이다. 국민소득 증가에 따른 관광수요 증가에 맞추어 관광지를 특화하여 개발함으로써 아름답고 쾌적한 환경을 조성함은 물론 관광을 통하여 국민들이 삶의 질을 향상시키는 복지관광 정책의 일환으로 활용하고 있다.

지역 및 도시의 관광을 진흥시키기 위해서는 홍보자료의 개발과 보급도 중요한 역할을 한다. 부족한 예산으로 인하여 한정된 홍보물을 제작하고 있으나 최근 정보화 환경의 폭이 넓어지면서 최첨단 기술에 의한 인터넷으로 정보를 제공하기도 한다. 관광지 홍보에 관심은 높아지고 있으나 자기 고장의 이미지를 정립하는 기본 틀이 정립되지 못하고 있고 개발된 각종 시각물이나 최첨단 홍보물들은 고장의 이미지를 제대로 부각시키지 못하는 경우가 많다. 또한 '어떠한 정보를 제공할 것인가'라는 지역 이미지의 내용에 대한 연구가 없으며, 자료정리가 선행되지 않는 상태에서 최첨단 정보 기술을 도입한다는 것은 무의미한 일이 될 수도 있다.

정보의 제공에서 가장 중요한 의미를 찾을 수 있는 것이 지역 및 자기 고장에 공동체적인 동질성을 느끼게 하는 자료를 발간하는 것에 그 의미가 있다.

〈표 8-1〉 **관광지 지정현황**

지역	관광지명	지정수
부산	태종대, 금련산, 해운대, 용호씨사이드, 기장도예촌	5
인천	마니산, 서포리	2
대구	비슬산	1
경기	대성, 용문산, 소요산, 신륵사, 산장, 한탄강, 산정호수, 공릉, 수동, 장흥, 백운계곡, 임진각, 내리, 궁평	14
강원	춘천호반, 고씨동굴, 무릉계곡, 망상해수욕장, 화암 약수, 고석정, 송지호, 장호 해수욕장, 팔봉산, 삼포·문암, 옥계, 맹방해수욕장, 구곡폭포, 속초 해수욕장, 주문진해수욕장, 삼척해수욕장, 간현, 연곡해수욕장, 청평사, 초당, 화진포, 오색, 광덕계곡, 홍천온천, 후곡 약수, 대관령 어흘리, 등명, 방동약수, 용대, 영월온천, 어답산, 구문소, 직탕, 아우라지, 유현문화, 동해 추암, 영월 마차탄광촌, 평창 미탄마하생태, 속초 척산온천, 인제 오토테마파크, 지경	41
충북	천동, 다리안, 송호, 무극, 장계, 세계무술공원, 충온 온천, 능암 온천, 교리, 온달, 수옥정, 능강, 금월봉, 속리산레저, 계산, 괴강, 제천온천, KBS 제천촬영장, 만남의 광장, 충주호체험, 구병산, 늘머니 과일랜드	22
충남	대천해수욕장, 구드래, 신정호, 삽교호, 태조산, 예당, 무창포, 덕산온천, 곰나루, 용연저수지, 죽도, 안면도, 아산온천, 마곡온천, 금강 하구둑, 마곡사, 칠갑산 도림온천, 천안종합휴양, 공주문화, 춘장대 해수욕장, 간월도, 난지도, 왜목마을, 남당, 서동요역사, 만리포	25
전북	남원, 은파, 사선대, 방화동, 금마, 운일암·반일암, 석정온천, 금강호, 위도, 마이산회봉, 모악산, 내장산리조트, 김제온천, 웅포, 모항, 왕궁보석테마, 백제가요 정읍사, 미륵사지, 오수의 견, 벽골제, 변산 해수욕장	21
전남	나주호, 담양호, 장성호, 영산호, 화순온천, 우수영, 땅끝, 성기동, 회동, 녹진, 지리산온천, 도곡온천, 도림사, 대광해수욕장, 율포 해수욕장, 대구도요지, 불갑사, 한국차소리 문화공원, 마한문화공원, 회산 연꽃방죽, 홍길동 테마파크, 아리랑 마을, 정남진 우산도 장재도, 신지명사십리, 해신장보고, 운주사, 영암 바둑테마파크, 사포	28
경북	백암온천, 성류굴, 경산온천, 오전약수, 가산산성, 경천대, 문장대 온천, 울릉도, 장사 해수욕장, 고래불, 청도온천, 치산, 용암온천, 탑산온천, 문경온천, 순흥, 호미곶, 풍기온천, 선바위, 상리, 하회, 다덕약수, 포리, 청송 주왕산, 영주 부석사, 청도 신화랑, 울릉 개척사, 고령 부례, 회상나루, 문수, 예천삼강, 예안현	32

경남	부곡온천, 도남, 당항포, 표충사, 미숭산, 마금산 온천, 수승대, 오목내, 합천호, 합천 보조댐, 중산, 금서, 가조, 농월정, 송정, 벽계, 장목, 실안, 산청전통한방휴양, 사등, 하동 묵계(청학동), 거가대교	21
제주	돈내코, 용머리, 김녕 해수욕장, 함덕 해안, 협재 해안, 제주남원, 봉개 휴양림, 토산, 묘산봉, 미천굴, 수망, 표선, 금악, 제주 돌문화공원, 곽지	15
계		227

주: 2018년 12월 31일 기준
자료: 문화체육관광부, 2018년도 관광동향에 관한 연차보고서, 문화체육관광부, 2019, p.167.

2) 관광단지 개발

관광단지는 관광산업의 진흥을 촉진하고 국내·외 관광객의 다양한 관광 및 휴양을 위하여 각종 관광시설을 종합적으로 개발하는 관광거점 지역을 말하며, 관광진흥법에 의하여 지정하고 있다.

관광단지의 조성·개발 활성화를 위해 관광단지를 사회간접자본시설에 대한 민간투자법상 사회간접자본시설로 규정하여 민간자본을 적극 유치하고 있으며, 민간개발자가 관광단지를 개발할 경우 지방자치단체장과의 협약을 통해 지원이 필요하다고 인정하는 공공시설에 대해 보조금을 지원할 수 있도록 하였으며, 보조금을 지원(2010년)하고 있다.

관광단지는 건강·교육·체험 등 다양한 관광수요를 특징으로 하는 최근의 관광패러다임 변화에 맞춰 관광단지를 특성화하여 개발함으로써 지역 관광산업의 동력으로 활용해야 한다.

지역 및 도시의 정책을 추진하기 위해서는 지방자치단체의 의사결정이 중요한 행정이 된다는 인식으로 전환되지 않으면 새로운 관광정책을 기대하기가 어려운 것이 현실이다. 일부 무분별한 관광개발은 향후에 많은 문제점을 양산할 수 있어 관광이 기존 지역 및 도시의 자연·산업·문화 등과 조화롭게 발전해 나가야 한다는 발상이 지방자치단체에 요구된다. 따라서 미래지향적인 발전과 관광산업 발전의 축을 동일시하는 기본 전제하에 지역의 역사와 문화를 살리고 자연을 최대한 보전·육성해 나가면서 지역산업과 연계된 관광산업을 발전시키는 것이 필요하다.

경쟁력이 높은 상품과 서비스를 창출하기 위해 과도한 벤치마킹은 유사한 상품으로 만들어 차별화시키지 못하는 관광여건을 만들어 낼 수 있다. 즉 관광산업의 차별성이 없고 규모가 크다고 성공하는 것은 아니며, 재원확보의 확신도 없이 추진되는 지방자치단체의 관광단지 조성사업은 전시행정으로 끝나는 경우도 많이 있다. 예측할 수 없는 잠재 관광객을 대상으로 시설 규모를 결정하는 것도 문제지만 성공하지 못했을 때 지방자치단체가 감수해야 할 직·간접적인 피해는 의외로 크다고 할 수 있다. 자연환경의 훼손, 부동산 투기관련 부작용에 따른 사회문제를 비롯하여 지역주민들이 관광에 걸었던 기대가 관광에 대한 부정적인 인식으로 인하여 미래의 관광사업을 추진하는 데에도 큰 장애요소가 된다.

관광개발은 지방자치단체가 가지고 있는 관광사업의 여력, 즉 지자체가 감당할 수 있는 범위 내의 개발계획에서부터 시작하여 점진적으로 규모·범위·내역 등을 확대하여 개발 잠재력을 극대화시킬 수 있는 방법으로 시작하는 것이 바람직하다.

〈표 8-2〉 **관광단지 현황**

지역	단지명	지정
부산	오시리아(동 부산)	1
인천	강화종합리조트	1
광주	어등산	1
울산	강동	1
경기	평택호, 안성죽산	2
강원	고성 델피노 골프 앤 리조트, 설악 한화리조트, 원주 오크밸리, 신영, 라비에벨(舊무릉도원), 알펜시아, 평창용평, 평창 휘닉스 파크, 홍천 비발디파크, 횡성 웰리 힐리 파크, 원주 더 네이처, 양양 국제공항, 강원 횡성 드림마운틴, 원주 플라워 프루트 월드, 원주 루첸	15
충북	증평 에듀팜 특구 관광단지	1
충남	골드힐 카운티 리조트, 백제문화	2
전남	고흥 우주해양, 여수 화양, 여수 경도 해양, 해남 오시아노, 진도 대명리조트	5
전북	남원 드래곤	1
경북	감포 해양, 보문, 마우나 오션, 김천 온천, 안동문화	5

경남	창원 구산해양, 거제 남부	2
제주	록인 제주 체류형 복합, 성산포 해양, 신화 역사공원, 예래 휴양형 주거단지, 제주 헬스케어 타운, 제주 중문, 팜파스 종합휴양, 애월 국제문화 복합단지, 프로젝트 ECO	9
계		46

주: 2018년 12월 31일 기준
자료: 문화체육관광부, 2018년도 관광동향에 관한 연차보고서, 문화체육관광부, 2019, pp.170-171.을 참고하여 작성함.

3) 관광특구

관광특구란 외국인 관광객의 유치 촉진을 위하여 관광시설이 밀집된 지역에 대해 야간 영업시간 제한을 배제하는 등 관광활동을 촉진하고자 도입된 제도(1993년)이다. 관광특구는 '관광활동과 관련된 관계법령의 적용이 배제되거나 완화되고, 관광활동과 관련된 서비스·안내체계 및 홍보 등 관광여건을 집중적으로 조성할 필요가 있는 지역으로서 관광진흥법에 의하여 지정된 곳'이라고 정의하고 있다.

그러나 외국인 관광객 유치 촉진을 위해 실시하던 관광특구 대상지역의 야간영업시간 제한 완화 조치가 전국적으로 자율화되면서 관광특구에 대한 실질적인 지원혜택이 부족하게 됨에 따라 지정 관광특구를 대상으로 관광진흥개발기금을 지속적으로 지원(2008년)해 오고 있다.

문화체육관광부는 관광진흥법을 개정(2004년)하여 특구 지정권한을 시·도지사에게 이양하고 특구에 대한 국가 및 지방자치단체의 지원근거를 마련하였으며, 관광특구 진흥계획의 수립·시행 및 평가를 의무화하는 등 특구제도의 실효성을 확보하기 위한 다양한 제도적 장치를 도입하였다. 또한 관광진흥법을 개정(2005년)을 통해 관광특구 지역 안의 문화·체육시설, 숙박시설 등으로서 관광객 유치를 위하여 특히 필요하다고 인정하는 시설에 대하여 관광진흥개발기금의 보조 또는 융자가 가능하도록 하였으며, 관광특구를 대상으로 관광진흥개발기금을 지속적으로 지원(2008년)해 오고 있다.

〈표 8-3〉 관광특구

지역	특구명	지정수
서울	명동·남대문·북창, 이태원, 동대문 패션타운, 종로·청계, 잠실, 강남	6
부산	해운대, 용두산·자갈치	2
인천	월미	1
대전	유성	1
경기	동두천, 평택시 송탄, 고양, 수원 화성	4
강원	설악, 대관령	2
충북	수안보 온천, 속리산, 단양	3
충남	아산시 온천, 보령 해수욕장	2
전북	무주 구천동, 정읍 내장산	2
전남	구례, 목포	2
경북	경주시, 백암 온천, 문경	3
경남	부곡 온천, 미륵도	2
제주	제주도	1
계		31

주: 2018년 12월 31일 기준
자료: 문화체육관광부, 2018년도 관광동향에 관한 연차보고서, 문화체육관광부, 2019, pp.196-197. 참고
하여 작성함.

2. 생태·녹지 관광자원 개발

1) 자연공원

자연공원이란 자연생태계와 수려한 자연경관, 문화유적 등을 보호하기 위하여 지정한 공원을 말하며, 지속적으로 이용할 수 있도록 하여 자연환경의 보전, 국민의 여가와 휴양 및 정서생활의 향상을 기하기 위하여 지정한 일정구역으로 국립공원, 도립공원, 군립공원, 지질공원으로 구분하고 있다.

국민이나 주민 누구나 자유로이 이용할 수 있으나, 공원의 보전·보호 또는 이용을 증대시키고 합리적인 관리운영을 기하기 위하여 필요한 행위의 제한과 금지, 공원의 시설계획 등의 적절한 시행이 필요하다.

자연공원을 보호하고 보전하는 동시에 최대한 이용과 편의를 제공할 수 있는 양면성이 필요하지만 관광은 다른 어느 분야보다 환경에 민감하며, 관광개발은 환경과 양립해야 한다. 그러나 사람들은 관광계획 자체에 강한 거부감을 보이기도 하는데 관광사업에서 대부분의 관광계획은 고유영역을 침해하는 수단으로 오용될 수 있다는 인식이 팽배하여 관광계획의 가치와 효과에 대해서 매우 회의적인 성향이 나타나고 있다.

더욱이 대부분은 관광개발 사업은 환경보호나 자연보호와 상반된다는 개념으로 환경단체나 사회단체로부터 부정적인 시각으로 인식되어 왔다. 이러한 이유는 관광개발의 경우 지역 활성화라는 명분하에 자연환경이 과도하게 훼손되는 경우가 많이 발생했으며, 그 결과 관광개발은 환경파괴의 원인이라는 잠재인식이 존재하여 개발사업 추진의 장애요소가 되고 있다.

관광은 물리적인 건설위주의 외형주의보다는 우리 주변에 흩어져 있는 의미 있는 곳, 즉 지역의 사회 · 문화 차원의 자원을 발굴하고 가치를 극대화함으로써 관광객을 유치할 수 있는 지역으로 전환될 수 있다. 지역주민에게 사랑을 받는 관광환경을 조성하는 것은 방문객들에게는 의미 있는 공간으로 창출되고 연출된다.

관광활동의 중심 역할을 할 관광지 조성의 경우에도 지역주민에게는 공원과 녹지로 이용되어야 하며, 관광객에게는 관광활동의 편익을 도모하는 곳으로 활용되어 지역주민과 관광객이 동화할 수 있도록 조성할 필요가 있다.

〈표 8-4〉 **자연공원**

구분	공원명	비고
국립공원	지리산(전남 · 북, 경남), 경주(경북), 계룡산(충남, 대전), 한려해상(전남, 경남), 설악산(강원), 속리산(충북, 경북), 한라산(제주), 내장산(전남 · 북), 가야산(경남 · 북), 덕유산(전북, 경남), 오대산(강원), 주왕산(경북), 태안해안(충남), 다도해해상(전남), 북한산(서울, 경기), 치악산(강원), 월악산(충북, 경북), 소백산(충북, 경북), 변산반도(전북), 월출산(전남), 무등산(광주, 전남), 태백산(강원, 경북)	22

도립공원	금오산(경북 구미 · 칠곡 · 김천), 남한산성(경기 광주 · 하남 · 성남), 모악산(전북 김재 · 완주 · 전주), 덕산(충남 예산 · 서산), 칠갑산(충남 청양), 대둔산(전북 완주, 충남 논산 · 금산), 마이산(전북 진안), 가지산(울산, 경남 양산 · 밀양), 조계산(전남 순천), 두륜산(전남 해남), 선운산(전북 고창), 팔공산(대구, 경북 칠곡 · 군위 · 경산 · 영천), 문경새재(경북 문경), 경포(강원 강릉), 청량산(경북 봉화 · 안동), 연화산(경남 고성), 고복(세종특별자치시), 천관산(전남 장흥), 연인산(경기 가평), 신안갯벌(전남 신안), 무안갯벌(전남 무안), 마라해양(제주도 서귀포시), 성산일출해양(제주도 서귀포시), 서귀포해양(제주도 서귀포시), 추자(제주도 제주시), 우도해양(제주도 제주시), 수리산(경기 안양 · 안산 · 군포), 제주 곶자왈(제주도 서귀포시), 벌교갯벌(전남 보성군)	29
군립공원	강천산(전북 순창군), 천마산(경기 남양주시), 보경사(경북 포항시), 불영계곡(경북 울진군), 덕구온천(경북 울진군), 상족암(경남 고성군), 호구산(경남 남해군), 고소성(경남 하동군), 봉명산(경남 사천시), 거열산성(경남 거창군), 기백산(경남 함양군), 황매산(경남 합천군), 웅석봉(경남 산청군), 신불산(울산 울주군), 운문산(경북 청도군), 화왕산(경남 창녕군), 구천계곡(경남 거제시), 입곡(경남 함양군), 비슬산(대구 달성군), 장안산(전북 장수군), 빙계계곡(경북 의성군), 아미산(강원 인제군), 명지산(경기 가평군), 방어산(경남 진주시), 대이리(강원 삼척시), 월성계곡(경남 거창군), 병방산(강원 정선군)	27
지질공원	울릉도 · 독도(경북 울릉군), 제주도(제주 제주시 · 서귀포시), 부산(7개 자치구: 금정구 · 영도구 · 진구 · 서구 · 사하구 · 남구 · 해운대구), 강원 평화지역(4개군: 화천군 · 양구군 · 인제군 · 고성군), 청송(경북 청송군), 무등산 권(광주 2개 자치구: 동구 · 북구, 전남 2개 군: 화순군 · 담양군), 한탄강(경기 2개시 · 군: 포천시 · 연천군, 강원도 철원군), 강원 고생대(강원도 4개시 · 군: 태백시 · 영월군 · 평창군 · 정선군), 경북 동해안(경북 4개시 · 군: 경주시 · 포항시 · 영덕군 · 울진군), 전북 서해안권(전북 2개군 : 고창군 · 부안군)	10

주: 자료는 환경부, 2018년 12월 31일 기준
자료: 문화체육관광부, 2018년도 관광동향에 관한 연차보고서, 2019, pp.258-264.을 참고하여 작성함.

2) 생태 · 경관 보존 사업

생태 · 경관 보전지역은 자연환경보전법에 따라 생태계를 보존해야 할 필요성이 있는 지역을 지정하게 되는데 그 기준은 다음과 같다. ① 자연상태가 원시성을 유지하고 있거나 생물다양성이 풍부하여 보전 및 학술적 연구가치가 큰 지역, ② 지형 또는 지질이 특이하여 학술적 연구 또는 자연경관의 유지를 위하여 보전이 필요한 지역, ③ 다양한 생태계를 대표할 수 있는 지역 또는 생태계의 표본 지역,

④ 그 밖에 하천·산간계곡 등 자연경관이 수려하여 특별히 보전할 필요가 있는 지역이다.

생태·경관 보전지역은 국가가 자연생태 자연경관을 특별히 보전할 필요가 있는 지역을 환경부장관이 지정하며, 시·도지사는 생태계 보전지역에 준하여 보전할 필요기 있다고 인정되는 지역을 시·도에서 생태·겅관보전지역으로 시정한다.

〈표 8-5〉 생태·경관 보존지역

구분		지역명	비고
국가지정		지리산(전남 구례), 섬진강 수달서식지(전남 구례), 고산봉 붉은 박쥐 서식지(전남 함평), 동강유역(강원 영월·평창·정선), 왕피천유역(경북 울진), 소황 사구(충남 보령), 하시동·안인사구(강원 강릉), 거금도 적대봉(전남 고흥)	9
시·도 지정	서울	한강밤섬, 둔촌동 자연습지, 방이동 습지, 탄천, 진관내동 습지, 암사동 습지, 고덕동 한강 고수부지, 청계산 원터골, 헌인릉 오리나무, 남산, 불암산 삼육대, 창덕궁 후원, 봉산 팥배나무림, 인왕산 자연경관, 성내천 하류, 관악산, 백사실 계곡	17
	부산	석은덤 계곡, 장산습지	2
	울산	태화강	1
	경기	조종천 상류 명지산·청계산	1
	강원	소한계곡	1
	전남	광양 백운산	1
	경남	거제시 고란초 서식지	1

주: 자료는 환경부, 2018년 12월 31일 기준
자료: 문화체육관광부, 2018년도 관광동향에 관한 연차보고서, 2019, pp.265-266.을 참고하여 작성함.

3) 생태·녹색 관광자원

공해와 지나친 개발로 인해 푸르고 깨끗한 자연공간이 해마다 축소·파괴되고 있는 반면, 관광객들은 여유시간을 갯벌, 탐조, 동굴, 반딧불 등 자연 그대로의 모습을 보고 즐기고자 하는 수요가 날로 증가하고 있다. 그러나 생태자원의 보존에만 치중함에 따라 관광과 접목시키려는 노력이 부족하여 상품으로 개발·육성하는 데 미흡한 면이 있었다.

UN에서는 생태관광의 해로 지정(2002년)하였고, 국내에서도 생태 · 녹색관광 수요의 증대로 체계적인 생태 · 녹색관광자원 개발 필요성이 대두함에 따라 정부는 생태자원을 최대한 보존하면서 환경 친화적인 관광개발을 통해 생태 · 녹색관광을 정착시키고자 노력하였다. 정부에서는 생태 · 녹색관광자원 개발 사업을 문화 관광자원 개발 사업에서 분리해 추진(2003년)하고 있다.

〈표 8-6〉 **생태 · 녹지 관광자원**

지역	사업명(시 · 군)	비고
강원	초곡 촛대바위 해안 녹색경관 조성(삼척시), 고씨굴 관광활성화 사업(영월군), 한탄강 생태순환 탐방로 조성(철원군), 명성산 궁예길 관광자원 개발(철원군), 평창올림픽 힐링 체험파크 조성(평창군), 광천 선굴 어드벤처 테마파크 조성(평창군), 잠곡 수채화길 관광자원 개발(철원군)	7
충남	생태문화 지구 내 자연체험 시설(공주시), 국립생태원 연계 관광명소화(서천군)	2
전북	아중호수 생태공원 조성(전주시), 남원 백두대간 생태관광 벨트조성(남원시)	2
전남	힐링 공간조성 사업(순천시), 한재골 생태 문화공원 조성사업(담양군), 간문천 생태탐방로 조성사업(구례군), 섬진강 힐링 생태탐방로 조성사업(구례군), 오산 사성암 고승순례길 정비사업(구례군), 나로 우주센터 인근해안 힐링 트래킹로 조성(고흥군), 세량제 생태공원 조성(화순군), 구림 생태문화경관 조성(영암군), 월출산 둘레길 생태경관 조성(영암군), 매월 생태체험장 조성사업(함평군), 용천사권 관광개발(함평군), 축령산 치유의 숲 가는 길 정비(장성군), 군외 수목원~천등골 생태녹색 관광지 조성(완도군), 소안 이목 해양생태공원 조성사업(완도군), 생태 탐방로 조성사업(곡성군), 도갑권역 문화공원 조성(영암군), 장성호 생태탐방로 조성(장성군)	17
경북	녹색관광 탐방로 조성(경주시)	1
경남	대독천 체험 둑방 황톳길 조성(고성군), 갈모봉 체험 체류시설 조성사업(고성군), 독실 생명환경 체험체류시설 조성사업(고성군), 대원사 계곡 관광자원 생태탐방로 조성(산청군), 감악산 수변생태공원 조성(거창군), 지심도 생태관광 명소 조성(거제시)	6

주: 2017년 12월 31일 기준

자료: 문화체육관광부, 2017년도 관광동향에 관한 연차보고서, 한국문화관광연구원, 2018, p.261을 참고하여 작성함.

4) 산림 관광자원

산업화·도시화로 인한 자연에 대한 동경은 생태 관광수요를 창출하게 되었으며, 산림(山林)에서 이를 적극적으로 수용하기 위해 산림경관이 수려하고 국민이 쉽게 이용할 수 있는 지역에는 자연휴양림을 조성하게 되었고, 도심에서 가깝고 지역주민의 이용 빈도가 높은 지역에는 산림욕장을 조성하고 있다.

산림욕장은 도시민들이 많이 이용할 수 있도록 도시 근교에 위치한 산림 안에 산책로, 자연관찰로, 탐방로, 간이 체육시설 등 산림욕과 체력단련에 필요한 기본시설을 조성하고 있다.

여가시간의 증가와 보건·휴양에 대한 관심 증대에 따라서 국민의 다양한 산림휴양 수요에 능동적으로 대처하고 수준 높은 친환경적 산림문화·휴양 서비스를 제공하고 있다. 산림문화·휴양에 관한 법률에 따라 산림문화·휴양 기본계획을 수립하여 숲 체험 프로그램 등 소프트웨어의 다양성 및 특성화를 통하여 산림휴양 정책을 추진하고 있으며, 저탄소 녹색성장을 선도하는 사업으로 발전시키고 있다.

〈표 8-7〉 **자연휴양림**

구분		자연휴양림 명(지역)	비고
국유	울산	신불산 폭포(울주)	1
	경기	유명산(가평), 중미산(양평), 산음(양평), 운악산(포천), 아세안(양주)	5
	강원	대관령(강릉), 청태산(횡성), 삼봉(홍천), 미천골(양양), 용대(인제), 가리왕산(정선), 방태산(인제), 복주산(철원), 백운산(원주), 용화산(춘천), 두타산(평창), 검봉산(삼척)	12
	충북	속리산 말티재(보은), 황정산(단양), 상당산성(청주)	3
	충남	오서산(보령), 희리산 해송(서천), 용현(서산)	3
	전북	덕유산(무주), 회문산(순창), 운장산(진안), 변산(부안)	4
	전남	천관산(장흥), 방장산(장성), 낙안민속(순천), 진도(진도)	4
	경북	청옥산(봉화), 통고산(울진), 칠보산(영덕), 검마산(영양), 운문산(청도), 대야산(문경)	6
	경남	지리산(함양), 남해 편백(남해)	2
	제주	서귀포 제주절물(서귀포)	1
공유	대구	비슬산(달성), 화원(달성)	2
	인천	석모도(강화)	1

	경기	축령산(남양주), 용문산(양평), 칼봉산(가평), 용인(용인), 강씨봉(가평), 천보산(포천), 바라산(의왕),	7
	강원	치악산(원주), 집다리골(춘천), 가리산(홍천), 안인진임해(강릉), 태백고원(태백), 광치(양구), 춘천숲(춘천), 하추(인제), 평창(평창), 망경대산(영월), 송이밸리(양양), 동강전망(정선)	12
	충북	박달재(제천), 장령산(옥천), 조령산(괴산), 본황(충주), 계명산(충주), 옥화(청원), 민주지산(영동), 소선암(단양), 수레의산(음성), 문성(충주), 충북알프스(보은), 백아(음성), 생거진천(진천), 성불산(괴산), 보은(보은), 소백산(단양)	17
	충남	칠갑산(청양), 만수산(부여), 용봉산(홍성), 안면도(태안), 성주산(보령), 남이(금산), 금강(공주), 연인산(아산), 태학산(천안), 본수산(예산), 양촌(논산), 주미산(공주)	12
	전북	와룡(장수), 세실(임실), 고산(완주), 남원흥부골(남원), 방화동(장수), 무주(무주), 데미샘(진안), 성수산(임실), 향로산(무주)	9
	전남	백아산(화순), 유치(장흥), 제암산(보성), 팔영산(고흥), 백운산(광양), 가학산(해남), 한천(화순), 주작산(강진), 다도해(신안), 순천(순천), 본황산(여수), 구례산수유(구례)	12
	경북	청송(청송), 토함산(경주), 불정(문경), 군위장곡(군위), 구수곡(울진), 성주봉(상주), 계명산(안동), 금봉(의성), 송정(칠곡), 옥성(구미), 운주승마(영천), 안동호반(안동), 비학산(포항), 수도산(김천), 미숭산(고령), 홍림산(영양), 독용산성(성주), 팔공산(칠곡)	18
	경남	용추(함안), 거제(거제), 금원산(거창), 오도산(합천), 대운산(양산), 산삼(함양), 대봉산(함양), 한방(산청), 화왕산(창녕), 구재봉(하동)	10
	제주	교래(제주), 붉은오름(서귀포)	2
사유	대구	포레스트12(달성), 허브힐즈(달성)	2
	울산	간월(울주)	1
	경기	청평(가평), 설매재(양평), 국망봉(포천), 장흥(양주)	4
	강원	둔내(횡성), 두릉산(홍천), 주천강변(횡성), 횡성(횡성), 피노키오(원주)	5
	충남	대둔산 자연(금산), 서대산약용(금산)	2
	전북	남원(남원)	1
	전남	무등산 편백(화순), 느랭이골(광양), 장성 숲체원(장성)	3
	경북	학가산 우래(예천), 칠곡 숲체원(칠곡)	2
	경남	원동(양산), 중산(산청), 덕원(하동)	3

주: 자료는 산림청, 2018년 12월 31일 기준
자료: 문화체육관광부, 2018년도 관광동향에 관한 연차보고서, 2019, pp.277-280.을 참고하여 작성함.

5) 어촌 관광자원

어촌(漁村)은 대부분 해양의 연안과 도서에 위치하고 있으며, 집촌(集村)의 형태를 취하는 경우가 많다. 쾌적한 연안환경의 조성을 목적으로 연안지역에 대한 조성사업을 추진하고 있으며, 연안 정비는 해안접근로 정비, 해수관로 정비 및 친수 연안 조성사업을 시행하였다. 또한 생태적 가치가 뛰어난 연안습지 및 해양 생태계에 대한 관광자원화를 위한 사업이다.

도시민의 관광·레저 수요가 증가하고 있으며, 자연경관이 수려하고 부존자원의 활용효과가 기대되는 어촌지역으로 유치하여 국민정서의 함양은 물론 어촌의 유휴 노동력을 대상으로 고용기회를 창출하는 등 어업 이외 소득 증대를 도모하기 위해 전국 연안에 접하고 있는 시·군·구를 대상으로 어촌 관광개발 사업을 추진하고 있다.

〈표 8-8〉 어촌 체험마을

지역	시·군(마을 명)	비고
부산	강서구(대항 마을), 영도구(동삼 마을)	2
인천	중구(큰무리 마을, 포내 마을, 마시안 마을), 서구(세어도 마을)	4
울산	동구(주전 마을), 북구(우가 마을)	2
경기	화성시(궁평 마을, 백미리 마을), 안산시(선감 마을, 종현 마을, 풍도 마을), 시흥시(오이도 마을), 연천군(가람애 마을)	6
강원	삼척시(장호마을, 갈남 마을, 궁촌마을), 양양군(남애 마을, 수산마을), 고성군(오호 마을), 속초시(장사 마을), 강릉시(심곡 마을, 소돌 마을)	9
충남	서천군(월하성 마을), 태안군(만대 마을, 대야도 마을, 용신마을, 병술만 마을), 보령시(무창포 마을, 장고도 마을, 삽시도 마을), 서산시(중리 마을, 웅도 마을)	10
전북	고창군(하전 마을, 만돌 마을, 장호 마을), 부안군(모항 마을), 군산시(신시도 마을)	5
전남	여수시(안도 마을, 적금 마을, 외동 마을, 개도 마을), 순천시(거차 마을), 무안군(송계 마을), 진도군(죽림 마을, 접도 마을), 강진군(하저 마을, 서중 마을, 백사 마을), 장흥군(신리 마을, 사금 마을, 수문 마을), 해남군(사구 마을, 오산 마을, 산소 마을), 신안군(둔장 마을), 고흥군(풍류 마을), 완도군(북고 마을, 도락 마을, 보옥 마을), 함평군(석두 마을)	23
경북	경주시(연동 마을), 포항시(신창 2리 마을), 울진군(거일 1리 마을, 나곡1리 마을, 구산 마을, 기성 마을, 해빛뜰)	7

| 경남 | 거제시(도장포 마을, 계도 마을, 쌍근 마을, 이수도 마을, 다대 마을, 산달도 마을, 탑포 마을), 사천시(다맥 마을), 창원시(고현 마을), 고성군(동화 마을), 통영시(유동 마을, 연명 마을, 궁항 마을, 예곡 마을), 남해군(지족 마을, 문항 마을, 냉천 마을, 은점 마을, 유포 마을, 항도 마을, 이어 마을, 설리 마을), 하동군(대도 마을) | 23 |
| 제주 | 제주시(하도 마을, 구엄 마을), 서귀포시(강정 마을, 사계 마을, 위미 1리 마을, 법환 마을) | 6 |

주: 자료 해양수산부, 2018년 12월 31일 기준
자료: 문화체육관광부, 2018년도 관광동향에 관한 연차보고서, 2019, pp.269-272.를 참고하여 재작성함.

6) 안보관광지

안보관광지는 6·25 전적지와 민통선 일대에 잘 보전된 자연경관 및 전적지를 관광자원으로 개발·활용함으로써 전후 세대에게는 올바른 역사에 대한 의식을 함양하는 장으로 활용하고, 우리나라를 방문하는 외국인 관광객에게는 특색 있는 관광경험을 제공하는 데 목적이 있다.

정부에서는 그동안 통상적으로 제공해왔던 전망 위주의 안보관광에서 전망대 부근의 철책 일부를 직접 답사하게 하는 체험식 관람이 방문객들에게 좋은 반응을 얻고 있다.

지방자치단체에서는 최근 안보관광지 개발을 위한 각종 사업을 추진하고 있으며, 기존의 군 지역의 전망대를 평화·생태관광의 세계적 랜드마크로 활용한다는 목적으로 활용한다는 인식으로 변화되고 있다.

또한 지방자치단체에서는 민통선의 안보관광지를 활용한 마라톤 대회, MTB (mountain bike)대회, 겨울 얼음 낚시대회, 철인3종 경기 등을 개최하여 관광객들을 유치하고 있으나 천연기념물로 지정된 조수류의 활동지역까지 개방함으로써 지역 환경단체들의 반발을 사고 있기도 하다. 정부(문화재청)에서는 비무장지대 및 그 주변을 세계자연유산으로 등재하려는 정책도 추진하고 있다.

〈표 8-9〉 안보 관광지

구분	관광지명	비고
육군	도라 전망대 · 제3땅굴 · 해마루 촌 · 허준 묘역, 평화 전망대 · 제2땅굴 · 철원 근대문화유적센터 · 철원 DMZ 평화문화광장, 열쇠 전망대, 상승 전망대, 승전 전망대, 을지 전망대, 칠성 전망대, 승리 전망대, 태풍 전망대, 고성 통일전망대, 제4땅굴, 백마고지 전적지, 육군박물관	19
해군	애기봉 전망대, 강화도 평화전망대, 백령도 전망대, 평택 안보 공원, 천안함 기념관, 연평도 포격전 전승기념관, 포항역사관, 해군박물관	8
공군	철매역사관, 공군박물관	2

주: 자료 국방부, 2018년 12월 31일 기준
자료: 문화체육관광부, 2018년도 관광동향에 관한 연차보고서, 2019, pp.284-285을 참고하여 재작성함.

3. 문화관광 사업

1) 문화관광 축제

관광의 경쟁력은 차별화에서 시작된다. 한 고장의 개발 잠재력은 그 지역의 자연자원을 비롯하여 지역주민의 삶의 흔적을 고스란히 간직하고 있는 역사·문화자원에 있으며, 이 같은 자원을 활용할 수 있는 사업이 바로 관광이다.

다른 지역과의 차별화는 그 지역만이 가지고 있는 특색에서 발굴되어야 한다. 일부 지방자치단체와 관련 기업들이 독특한 발상의 전환을 통해서 성공을 거두는 사례가 많아지고 있으며, 다른 지역과 차별화된 자원이나 문화적인 특성을 고려한 이벤트 사업은 단순한 관광의 수익뿐만 아니라 고장의 농산물이나 특산물의 판매량을 증가시켜 지역경제에 큰 도움을 주고 있다.

농촌·어촌·산촌의 생활들이 도시민들에게는 새로운 체험 대상으로 부각되고, 접근하기 어려웠던 지역이 관광과 휴양의 가치로 재조명되면서 지역발전에 있어서 관광의 역할이 중요시되고 있으며, 발전하고 있다.

지방화 시대의 관광정책의 수행에서 가장 중요한 핵심적인 요소는 개성과 참여이다. 지방 고유의 개성을 구현하는 관광개발은 소비자들의 새로운 관광욕구를 만족시켜줄 수 있으며, 주체성(identity) 확립 및 애향심 고취에도 중요하게 작용할 것이다. 또한 지역 특성을 살린 관광지 조성은 지역주민의 참여를 통해서 가장 효과적으로 반영할 수 있으며, 지역주민의 경제적 이익 및 관광을 활용한 환경을 보호하는 측면에서도 중요하다.

〈표 8-10〉 **문화관광 축제 현황**

지역	축제명	
	2017년도	2020~2021년
서울	한성 백제 문화제(송파구)	
부산	광안리 어방 축제(수영구)	광안리 어방 축제(수영구)
대구	대구 약령시 한방 문화축제(중구)	대구 약령시 한방 문화축제(중구), 대구 치맥 페스티벌
인천	인천 펜타포트 음악축제	인천 펜타포트 음악축제
광주	추억의 7080 충장 축제(동구)	추억의 충장 축제(동구)
대전	대전 효문화 뿌리축제(중구)	
울산	울산 옹기 축제(울주군)	울산 옹기 축제(울주군)
세종		
경기	자라섬 재즈 페스티벌(가평), 수원 화성 문화제(수원), 시흥 갯골 축제(시흥), 안성 맞춤 남사당 바우덕이 축제(안성), 이천 쌀 문화축제(이천)	수원 화성 문화제(수원), 시흥 갯골 축제(시흥), 안성맞춤 남사당 바우덕이 축제(안성), 여주 오곡나루 축제(여주), 연천 구석기 축제(연천)
강원	강릉 커피 축제(강릉), 원주 다이내믹 댄싱 카니발(원주), 정선 아리랑 제(정선), 춘천 마임 축제(춘천), 평창 효석 문화제(평창), 얼음나라 화천 산천어 축제(화천)	강릉 커피 축제(강릉), 원주 다이내믹 댄싱 카니발(원주), 정선 아리랑제(정선), 춘천 마임 축제(춘천), 평창 송어축제(평창), 평창 효석 문화제(평창), 횡성 한우축제(횡성)
충북	괴산 고추 축제(괴산)	음성 품바 축제(음성)
충남	강경 젓갈 축제(논산), 부여 서동 연꽃 축제(부여), 해미읍성 역사 체험 축제(서산)	해미읍성 역사 체험 축제(서산), 한산 모시 문화제(한산)
전북	고창 모양성제(고창), 무주 반딧불 축제(무주), 순창 장류 축제(순창), 완주 와일드 푸드 축제(완주)	순창 장류 축제(순창), 임실 N 치즈 축제(임실), 진안 홍삼축제(진안)
전남	강진 청자 축제(강진), 김제 지평선 축제(김제), 담양 대나무 축제(담양), 보성 다향 대축제(보성), 영암 왕인 문화축제(영암), 정남진 장흥 물 축제(장흥), 진도 신비의 바닷길 축제(진도)	담양 대나무 축제(담양), 보성 다향 대축제(보성), 영암 왕인 문화축제(영암), 정남진 장흥 물 축제(장흥)

경북	고령 대가야 체험 축제(고령), 문경 전통 찻사발 축제(문경), 봉화 은어축제(봉화), 포항 국제 불빛 축제(포항)	봉화 은어축제(봉화), 청송 사과축제(청송), 포항 국제 불빛 축제(포항)
경남	밀양 아리랑 대 축제(밀양), 산청 한방약초 축제(산청), 통영 한산대첩 축제(통영)	밀양 아리랑 대 축제(밀양), 산청 한방약초 축제(산청), 통영 한산대첩 축제(통영)
제수	제수 늘불 축제	제주 들불 축제

자료: 문화체육관광부 및 여행신문(2020.01.02.) 자료를 참조하여 작성함.

2) 문화관광 프로그램

지방자치시대에 있어서 관광이란 먼저 지역 주민이 지역문화에 의미를 부여하고 참여하는 여건을 조성하는 데 있으며, 이러한 관광지는 인공적으로 만들어지는 자원이 아니라 기존의 자원을 활용하여 특색을 부각시키는 것이라고 할 수 있다.

관광객들은 다른 지방에서는 볼 수 없는 그 지역만의 토속적인 것에 대한 관심이 증가하고 있으며, 국적과 의미가 불투명한 물리적인 편익시설 중심으로 제공한다면 그 지역에 살고 있는 주민에게까지도 의미 없는 장소로 인식될 수밖에 없다.

문화관광 프로그램은 전국 각 지역의 관광과 연계한 공연예술을 상설 관광상품으로 개발하여 국내·외 관광객에게 다양한 볼거리 및 즐길 거리를 제공하고, 이를 관광상품화하여 외국인 관광객 유치 확대 및 관광목적지 다변화를 위해 추진하고 있다. 문화관광 축제가 일주일 정도의 단기간 동안 관광객을 집중적으로 유치하기 위한 것이라면 상설프로그램은 관광객이 장소에 도착해서 공연을 볼 수 있도록 한다는 점에서 문화관광 축제와 상호보완적인 상품이라고 할 수 있다.

〈표 8-11〉 문화관광 프로그램

지역	프로그램	주최	기간 및 장소
부산	토요상설 전통 민속놀이마당	부산시	• 4~11월(7, 8월은 제외)/매주 토요일 • 용두산 공원 야외무대 및 광장
대구	옛 골목은 살아있다	대구시	• 5~6월/9~10월 매주 토요일 • 중구 계산동 이상화·서상돈 고택 일원
울산	태화루 누각 상설공연 및 전통 문화놀이 체험	울산시	• 4~5월/9~10월 토요일 • 태화루 누각 및 태화 마당
경기	화성행궁 상설한마당	수원시	• 4~10월/매주 토, 일요일 • 수원 화성 행궁
	안성 남사당놀이 상설공연	안성시	• 3~11월(71회)/매주 토, 일요일 • 안성 남사당 전용공연장
강원	정선 아리랑극	정선군	• 4~11월 • 아리랑센터 야외공연장
충북	난계 국악단 상설공연	영동군	• 1~12월/매주 토요일 • 영동 국악체험촌 우리 소리관 공연장 등
충남	국악 가, 무, 악, 극	부여시	• 3~10월/매주 토요일 • 국악의 전당 등
	웅진성 수문병 근무교대식	공주시	• 4~10월(6~8월 제외)/매주 토, 일요일 • 공주시 공산성 금서루 일원
전북	신관사또 부임행사	남원시	• 4~10월 매주 토, 일요일 • 광한루원·남원루
	상설 문화관광프로그램 "필봉 GOOD! 보러가세"	임실군	• 4~8월/목, 금요일 • 임실필봉농악 전수교육관 야외공연장 및 실내공연장
전남	진도 토요민속여행	진도군	• 3~11월/매주 토요일 • 진도 향토문화회관
경북	하회 별신굿 탈놀이 상설공연	안동시	• 1~12월/기간별 상영 요일 상이 • 하회마을 하회 별신굿 탈놀이 전수 교육관
경남	무형문화재 토요상설공연	진주시	• 4~11월/매주 토요일 • 진주성 야외공연장 등
	화개장터 최참판 댁 주말 문화 공연	하동군	• 3~11월/매주 토, 일요일 • 화개장터, 최참판 댁 행랑채

주: 2018년 12월 31일 기준
자료: 문화체육관광부, 2018년도 관광동향에 관한 연차보고서, 2019, p.232.을 참고하여 작성함.

4. 여행상품 개발사업

1) 테마여행

내국인과 인바운드(in-bound) 관광의 대부분은 서울과 수도권 위주의 관광에 집중되어 있다. 관광객이 집중되고 있는 만큼 안내, 숙박 등 관광 인프라도 집중될 수밖에 없으며, 우리나라의 각 지역에 매력적인 관광지로 충분히 발전할 수 있는 곳들이 많음에도 불구하고 홍보와 투자 부족 등으로 활용되지 못하는 경우가 많다.

대부분의 지역 및 도시는 일부를 제외하고는 낮은 인지도를 갖고 있기 때문이며, 경쟁력 확보를 위해서는 차별화를 위한 브랜드를 개발하여 인지도를 높이고 수요시장 내에서 잠재 방문객을 유인하는 것이 매우 중요하다고 하겠다.

지역관광 브랜드는 지역 및 도시가 가지는 다양한 기능, 시설, 서비스 등에 의해 다른 지역 및 도시와 구별되는 상태이다. 관광에서의 홍보는 지역으로의 보다 많은 관광객을 유인하고 그로 인한 사회·문화적 효과를 거두기 위한 노력의 일환으로 특히 경제적 실익을 추구하는 과정에서 가정 효과적인 수단이 될 수 있다.

지방자치단체가 다양한 관광자원과 인프라를 갖고 있는 지역 및 도시와 경쟁하기 위해서 타 지역의 관광지와 협업·연계하여 시너지(synergy) 효과를 내는 방안이 필요하다. 그동안의 관광에 대한 지원은 중앙정부와 지방자치단체가 주로 개별 지방자치단체와 개별 관광지 위주로 진행해 왔으며, 관광지에 대한 홍보도 각 지방자치단체별로 진행함으로써 시너지를 낼 수 있는 기회를 충분히 살리지 못해 왔다.

따라서 정부에서는 내·외국인이 다시 찾는 분산형·체류형 선진관광지 육성을 위하여 권역을 설정하고 지방자치단체의 관광명소를 중심으로 부족한 사항에 대한 종합적인 개선을 지원하고 지역 및 관광명소 간 연계 구축을 하는 '대한민국 테마여행 사업을 추진(2017년)하게 되었다.

〈표 8-12〉 테마 여행(10선)사업

권역	권역병칭	선정지역	비고
1	평화역사 이야기여행	인천, 파주, 수원, 화성	
2	드라마틱 강원여행	평창, 강릉, 속초, 정선	
3	선비 이야기 여행	대구, 안동, 영주, 문경	
4	남쪽 빛 감성여행	부산, 거제, 통영, 남해	
5	해돋이 역사기행	울산, 포항, 경주	
6	남도 바닷길	여수, 순천, 보성, 광양	
7	시간여행 101	전주, 군산, 부안, 고창	
8	남도 맛 기행	광주, 목포, 담양, 나주	
9	위대한 금강 역사여행	대전, 공주, 부여, 익산	
10	중부내륙 힐링 여행	단양, 제천, 충주, 영월	

자료: 문화체육관광부, 2018년도 관광동향에 관한 연차보고서, 2019, p.245.를 참고하여 작성함.

2) 걷기여행길

걷기여행길 사업은 길 자원을 중심으로 지역의 역사·문화, 자연·생태 자원을 체험할 수 있도록 조성 및 관리하고 이를 관광 콘텐츠화하는 사업으로 다양하게 분포된 관광자원을 네트워크화하며 도보관광 수요증가에 따른 여행문화 창출에 기여하고자 하는 사업이다.

걷기여행길 사업(2016년)은 정비와 관리 및 활성화 사업을 분리하였으며, 정비 사업은 지방의 특별회계로 이관하고, 사업의 중심축은 걷기여행길 관리 및 활성화 에 중점을 두게 되었다.

걷기여행길 사업의 일환으로 해파랑 길을 개통하여 전국 걷기축제를 개최하였 으며, 걷기·자전거 복합 체류형 프로그램도 개발·운영하고, 청소년 문화학교를 운영하는 등 내국인은 물론 외국인 관광객도 유치하게 되었다.

특히 걷기여행 수요 증가에 부응하여 동·서·남해안 및 비무장(DMZ) 지역의 기존의 길들을 연결하여 장거리 걷기여행길 네트워크를 구축(2016년)하여 관광 콘 텐츠화하고 이를 통해 지역경제를 활성화하기 위해 코리아 둘레길(가칭)사업 계획 이 발표되었다.

코리아 둘레길 사업을 시범사업으로 추진(2017년)하면서, 민간 주도 및 지역 중심의 기본 방향을 수립하고, 남해안(부산-순천)의 걷기여행길과 주변 문화·역사·관광 자원들을 조사하여 다양한 문화예술 자원과의 만남을 주요 테마로 하는 코스를 설정하였다.

걷기여행길 사업이 지속 기능하면서도 효율적인 관리 및 운영빙안을 마련하기 위해서 전국의 걷기 여행길 실태조사를 실시하여 민·관이 협력하는 관리·운영 모델을 도출하여 활성화하고자 하고 있다.

〈표 8-13〉 걷기여행길

구분	탐방로 명	지역
걷기여행길 활성화 (프로그램, 공모)	절영해안 누리길	부산광역시 영도구
	해파랑길 7코스	울산광역시 본청
	강동 사랑길	울산광역시 북구
	학성 역사체험 탐방로	울산광역시 중구
	금강산 가는 옛길	강원도 양구군
	봄내길	강원도 춘천시
	화천 산소길	강원도 화천시
	호반나들이길	경상북도 안동시
	호미반도 해안둘레길	경상북도 포항시
	회남재 숲길	경상남도 하동군
인프라 구축 (관광기금, 지정)	옥천 장계관광단지 탐방로	충청북도 옥천군
탐방로 안내체계 구축 (지역특별회계, 관광자원개발- 생활계정)	이야기가 있는 강화 나들길 명품코스 개발 사업	인천광역시 강화군
	해파랑길 탐방로 안내체계 구축	울산광역시 동구
	모락산 둘레길 정비	경기도 의왕시
	임진강변 생태탐방로 정비	경기도 파주시
	횡성호수길 안내체계 구축	강원도 횡성군
	단종대왕 유배길 안내체계 구축	강원도 영월군
	소이산 생태숲 녹색길	강원도 철원군

구불길 정비	전라북도 군산시
영산강, 강변문학길 조성	전라남도 함평군
올레 탐방로 정비	제주자치도 제주시, 서귀포시
호수공원 숲속산책길 정비	세종특별자치시 본청

주: 2017년 12월 31일 기준
자료: 문화체육관광부, 2017년도 관광동향에 관한 연차보고서, 한국문화관광연구원, 2018, p.264.를 참고
     하여 작성함.

5. 관광산업 지원

1) 관광객 유치 지원

지방자치시대에 지역경제를 활성화하기 위한 정책개발은 지방자치단체의 최대 숙원사업이다. 관광목적지의 홍보나 마케팅을 언급하면서 전략적 수행방법이 수반되지 않는 정책은 효율성을 떨어뜨리는 출발점이며, 국가나 도시별로 이루어지는 목적지에 대한 마케팅·홍보 노력을 통한 로케이션 브랜딩(location branding)은 중요한 전략이다.

지방자치단체의 경쟁력은 지역 이미지 향상을 통한 상호교류의 증진에서 비롯되며, 이미지 광고를 비롯한 홍보활동이나 각종 이벤트를 개최하여 지역 알리기에 매진하는 것도 결국 상호교류를 증진시키기 위한 의도라고 볼 수 있다.

경쟁력이란 교류빈도에 의해 평가되는 인적교류나 문화교류의 폭이 확대되면서 신뢰도가 형성되고 높아지면서 투자와 경제교류까지 활발해질 수 있기 때문이다.

관광행위는 관광자원의 유인력과 관광마케팅이라는 활동이 종합적으로 나타나는 현상으로 전략적이고 통합적인 활동이 필요하다.

관광의 이미지가 정립이 되었다면 자원의 매력성을 효과적으로 전달하고 관광객을 유인하는 것이 필요하며, 유인하는 것으로 만족할 것이 아니라 여행 수요자가 믿고 이용할 수 있도록 관광 상품의 품질을 유지·관리하는 것도 지역 관광이미지 정립에 있어서 중요한 역할을 한다.

관광을 효율적으로 발전시키고 내·외국인들의 지역에 유치함으로써 소비를 촉진시켜 지역경제를 활성화하기 위한 방안으로 지방자치단체는 인센티브 제도를

도입하여 지원하고 있다.

〈표 8-14〉 **인센티브 지원 사례**

지역	지자체	지원내용	지원금액	신청기간
서울	마포구	외국인 단체관광객 유치	3천만 원	1월 1일~12월 31일
부산	부산광역시	외국인 관광객 유치	9억 원	1월 1일~12월 6일
	부산진구	단체 관광객 유치	1천만 원	1월 1일~12월 31일
대구	대구광역시	외국인 단체관광객 유치	2억 9천만 원	1월 1일~12월 31일
	수성구	단체 관광객 유치 여행사	1억 5천만 원	1월 1일~12월 31일
인천	인천광역시	단체 관광객 유치 여행사	3억 원	1월 1일~12월 31일
		단체 관광객 유치 여행사	1억 5천만 원	6월 1일~12월 31일
	중구	단체 관광객 유치 여행사	1천만 원	9월 10일~12월 31일
		외국인 단체관광객 유치	2천만 원	1월 1일~12월 31일
광주	광주광역시	외국인 단체관광객 유치	1억 5천만 원	1월 1일~12월 31일
	북구	단체 관광객 유치 여행사	1천만 원	1월 1일~12월 31일
울산	울산광역시	단체 관광객 유치 여행사	6억 원	1월 1일~12월 31일
	중구	단체 관광객 유치 여행사	1천만 원	1월 1일~12월 31일
대전	대전광역시	단체 관광객 유치 여행사	4천만 원	6월 1일~12월 31일
경기	수원시	외국인 단체관광객 유치	5천만 원	1월 1일~12월 31일
	화성시	국내외 단체 관광객 유치	200만 원	1월 18일~12월 31일
강원	강원도	외국인 관광객 유치 상품 지원		2월 22일~12월 31일
	홍천군	단체 관광객 유치	1천만 원	1월 1일~12월 31일
	강릉시	외국인 단체관광객 유치	1억 원	1월 1일~12월 31일
	삼척시	단체 관광객 유치 여행사	5천만 원	1월 1일~12월 31일
	고성군	단체 관광객 유치 여행사	1천만 원	1월 1일~12월 31일
충청북도	충청북도	단체 관광객 유치 여행사	6억 원	1월 1일~12월 20일
	충청북도	MICE 개최 지원	2천만 원	2월 22일~12월 20일
	충주시	단체 관광객 유치 여행사	3천만 원	1월 1일~12월 20일
	제천시	단체 관광객 유치 여행사	7천만 원	1월 1일~12월 20일
충청남도	충청남도	외국인 단체관광객 유치	1억 5천만 원	1월 1일~12월 31일
	충청남도	국내 단체관광객 유치 여행사	5천만 원	8월 12일~12월 20일
	청양군	단체 관광객 유치 여행사	2천만 원	1월 1일~12월 31일

전라 북도	고창군	단체 관광객 유치 여행사	1천만 원	1월 1일~12월 31일
	익산시	단체 관광객 유치 여행사	2천만 원	2월 20일~12월 10일
	전주시	단체 관광객 유치 여행사	4천만 원	8월 5일~11월 30일
전라 남도	전라남도	단체 관광객 유치 여행사	9억 7천2백만 원	1월 1일~12월 15일
	구례군	단체 관광객 유치 여행사	4천만 원	1월 1일~12월 31일
	목포시	단체 관광객 유치 여행사	1억 8천만 원	1월 1일~12월 31일
	완도군	단체 관광객 유치 여행사	2억 3천만 원	1월 1일~12월 31일
	광양시	단체 관광객 유치 여행사	1억 원	1월 1일~12월 31일
	무안군	단체 관광객 유치 여행사	3천만 원	2월 1일~12월 10일
	곡성군	단체 관광객 유치 여행사	800만 원	3월 1일~12월 31일
	여수시	사후 면세점 관광활성화 장려금	1천만 원	1월 30일~12월 31일
	장성군	단체 관광객 유치 여행사	2천만 원	6월 1일~12월 31일
	완도군	단체 관광객 유치 여행사	1억 원	9월 1일~12월 31일
경상 북도	경상북도	단체 관광객 유치 여행사	5억 원	1월 1일~12월 31일
	울진군	외국인 단체관광객 유치	8천만 원	1월 1일~12월 31일
	포항시	겨울철 단체관광객 유치	5천만 원	1월 1일~12월 31일
	영천시	단체 관광객 유치 여행사	1천만 원	1월 1일~12월 31일
	경주시	단체 관광객 유치 여행사	1억 5천만 원	1월 1일~12월 31일
	울주군	단체 관광객 유치 여행사	5천만 원	1월 1일~12월 31일
	의성군	단체 관광객 유치 여행사	4천만 원	1월 1일~11월 30일
	울주군	단체 관광객 유치	5천만 원	7월 18일~12월 31일
경상 남도	경상남도	단체 관광객 유치 여행사	8천만 원	1월 1일~12월 20일
	통영시	단체 관광객 유치 여행사	6천만 원	1월 1일~12월 31일
	창원시	단체 관광객 유치 여행사	1억 원	1월 1일~12월 31일
	사천시	단체 관광객 유치 여행사	2억 원	1월 1일~12월 31일
	김해시	단체 관광객 유치 여행사	6천만 원	1월 1일~12월 20일
경기	농어촌공사	외국인 농촌여행상품 지원		3월 4일~12월 15일
		농촌여행상품(내국인) 운영지원		3월 4일~11월 30일
강원	원주공항	공항 이용객 인센티브 지원	1억 원	3월 5일~12월 31일

주: 전국적인 지방자치단체의 정보는 아님(2019년 기준임)
자료: 한국여행업협회(KATA)의 자료를 참고하여 작성함.

2) 관광두레 사업

정부에서는 지방자치단체의 관광환경을 조성하고 관광활성화를 도모하기 위하여 주민·사업자·지방자치단체가 관광활성화의 주도적 역할을 담당할 수 있는 여건을 조성하기 위하여 지역협의공동체(LTB: Local Tourism Board)를 구성하여 지역관광의 주체로서 그 역할을 수행할 수 있도록 하고 있다.

지방자치단체는 주민들이 자율적으로 관광 잠재력을 극대화하는 캠페인을 전개하고, 지역공동협의체 간 네트워크를 조성하고 우수한 협의체에 인센티브를 부여하는 등 자율적인 참여를 유도하여 협의체가 수립한 관광육성 계획 또는 사업의 타당성을 검토하여 개발·홍보비용을 지원한다는 계획이다.

. 그림 8-2 **관광두레 네트워크**

자료: 문화체육관광부, 2018년 관광동향에 관한 연차보고서, 2019, p.255.

관광두레 사업은 중앙과 지방 간의 조직적인 네트워크를 구축하는 것도 중요하지만 주민공동체 간 네트워크를 통해 공동체 의식을 함양하고 지역관광을 활성화하는 데 주요 목적이 있다. 사업을 경영하는 관광두레 주민 공동체 조직을 활성화하기 위해서는 주민 공동체 조직 자체에 대한 사업지원보다는 이를 육성하는 지원조직에 대한 정책이 중요하다고 제시하고 있다.

지방자치단체의 관광객 유치를 위하여 시작한 관광두레 사업(2013년)은 지역 주민들이 공동체를 기반으로 지역을 방문하는 관광객을 대상으로 숙박과 식음(食飮), 여행알선, 운송, 오락과 휴양과 같은 비즈니스를 경영하는 사업체를 지원하고 발전하도록 하는 것이며, 주민공동체가 경영하는 사업체 간 네트워크를 형성하도록 해서 경쟁력과 지속 성장을 도모하기 위한 정책이다.

CHAPTER

09

BUSINESS TOURISM

여행과 교통사업

CHAPTER
09

여행과 교통사업

제 **1** 절 **여행업**

1. 여행업의 의의

여행업의 정의는 법률적인 정의와 현상적인 정의로 구분하여 살펴볼 수 있다. 법률적인 정의는 관광관련 법규가 제정 및 개정되면서 현실적으로 법적으로 규정되어 있는 개념을 포함시키면서 그 정의도 변화되어 왔다고 할 수 있다.

일반적으로 여행업이란 관광객을 유치하여 운수업자나 관광시설업자 또는 관광숙박업자에게 여행의 편의를 알선하는 사업이라고 정의하고 있다. 또한 여행자와 여행시설업자의 사이에서 거래상의 불편을 덜어주고 중개해 줌으로써 그 대가를 받는 기업이라고 정의하고 있으며, 여행상품을 생산하고 관광객을 안내하며 관광객과 관광 관련사업자(principal)를 위하여 상호 알선하고, 관광관련 사업자의 사용권을 매매하며, 기타 관광에 필요한 업무를 수행하는 기업이라고 정의하고 있다.

> **관광관련사업자(principal)**
>
> 관광사업을 경영하는 사업자로서 또는 여행사의 대리자의 입장에서 말할 때 사용하는 말로서 예컨대 운송업자, 관광숙박업자, 관광객이용시설업자를 비롯하여 관광객이 이용할 수 있는 회사를 의미한다.

관광진흥법에서의 여행업이란 여행자 또는 운송시설·숙박시설, 그 밖에 여행과 관련된 시설의 경영자 등을 위하여 그 시설 이용 알선이나 계약체결의 대리,

여행에 관한 안내, 그 밖의 여행편의를 제공하는 업이라고 정의하고 있다.

관광사업의 한 종류인 여행업은 관광진흥법에 따르면 등록을 하도록 하고 있는데, 행정상의 등록을 받지 아니하면 아무리 경영할 수 있는 자본과 능력이 구비되어 있어도 영업행위를 할 수 없다는 것이다.

여행업은 관광진흥법에 의하여 반드시 등록을 해야 하며, 관광사업자로서 영업행위를 하기 위해서는 영업실시 이전에 보증보험 등에 가입해야 한다.

여행업의 운영

여행업을 운영하기 위해서는 법의 규정에 따라서 등록을 해야 하며, ① 사업계획서, ② 신청인(법인의 경우에는 대표자 및 임원)이 내국인인 경우에는 성명 및 주민등록번호를 기재한 서류, ③ 부동산의 소유권 또는 사용권을 증명하는 서류, ④ 자본금은 일반여행업의 경우 1억원 이상, 국외여행업의 경우 3천만원 이상, 국내여행업의 경우 1천500만원 이상으로 한다.

보험 등의 가입

여행업의 등록을 한 자는 사업을 시작하기 전에 여행계약의 이행과 관련한 사고로 인하여 관광객에게 피해를 준 경우 그 손해를 배상할 것을 내용으로 하는 보증보험 또는 공제에 가입하거나 영업보증금을 예치하고 그 사업을 하는 동안 이를 유지하여야 한다.

또한 영업활동과 관련한 기획여행 제도, 국외여행 인솔자의 자격조건, 여행계약 등과 같은 규정을 준수해야 한다.

기획여행

여행업을 경영하는 자가 기획여행을 실시하고자 하여 광고를 하려는 경우에는 다음 각 호의 사항을 표시하여야 한다. 다만, 2가지 이상의 기획여행을 동시에 광고하는 경우에는 다음 각 호의 사항 중 내용이 동일한 것은 공통으로 표시할 수 있다. ① 여행업의 등록번호 · 상호 및 소재지 및 등록관청, ② 기획여행명 · 여행일정 및 주요 여행지, ③ 여행경비, ④ 교통 · 숙박 및 식사 등 여행자가 제공받을 서비스의 내용, ⑤ 최저 여행인원, ⑥ 보증보험 등의 가입 또는 영업보증금의 예치 내용, ⑦ 여행일정 변경 시 여행자의 사전 동의 규정, ⑧ 여행목적지(국가 및 지역)의 여행경보단계이다.

국외여행인솔자의 자격

여행업자가 내국인의 국외여행을 실시할 경우 여행자의 안전 및 편의 제공을 위하여 그 여행을 인솔하는 자를 둘 때에는 다음의 어느 하나에 해당되는 자격을 갖추어야 한다. ① 관광통역안내사 자격을 취득할 것, ② 여행업체에서 6개월 이상 근무하고 국외여행 경험이 있는 자로서 문화체육관광부 장관이 정하는 소양교육을 이수할 것, ③ 문화체육관광부장관이 지정하는 교육기관에서 국외여행 인솔에 필요한 양성교육을 이수할 것.

여행계약

여행계약이란 ① 여행업자는 여행자와 여행 계약을 체결할 때에는 여행자를 보호하기 위하여 문화체육관광부령으로 정하는 바에 따라 해당 여행지에 대한 안전정보를 서면으로 제공하여야 한다. 해당 여행지에 대한 안전정보가 변경된 경우에도 또한 같다. ② 여행업자는 여행자와 여행계약을 체결하였을 때에는 그 서비스에 관한 내용을 적은 여행계약서(여행일정표 및 약관을 포함한다) 및 보험 가입 등을 증명할 수 있는 서류를 여행자에게 내주어야 한다. 여행업자가 여행일정(선택관광 일정을 포함한다)을 변경하려면 문화체육관광부령으로 정하는 바에 따라 여행자의 사전 동의를 받아야 한다.

2. 여행업의 업무

여행업의 주요 업무는 다음과 같다. ① 여행상담 ② 여행수속 ③ 예약과 수배 및 발권 ④ 관광안내 ⑤ 여행상품 기획 등으로 분류하고자 한다.

1) 여행상담

여행하고자 하는 고객은 여행지역의 안전정보는 물론 교통, 숙박, 식사, 관광자원을 비롯하여 여행출발과 도착, 현지에서의 기본적인 여행 관련 정보를 필요로 한다. 여행상담 업무는 여행을 희망하는 경우 여행자가 여행사를 방문하는 경우와 전화 등 다양한 방법에 의해서 발생되는데, 여행사의 이미지를 좌우하는 중요한 역할을 한다. 따라서 상담자는 여행상품에 대한 풍부한 지식과 상품가격, 일정, 여행수속과 예약에 관한 사항, 운송교통에 관한 정보, 여행조건 등에 대해서 숙지가 필요하며, 고객응대를 위한 서비스 자세가 필요하다. 최근에는 정보통신의 발달로 인하여 직접 방문하지 않고 전화 상담을 하는 고객들도 많아지고 있어, 친절하고 신속하게 응대함으로써 기업의 이미지가 손상되지 않도록 하는 것이 중요하다.

2) 여행수속

여행수속 업무는 해외여행에 있어서 가장 기본적인 업무인 여권(passport) 및 비자(visa)발급 등과 관련된 업무를 말한다. 해외여행 수속대행은 여행자로부터 소정의 수속 대행요금을 받기로 약정하고, 여행자의 위탁에 따라 사증(visa), 재입국 허가 및 각종 증명서 취득에 관한 수속 업무, 출입국 수속서류 작성 및 기타 관련 업무를 대행하는 것을 말한다.

여권 및 비자 등 여행에 필요한 수속대행 업무는 중요한 비중을 차지하고 있으며, 특히 해외여행의 경우 여권 및 비자는 필수적인 사항이기 때문에 고객들로부터 문의가 많이 올 수 있다.

여행사에서의 수속 업무는 여행을 출발하기 전까지 여행과 관련된 서류를 마련하고 작성하는 일이다. 이러한 업무는 시간적인 제한요인이 있기 때문에 각종 서류의 신청이나, 발급 등 소요되는 일수를 감안하여 계획적이고 능률적으로 업무를 진행시키는 것이 중요하다.

따라서 기본적인 지식과 더불어 구체적인 지식을 갖고 고객에게 응대해야 하며, 보험 관련업무 및 환전수속 업무 등도 여행사에서 대행하는 업무 중의 하나이다.

3) 예약과 수배 및 발권

수배업무는 고객의 요청에 의해서 고객이 희망하는 교통, 숙박시설, 식당 등에 대해서 사전에 예약을 함으로써 여행에 필요한 여러 요소를 확립하고 이들을 조합해서 하나의 여행상품을 만들어내는 업무이다. 즉 여행수배 업무는 여행자의 일정에 맞게 한국 또는 외국현지의 지상부문에서 교통, 숙박, 식당 등의 상품을 통합·조정하고 균형 있는 일정을 진행, 연출하기 위해서 필요한 업무이다.

교통수단에서 항공과 관련되는 업무는 컴퓨터 예약시스템(CRS)를 이용하여 항공권의 예약·발권을 비롯하여 운송, 호텔, 렌터카 등 여행에 관한 종합적인 서비스를 제공하는 업무에 대한 이해와 숙지가 필요하다.

4) 관광안내

관광안내(tourist guide)는 관광행사 진행에 있어서 매우 중요한 부문이다. 관광상품의 품질을 좌우하는 중요한 요소로서 일정한 시험에 합격을 해서 자격증을 취득해야 하며, 평가기준에 맞는 기준을 통과해야 한다. 관광안내를 하기 위해서는 안내하는 대상에 따라서 외국어, 한국어 등과 관련된 능력을 확보해야 하며, 전문지식은 물론 친절함, 판단력, 업무처리 능력이 필요하다.

(1) 관광통역안내사

관광통역이란 외국인이 한국에 입국하여 관광안내를 필요로 할 때 관광통역안내를 받게 된다. 관광통역안내사가 되기 위해서는 일정한 시험에 합격하여 자격을 취득하여야 한다.

> **관광통역 안내사**
>
> 한국을 여행하는 외국인 관광객을 대상으로 관광지 등을 안내하고 여행에 필요한 정보와 서비스를 제공하는 업무를 수행하며, 관광통역 안내사 자격을 취득한 사람을 종사하게 해야 한다.
> 관광통역안내사의 필기 시험과목은 한국사, 관광자원해설, 관광법규, 관광학개론이다.

(2) 국외여행 인솔자

국외여행 인솔자(T/C:Tour Conductor)란 한국인들의 해외여행이 보편화되면서 여행자들이 해외에서의 여행을 안전하게 하기 위하여 도입된 제도로서 해외여행의 출발에서 시작하여 여행이 종료될 때까지의 관광객들을 인솔하는 사람을 지칭한다.

국외여행 인솔자(T/C: Tour Conductor)

한국인이 국외를 여행하는 여행자의 안전과 편의를 제공하는 업무를 수행하며, 자격요건에 맞는 자를 두어야 한다.

(3) 국내여행 안내사

국내여행 안내사는 국내를 여행하는 한국인을 대상으로 관광안내를 하는 사람으로서 한국에 대한 관광, 역사, 지리, 문화등과 관련된 지식을 갖고 있어야 한다.

국내여행 안내사

국내를 여행하는 한국인을 대상으로 명승지나 고적지 안내 등 여행에 필요한 각종 서비스 제공하는 업무를 수행하며, 국내여행 안내사 자격을 취득한자를 종사하도록 권고할 수 있다.
국내여행안내사의 필기시험과목은 한국사, 관광자원해설, 관광법규, 관광학개론이다.

(4) 문화관광해설사

한국의 문화, 역사, 관광에 대한 풍부한 식견을 가지고 관광객들에게 문화유산 현장에서 문화유산에 대한 설명을 해주는 전문가를 말한다.

현장 체험학습을 통해 다양한 활동과 폭넓은 경험의 장을 제공하고, 관광객들에게 해설을 함으로써 문화에 더욱 가까워지는 시간을 가질 수 있게 역사와 유적지에 대한 이해를 돕고 있으며, 우리 고유의 문화유산이나 관광자원, 풍습, 생태 환경 등을 설명하고 해당 지역의 역사나 문화, 관광자료에 대한 해설자료를 수집해서 관광객들에게 자세하게 설명해주는 일을 하게 된다.

> **문화관광해설사**
>
> 문화관광해설사는 관광객들에게 관광지에 대한 전문적인 해설을 제공하는 업무를 수행한다.
> 문화관광해설사의 평가기준은 이론과 실습으로 구분할 수 있다. 이론평가는 기본 소양, 지역의 문화 · 역사 · 관광 · 산업, 외국어(영어, 일본어, 중국어), 컴퓨터, 안전관리 및 응급 처치, 수화(手話), 관광객의 심리 및 특성, 관광객 유형별 특성 및 접근전략이며, 실습은 시나리오 작성, 현장시연(試演) 테스트이다.

5) 여행상품 기획

여행자에게 상품판매가 가능한 상품을 조사하고 기획하며, 여행상품을 개발하여 판매하는 업무기능 등이 있다.

여행상품 기획이란 여행업을 경영하는 자가 여행을 하려는 여행자를 위하여 여행의 목적지, 일정, 여행자가 제공받을 운송 또는 숙박 서비스의 내용과 그 요금 등에 관한 사항을 미리 정하고 이에 참가하는 여행자를 모집하여 실시하는 여행으로서 상품의 기획을 통해서 여행수요를 창출할 수 있다. 최근에는 정책적인 차원에서의 여행상품 개발이 많이 진행되고 있으며, 항공회사뿐만 아니라 호텔, 외국의 관광 관련 조직과의 제휴에 의한 상품들도 개발되고 있다.

3. 여행상품 분류

여행자들에게 제시 판매되는 여행상품은 무형의 상품으로서 서비스업에 공통된 성격으로 생산과 소비가 동시에 이루어지기 때문에 재고(在庫)가 불가능하다. 또한 여행상품은 여행의 그 자체가 요일이나 계절에 좌우되는 요인이 많기 때문에 이용자의 계절 · 요일에 따라서 그 파동이 크다. 특히 모방하기가 쉬운 상품이며, 여행자들의 이용 만족도에 따라 효용차가 크다. 본 내용에서는 여행상품의 종류를 기획여행 상품과 주문여행 상품으로 분류하고자 한다.

1) 기획여행 상품

해외여행의 자유화는 여행사가 상품을 기획하는 여행형태를 탄생시켰으며, 기획여행이란 국외여행을 하려는 여행자를 위하여 여행사가 미리 여행목적지 및 관광일정, 여행자에게 제공될 운송, 숙박 및 식사, 여행관련 서비스, 여행요금을 정하여 광고 또는 기타 방법으로 여행자를 모집하여 실시하는 여행이다.

기획여행 상품의 개발은 여행업과 소비자에게 많은 영향을 끼치게 되었다. ① 기업의 체질을 기다리는(waiting) 판매방법에서 적극적인(push) 판매방법으로 전환시켰다. ② 기획과 선전으로 인한 잠재(potential)수요 개발과 비수기(off-season)의 수요를 환기(喚起)시키게 되었다. ③ 대량의 구입(仕入), 집중 송객(送客)에 따르는 가격인하가 가능하였다. ④ 교통 및 숙박 등 상품들을 사전에 예약을 함으로써 품질관리가 가능해졌다. ⑤ 여행상품을 대량으로 조성을 함으로써 기업의 인건비를 절감할 수 있게 되었다. ⑥ 소비자 입장에서는 여러 가지 상품을 비교·검토하여 상품을 선택할 수 있게 되었다.

국외여행 약관에 의한 용어

- **기획여행**
  여행업자가 국외여행을 하려는 여행자를 위하여 여행의 목적지·일정, 여행자가 제공받을 운송 또는 숙박 등의 서비스 내용과 그 요금 등에 관한 사항을 미리 정하고 이에 참가하는 여행자를 모집하여 실시하는 여행을 말한다. 국외여행업 또는 일반여행업을 하는 여행업자 중에서 기획여행을 실시하려는 자는 추가로 보증 보험 등에 가입하거나 영업 보증금을 예치하고 유지하여야 한다.

- **희망여행**
  개인 또는 단체 여행자가 희망하는 여행조건에 따라 여행사가 운송, 숙식, 관광 등 여행에 관한 전반적인 계획을 수립하여 실시하는 여행이다.

국내여행 약관에 의한 용어

- **희망여행**
  개인 또는 단체 여행자가 희망하는 여행조건에 따라 당사가 운송, 숙박, 식사, 관광 등 여행에 관한 전반적인 계획을 수립하여 실시하는 여행이다.

- **일반 모집여행**
  일반 모집여행이란 여행업자가 수립한 여행조건에 따라 여행자를 모집하여 실시하는 여행이다.

- **점위탁 모집여행**
  위탁(委託) 모집여행이란 여행업자가 만든 상품의 여행자 모집을 타 여행업체에 위탁하여 실시하는 여행이다.

2) 주문여행 상품

주문(order made)여행 상품은 여행자가 희망하는 여행조건에 따라 운송, 숙박과 식사, 관광 등 여행에 관한 전반적인 계획을 수립하여 실시하는 여행으로서 특정 단체(group)로부터 여행지와 여행일정 등을 주문을 받아 견적을 제공하고, 계약을 체결하는 과정을 거친다. 이때 여행사는 해당 랜드(land)사에게 지상 수배를 의뢰하여 견적을 받고, 여기에 다시 적절한 마진을 붙여 고객에게 견적을 제공한다.

주문여행은 여행사의 판촉능력에 의하여 발생하게 되는데, 영업의 관건은 이와 같은 단체를 얼마나 많이 유치하느냐에 달려 있다. 특히 기업체나 단체에서 판매 실적이 우수하거나 사원을 대상으로 사기 증진을 위하여 여행(포상여행, incentive tour)을 시켜주기도 하며, 여행분야에서 가장 중요한 시장이라고 할 수 있다.

4. 여행상품의 가격

일반적으로 상품의 가격은 수요와 공급의 원리에 의해서 결정된다. 여행상품의 가격도 이러한 원리가 적용되고 있다. 여행상품의 가격은 하드(hard)와 소프트(soft) 측면에서 그 원리를 찾을 수가 있으며, 여행상품의 원가는 그 대부분이 교통, 숙박 및 식사비 그리고 관광지 입장료로 구성되어 있다고 하겠다. 여행상품의 가격은 소비자에게 상품가격을 제시하여 판매되고 있어 외형적으로는 가능한 것처럼 보이고 있으나, 구조적으로는 여행업자 측에서 가격결정의 실권이 없다고 할 수 있다. 이러한 이유는 운송·숙박 등의 상품 공급업자의 가격정책에 의해서 여행상품 가격이 결정되기 때문이다.

여행상품의 가격결정의 성립은 소비자와의 거래(去來)라고 하는 과정을 통해서 여행자와의 여행계약에 의해서 시작된다. 가격결정의 요인은 다양한 요소에 의해서 결정된다고 할 수 있다. 첫째, 1차적인 요인인 상품의 핵심요인(hard parts), 둘째, 2차적인 요인인 수급(需給)의 원칙, 셋째, 3차적인 요인인 간접적인 척도(상표, 이미지 등)에 의해서 가격이 결정될 수 있다.

가격결정의 방식은 원가요소를 기준으로 한 가격, 구매자 요소를 기준으로 한 가격, 경쟁요소를 기준으로 한 가격, 품질요소를 기준으로 한 가격, 공급자 요소를 기준으로 한 가격, 판매지역 요소를 기준으로 한 가격결정 방법이 있다.

• 그림 9-1 **여행상품의 가격결정 요소**

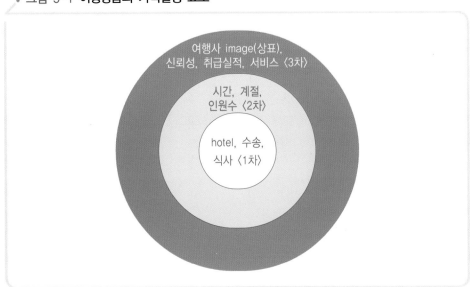

자료 : 정찬종, 여행사경영원론, 백산출판사, 2018, p.182.

5. 여행상품의 유통구조

사회가 변화하고 발전함에 따라서 각 분야의 분업화 현상은 다양한 효과와 이익을 가져 왔다. 여행업에 있어서도 여행업무가 단순히 알선에 머물러 있었던 시기에는 여행상품의 유통구조는 존재할 필요가 없다고 인식했었다. 그러나 오늘날에는 여행상품의 생산이 전문화되고 여행상품의 생산자와 소비자들 간에 관념적·지리적·시간적 간격(gap)이 커지게 되자 이를 극복하기 위한 생산·유통·

소비과정의 분업화가 필요하게 되었으며, 유통기구들이 그 역할과 기능을 수행하게 되었다. 여행상품을 취급하는 유통체제의 발전은 여행자의 만족과 여행업의 발전이라는 중요한 의미로 부각되고 있다.

일반적으로 패키지 관광(package tour)의 특징은 항공기의 좌석, 호텔의 객실 등을 일시에 대량으로 구입하여 여행의 세트(set)를 만들어서 상품으로 판매하는 것으로 이렇게 해서 만들어진 상품은 기획한 여행업자뿐만이 아니라 다른 여행업자에게도 도매가격으로 판매하는 것으로서 이러한 상품의 유통과정에서 도매와 소매의 과정이 발생되었다.

〈표 9-1〉 **여행상품의 유통체제**

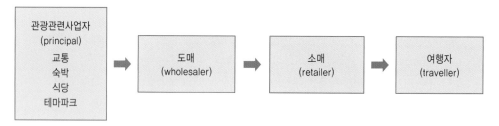

정보통신기술의 발전과 스마트폰의 보급으로 정보통신기술(ICT: Information and Communications Technology)의 중요성이 높아짐에 따라서 스마트폰을 활용한 서비스의 개발이 시작되었고, 그 개념이 점차 확장이 되면서 스마트폰의 기능과 활용은 단순한 기능을 초월하여 관광분야까지 기능과 영역이 확대되고 있다.

소비자에 대한 여행정보는 그동안 책, 친구, 온라인 등에서 사전(事前)에 습득하는 것이 대부분의 방법이었으나, 스마트 관광의 보급으로 인하여 정보 수집은 현장에서 실시간으로 정보를 습득할 수도 있고, 지인(知人)의 정보 이외에도 온라인의 현지 여행자들에게도 정보를 제공받을 수 있게 되었으며, 정보도 최신성과 집단 평가된 정보를 실시간으로 받을 수 있게 된 것이다.

정보기술의 발전으로 인한 전자 거래는 상품유통 분야의 커다란 변화를 가져오고 있다. 관광분야에도 온라인 여행사(OTA: Online Travel Agency)의 등장과 발전으로 인하여 유통시스템에 획기적인 변화가 발생되고 있다. 정보의 다양화와 통합화 등은 사회현상에 미치는 영향뿐 아니라 최종 사용자와의 직접적인 접속, 예약

관리 등과 더불어 기업의 새로운 수익사업을 창출하는 긍정적인 측면과 수익의 감소를 초래하는 부정적인 측면이 함께 상존하는 상황이 존재하여 이에 대한 체계적이고 합리적인 방향을 설정해야 할 필요성이 제기되고 있다.

상거래의 분류

- **B2B(Business to Business)**
기업과 기업이 주체가 되어 상호 간에 전자 상거래를 하는 것을 말하며, 상품은 있지만 판로가 없는 공급업체와 여러 가지 판로가 있는 업체 간의 거래형태로 대부분 이미지를 무료로 제공받아 오픈마켓과 쇼핑몰 운영을 통해 상품을 판매하고 공급업체에 주문을 넣어 고객에게 상품을 배송하는 서비스를 말하며, 상품 이미지로 온라인상에서 판매를 하고 판매가 이루어지면 공급업체에 공급한 만큼만 결제를 하여 배송을 보내고 차익을 얻는 것이다. B2B의 경우 중요한 것 3가지는 상품의 수, 운영 노하우, 기술력이다.

- **B2C(Business to Customer)**
기업과 소비자 간 전자 거래를 의미하며, 일반적으로 인터넷쇼핑몰을 통한 상품의 주문 판매를 뜻한다. 기업이 소비자를 상대로 행하는 인터넷 비즈니스로 가상의 공간인 인터넷에 상점을 개설하여 소비자에게 상품을 판매하는 형태의 비즈니스이다.

- **B2G(Business to Government)**
기업과 정부 사이에 이루어지는 전자 상거래를 의미한다.

O2O

O2O란 Online to Offline이라는 의미이며, 온라인이 오프라인으로 옮겨온다는 뜻이다. 정보 유통 비용이 저렴한 온라인과 실제 소비가 일어나는 오프라인의 장점을 접목해 새로운 시장을 창출하기 위한 방안이다.

1) 여행도매업자

여행도매업자(wholesaler)는 다양한 공급자 및 수송업자들이 갖고 있는 상품과 서비스를 결합하여 여행 패키지를 계획·준비·판매 및 관리하는 기업 및 개인들로 구성된다. 여행도매업자는 공급 및 수송업자들로부터 대량의 서비스를 구매하여 여행업자를 통해 재판매하는 것이다.

세계관광기구는 여행도매업자를 '수요를 미리 예상하여 여행목적지로의 수송과 목적지에서의 숙박 그리고 가능한 기타 서비스를 준비하여 이를 완전한 상품으로 만들어 여행업 또는 직접 자사(自社)의 영업소를 통해 개인이나 단체에게 일정한 가격으로 제공하는 유통경로상의 기업'으로 정의하고 있다. 여행도매업자는 일정한 상표(brand)를 갖는 주최여행 상품을 생산하여 다른 여행업에게 판매하는 생산자의 입장에 있는 여행업을 의미하는 것이다.

> **브랜드 상품**
>
> 회사의 이미지나 소비자의 기억에 남을 수 있는 상품으로 오랫동안 유지시킬 수 있는 브랜드 네임 (brand name)을 선정하는 데 특성이나 여행자들이 기억하고 쉽고 상상할 수 있는 상품명을 선택하는 것이 기업의 발전에 이바지한다.

2) 여행소매업자

여행소매업자(retailer)는 여행도매업자나 여행소재 생산자로부터 상품을 공급받아 소비자에게 직접 판매하며, 도매업자(wholesaler)로부터 판매실적에 상응하는 일정한 수수료(commission)를 받고, 여행과 숙박 그리고 이에 수반되는 서비스와 서비스 조건에 대해 여행자에게 정보를 제공한다. 또한 이들은 서비스 공급업자인 항공사나 호텔 등으로부터 상품을 지정된 가격으로 수요시장에 판매하도록 인정을 받은 업체를 말한다.

3) 지상수배업자

여행업자가 모든 여행 관련 서비스를 수배하는 경우가 일반적이지만, 해외여행의 경우 목적지의 호텔·식당·버스 등을 직접 수배하는 과정에 변경사항이 많이 발생할 수 있다. 따라서 여행업자로서는 현지의 사정에 대한 정보를 갖고 신용이 있는 현지 여행업자의 존재가 필요하게 되었으며, 여행목적지에서 여행자를 대상으로 여행기능을 수행하는 현지 여행사를 지상 수배업자(land operator)라고 한다.

제 2절 교통사업

1. 교통의 의의와 분류

1) 관광교통의 의의

일반적인 교통(transportation)이란 사람이나 화물을 한 장소에서 다른 장소로 이동시키는 모든 활동과 활동을 위한 과정 절차를 말한다. 교통수단의 발달은 우리 인간의 삶에 많은 영향을 끼쳐왔으며, 사람들은 다양한 지역을 편리하게 방문할 수 있게 되었고, 또한 많은 양의 물자들을 다양한 지역과 교환할 수 있는 계기가 되었다.

교통은 정치적으로 국가 또는 지역사회 발전의 정도를 평가하는 기준이 되고, 경제적으로 생산성의 극대화와 산업구조의 개편을 위한 수단이 되며, 사회적으로는 지역 간의 격차 해소와 문화적 일체감을 조성하기도 한다.

교통은 교통주체(사람), 교통수단, 교통환경의 3요소에 의해서 이루어진다. 이용자는 서비스를 제공받게 되는 교통수단을 판단하여 목적지까지 이동하기를 원하게 되며, 교통시설의 이용은 필수적이다.

관광교통은 정태적인 관광형태를 동태적인 관광형태로 전환시키는 역할을 했으며, 관광객을 대상으로 거리를 단축시키고, 시간을 절약할 수 있으며, 분위기를 조성하여 수요를 창출하고 있다.

관광교통은 관광객이 이동할 수 있는 모든 이동수단을 의미하며, 본 내용에서는 육상·해상·항공교통으로 분류하고자 한다.

2) 관광교통의 분류

(1) 교통수단에 따른 분류

관광교통을 교통수단에 따라 분류하면 개인 교통수단, 대중 교통수단, 준대중 교통수단, 화물 교통수단, 보행 교통수단으로 분류할 수 있다.

〈표 9-2〉 **교통수단에 따른 분류**

구분	내용
개인 교통수단	이동성, 접근성, 부정기성(자가용, 오토바이, 자전거)
대중 교통수단	대량 수송수단으로 정기성, 노선일정(버스, 지하철, 전철)
준대중 교통수단	고정된 노선이 없음(택시)
화물교통수단	화물 수송수단 (장거리 및 대량운송 – 철도, 단거리 및 소형운송 – 화물자동차)
보행 교통수단	자체로 교통목적 충족(다른 교통수단과의 연계기능 담당)

자료: 이항구·고석면·이황, 관광교통론, 기문사, 1999, p.24.

(2) 관광교통의 지역적 분류

관광교통의 지역적 분류는 국제교통, 국가교통, 지역교통, 도시교통, 지구교통 등으로 분류할 수 있으며, 통행에 따른 특성이 있다.

〈표 9-3〉 **관광교통의 지역적 분류**

구분	목표	범위	교통체계	통행특성
국제교통	국가 간 왕래 촉진	세계	도로, 철도, 항만, 항공	국제왕래를 위한 교통
국가교통	국토의 균형발전을 위한 교통망 형성	국가	철도, 항만, 항공, 고속도로,	국가경제 발전을 위한 장거리 교통
지역교통	균형발전 및 교류 촉진	지역	고속도로, 철도, 항공	장거리, 지역 간 교류
도시교통	도시 내 교통효율 증대 및 대량 교통수요 처리	도시	간선도로, 도시고속도로, 철도, 버스, 택시, 승용차	단거리 이동, 대량수송 피크(peak)시간 교통량
지구교통	지역 내 자동차 통행 제한 쾌적한 보행 공간 확보 대중교통의 접근성 확보	주거 및 상업시설, 터미널	보조 간선도로, 이면도로, 주차장	보행교통, 지구 내 교통처리

자료: 이항구·고석면·이황, 관광교통론, 기문사, 1999, p.25.

2. 육상교통

관광객이 국제간의 이동 시에 이용하는 교통수단은 목적지 국가까지는 항공교통을 통하여 출·입국하는 것이 보편화되어 있다. 그러나 목적지 국가에서의 이동은 철도교통이나 자동차 교통에 의하여 이동하는 경우가 많다.

1) 기차/철도

철도는 육상교통의 가장 대표적인 수송수단으로서 세계 각국의 관광발전에 크게 기여하였고, 산업혁명 이후의 관광객의 왕래를 촉진시키는 계기가 되었다. 다른 어떤 교통수단보다도 철도의 개통은 관광의 발전과 관광지 운영에 큰 영향력을 발휘해왔다. 특히 원거리 여행은 철도에 의해서 널리 보급되었고, 관광지의 개발은 철도의 부설로 인하여 본격화되었으며, 이용도를 높여왔다. 최근 장거리 여행은 항공기, 단거리 여행은 자동차에게 여객을 빼앗기고 있지만 아직도 유럽을 비롯한 주요 국가에서는 철도여행이 중요한 위치를 차지하고 있다.

철도교통은 투자비용이 높고 투자자본에 대한 회수기간이 길며, 이윤발생이 장기적인 기간이 소요되기 때문에 철도의 운영은 개인자본에 의한 운영보다는 국가자본이 개입하는 경우가 많다. 국가에서 국영체제 형태로 운영함으로서 자금조달이 용이하다는 장점이 있으나 경영능력의 비능률성과 비과학적인 경영방법의 도입, 요금조정 및 운영에 따르는 독점적인 형태가 야기될 수가 있다.

철도는 많은 여객·화물을 고속 수송할 수 있으며, 자동차보다 값싼 운임으로 장거리수송을 할 수 있다는 점이 있으며, 특히 관광지 내에 있어서 관광목적을 위한 철도로 활용하고 있다. 그러나 관광객용 철도는 수송량의 범위가 한정되어 있고, 경기변동이나 기후·악천후에 의해서 크게 영향을 받고 있는 등 경제적으로는 많은 위험이 있다. 또한 관광용 철도는 공공적 수송수단으로서의 성격이 희박하고, 사회적 요청도 적은 점, 그리고 경제적 부담능력이 있는 관광객을 대상으로 하고 있는 점에서 볼 때 일반철도보다는 비싼 운임으로 책정되어 있는 경우가 많으며, 관광용 철도는 세계 각국에서 대부분의 경우 민간기업이 사업주체로 되어 있다.

2) 자동차

자동차는 원동기를 이용하여 땅 위를 움직이도록 만든 모든 차를 말하며, 사람 및 물자의 교류와 정보의 교환을 특징으로 하며, 현대사회에서 필수 불가결한 수단이 되었다. 자동차의 운행을 위해서는 도로의 이용이 필요하며, 고속도로와 국도를 비롯하여 지역의 도로 등과 연계된 교통체계가 매우 중요하다.

자동차는 관광객을 관광지까지 이동시킬 수 있는 편리성을 갖추고 있으나, 화물과 같이 대량수송이 되지 않는 단점도 있다.

3) 렌터카

렌터카(rent-a-car)는 정해진 기간 동안 유상으로 대여한 차량 및 유상으로 대여하는 서비스를 제공하는 업체를 부르는 표현이며, 특정 요금제에 가입해서 요금제 기간 동안 사용하는 차를 표현한 것이다. 렌터카는 1920년대 미국에서 처음 실시되어 전 세계에 보급되었으며, 사용자가 직접 운전하는 셀프 드라이브(self drive)와 운전자를 포함해 자동차를 빌리는 쇼퍼 서비스(chauffeur service)로 구분하고 있다.

한국에서는 대한 렌트카(1976년)가 자동차(30대)로 영업을 시작한 것이 렌터카 업종의 효시이다. 자동차의 대중화 추세에 부응하여 성장하였으며, 1980년대에는 각종 국제대회를 유치하면서 허츠(Hertz), 에이비스(AVIS) 사와 같은 외국의 렌터카 업체와 업무제휴 형식으로 사업을 시작하였다. 최근에는 렌터카는 항공, 철도 등과의 연계 서비스도 활발해지고 있다.

4) 전세버스

전세버스(charter bus)는 전국을 사업구역으로 하여 자동차를 사용하여 여객을 운송하는 사업으로 자동차를 이용할 경우 목적지까지 관광객을 직접 수송할 수 있을 뿐만 아니라, 관광객이 관광지에서의 활동을 보다 편리하게 해줄 수 있다.

단체여행자가 전세버스를 이용하고자 할 때, 여행사는 회사의 버스를 보유하고 있는 경우 이를 대여해줄 수 있으며, 회사가 버스를 보유하고 있지 않는 경우에는 다른 회사의 전세버스를 알선하기도 한다. 다른 회사의 전세버스를 알선하여 고객에게 판매하는 경우에는 예약 과정과 계약체결에 정확성을 기해야 한다.

전세버스의 예약은 여행자가 전화를 이용하여 예약하는 방법도 있으나, 가급적 여행자가 직접 방문하도록 하여 계약의 세부내용을 기재하고 계약서에 의해 정확하게 이행할 수 있도록 하는 것이 중요하다.

전세버스의 요금은 일반적으로 거리에 따라서 당일전세, 숙박전세가 있으며, 차종의 크기에 따라서 요금이 다르고, 주행거리 그리고 성수기와 비수기에 요금의 차이가 있다. 전세버스를 이용할 때에는 운임, 여행 내용 등에 대한 정확한 예약이 필요하다.

5) 시티투어 버스

시티투어(city tour)는 일정한 도시 및 지역을 정하여 그곳의 문화 및 유적 등을 방문하여 즐기는 관광이다. 도시 및 지역 방문 시 관광객에게 여행편의를 제공하고 다양한 관광자원을 관광객에게 제공함으로써 이미지를 제고시키고 외화획득에 기여하는 공익적 기능을 갖춘 것이 시내 순환관광이다. 도시의 다양한 관광자원을 관광객에게 제공함으로써 정적인 관광을 동적인 관광으로 전환시키고 있으며, 상품개발을 촉진시키는 문화관광의 한 형태라고 할 수 있다.

외국인 여행자에게는 다양한 볼거리 제공, 체재일수 연장, 이미지의 개선과 같은 좋은 방안이 되고 있으며, 내국인 여행자에게는 여행욕구 충족을 통한 국내관광의 활성화에 크게 기여하고 있다. 세계 많은 도시와 지역에서는 시티투어를 정례화 함으로써 관광상품의 일부분으로 정착시키고 있으며, 이미지와 인지도를 크게 향상시키는 데 중요한 역할을 하고 있다.

6) 캠핑카

캠핑카(camping car)는 장기간의 여행을 하면서 조리와 숙박이 가능하도록 만든 자동차이며, 대형 트레일러나 버스에 욕실과 화장실을 갖춘 것에서부터 소형트럭에 캠퍼 셀(camper shell)을 얹어놓은 것까지 여러 형태가 있다.

캠핑은 산업화에 앞장서 온 미국과 유럽 등지에서 발달하였으며, 기계문명의 발전에 따른 인간성을 회복하고 자연과의 접촉을 통한 삶의 향상 등과 같은 욕구가 강해지면서 일상생활로 자리잡게 되었다.

자동차를 이용한 야영은 자연 회귀적(回歸的) 야성 본능과 인류문명의 발전이라고 하는 자동차의 기계적인 편익을 이용하고자 하는 야영활동의 한 형태이며, 야영지까지 차량을 진입시켜 차내에서 숙박하거나 차량 주변에 텐트를 설치하여 야영을 하면서 각종 여가활동을 즐기는 행위하고 규정할 수 있을 것이다.

유럽이나 미국 등 서구사회에서는 야영이란 당연히 자동차 야영을 의미할 만큼 자동차를 이용한다는 것은 당연한 것이었으며, 자동차가 널리 보급되어 자동차를 이용하는 문화의 형태로 정착되게 되었다.

한국에서는 자동차의 생활화가 늦었고, 엄격한 차량개조의 규제로 인하여 일반 야영으로부터 자동차 야영으로 이행이 급격히 이루어진 국가들에 비해서 보급이 늦어졌으며, 야영에 수반되는 시설 및 공간이 자연적으로 발생된 것이 아니라 계획적으로 이루어졌다.

3. 항공교통

1) 항공산업의 의의

항공산업(aviation industry)은 항공기를 이용하여 운송활동을 전개하는 일련의 산업이다. 20세기 들어 항공기가 운송수단으로 이용되기 시작한 산업 초기에 항공기의 운항은 곧 항공기술의 진보를 의미하였다. 산업 초기의 항공산업은 항공기의 개발과 제작, 시험 비행과 운항, 상업적 운송활동 등을 모두 포함하는 포괄적 의미로 인식되었다.

항공기를 이용한 운송활동 역시 급격히 시장이 확대되어 독립적인 산업으로 성장하게 되었고, 항공기술의 발달은 항공기의 개발과 생산이라는 항공우주공학이라는 활동으로 기능이 분화되어 항공우주분야는 별도의 산업으로 발전되어 왔다.

따라서 산업 초기와 달리 현대적 의미에서 항공산업은 항공운송산업(air transportation industry)과 항공우주산업(aerospace industry)으로 구분하고 있다.

항공산업은 국가적인 사업이며, 첨단과학 사업으로 기술 향상은 항공사업에서 중요한 역할을 하고 있다. 그러나 항공산업은 국제민간항공기구(ICAO)와 국제항공운송협회(IATA) 등을 비롯한 국제기구로부터 진흥과 규제를 받으며, 이 외에도 소음과 공해·방위문제, 우편·교역·안전운행 등에 관한 직접적인 영향을 받는다.

항공사업은 여객과 운송사업자, 운영자 및 항공기의 소유자 및 여행업자, 공항시설 등과의 직접적인 연계성에 의해서 이루어지는 사업이다. 또한 고객에게 제공되는 서비스 품질(quality of service)의 차이에 따라 항공사업의 경쟁력이 결정된다.

> **항공운송관련 기구**
>
> 국제민간항공기구(ICAO: International Civil Aviation Organization), 국제항공운송협회(IATA: International Air Transport Association) 등이 있다.

2) 항공산업의 분류

항공산업은 항공운송산업과 항공우주산업으로 분류할 수 있으며, 항공운송산업은 정기, 부정기 또는 전세 항공뿐만 아니라 개별적으로 운송활동을 하는 모든 일반항공(general aviation)도 포함되며, 항공우주산업은 항공기 제작산업과 우주산업 및 방위산업으로 세분화할 수 있다.

그러나 항공운송산업에서는 경영활동 주체 여부에 따라서 일반 항공은 제외하고 있으며, 항공사가 상업적 목적으로 운송하는 사업만을 대상으로 한다. 따라서 항공운송 산업이란 일정한 요건을 갖춘 항공사에 의해 이루어지는 상업적 목적의 운송산업만을 의미한다. 항공사의 활동은 민간부문의 운송수요에 따라 이루어지는 여객과 화물의 운송을 의미하며, 국방목적 등 국가 항공기에 의해 이루어지는 운송활동은 제외하는 것이 보통이다.

항공운송산업은 운송형태에 따라 정기항공(scheduled air transport), 부정기 항공(non-scheduled air transport), 전세(charter) 항공으로 구분하고 있으며, 운송대상에 따라서는 여객운송(passenger transportation), 화물 및 우편물 운송(cargo and mail transportation)으로 분류한다.

운송하는 지역에 따라서 국내(domestic)항공, 국제(international)항공, 지역(regional)항공으로 분류하기도 한다. 항공운임의 적용가격에 따라 네트워크 항공사(network carriers 또는 full fare carriers)와 저가항공사(low cost carriers)로 구분하기도 한다.

항공운송의 분류는 국가에 따라 항공운송에 관한 법률과 규정의 적용, 면허발급의 기준 및 항공운송 산업의 분류 항목에 따라 상이하다.

3) 항공운송업무

항공사는 항공여행을 하는 사람들에게 안전하고 쾌적한 여행을 할 수 있도록 다양한 서비스를 제공하고 있다. 항공기 운항을 위한 준비를 하고 여행 구비서류를 확인하며, 여객의 좌석배정, 수화물 접수, 출국 및 탑승 안내, 도착지에서는 환승, 검역, 수화물 수취, 세관, 수화물 업무를 수행하며, 그 외에 환자 및 도움이 필요한 승객, 귀빈(VIP)에 대한 서비스를 제공한다. 부득이한 비정상 운항에 따른 고객 불편해소를 위한 안내, 숙식, 배상 등의 업무를 처리한다. 일반적인 항공운송 업무는 다음과 같다.

(1) 운송업무

출발 공항에서는 탑승하려는 승객에 대한 출국 및 탑승 안내, 탑승수속 업무이며, 도착공항에서는 도착 승객 안내, 수화물 업무 처리 등과 같은 업무가 있다.

(2) 운항업무

항공기를 안전하고 효율적으로 운항하기 위한 업무이며, 항공기를 운항하는 운항승무원(flight crew)은 안전운항이 제일 중요하다. 운항승무원은 고도의 기술과 풍부한 경험을 바탕으로 인명을 보호하고 고가의 항공기를 다루는 전문직으로서 엄격한 기준이 있고, 소정의 교육훈련을 거쳐야 함은 물론 국가로부터도 법적 자격을 취득해야 한다. 운항부문에서 또 하나 중요한 것은 지상에서 비행 계획 수립, 각종 운항정보 등을 제공하는 업무도 포함이 된다는 점이다.

(3) 객실서비스 업무

탑승객에 대한 기내(flight attendant)에서의 제반 서비스를 제공하는 업무이다. 기내에서 탑승객의 좌석 안내, 음료 및 기내식 서비스, 영화 상영, 기내 면세물품 판매, 입국서류 배포 및 작성안내 등과 같은 업무이며, 객실 승무원의 인적 서비스가 중요하다고 할 수 있다.

(4) 영업업무

영업 업무는 판매와 예약, 발권으로 구분할 수 있는데, 판매의 경우 항공사에서 자체적으로 판매하는 직접 판매와 대리점(agent), 총대리점, 인터넷 판매, 타 항공사 등을 통해 자사(自社)의 좌석(seat)을 판매하는 간접 판매로 구별할 수 있다.

(5) 정비업무

항공기가 항상 안전한 운항을 할 수 있도록 항공기체의 검사, 점검, 수리, 교환 등을 실시하고 품질을 유지하거나 기능을 향상시키는 업무를 총칭하여 정비라 할 수 있다.

정비는 특히 항공기의 안전운항이라는 중대한 사항과 정시성의 확보라는 관점에서 항공사의 서비스 수준을 결정한다는 점에서 매우 중요한 부문이라 하겠다.

(6) 일반지원업무

항공사의 영업활동을 지원하기 위한 업무를 수행하고 있으며, 기획, 총무, 인사, 노무, 자금, 회계, 선전, 홍보, 자재, 수입관리, 전산시스템 등의 조직이 있다.

4) 항공운송과 예약시스템

컴퓨터 예약시스템(CRS)은 1970년대 중반 이후 항공사가 항공권의 판매 및 좌석예약의 효율적인 관리를 위해 도입하였으며, 고객의 욕구에 맞는 좌석을 판매함으로써 소비자와 항공사 모두에게 큰 만족을 제공하게 되었다. 신속한 예약처리가 이루어지고, 수요예측이 가능하여 수익증대에 기여할 수 있으며, 서비스 측면에서도 지상 서비스(ground: check-in, lounge) 및 기내 서비스(in-flight: seat, catering 등)의 차별화를 추진할 수 있었으며, 고객에게는 많은 정보의 제공이 가능하게 되었다.

또한 항공회사의 운항 스케줄, 노선, 운임뿐만이 아니라 호텔 및 렌터카(rent car) 예약, 철도관련 정보, 여행보험, 관광업계 간의 결제 등 다양한 관광정보를 제공하고 있다.

항공사별로 개발한 컴퓨터예약시스템은 그동안 특정 지역에만 제한적으로 사용하여 왔으나 각 항공사의 이해관계를 통합적으로 구축하고 발전시키기 위한 그 기능들은 관광사업체와 연계하여 범지구촌적인 규모로 정보를 제공하게 되었다.

컴퓨터 예약시스템이 세계를 대상으로 발전한 것이 세계적 유통 시스템(GDS: Global Distribution System)이다. 이러한 개방체제는 컴퓨터 예약시스템 간의 전략적 제휴를 촉진시키게 되었고 여행정보를 보급하게 되었으며, 경영효율성을 높이는 데 크게 기여하였다.

4. 해상교통

1) 해상운송의 의의

해상운송이란 배를 이용하여 사람이나 화물을 실어서 나르는 것이며, 일반적으로 해운(海運)이라고도 하고, 일정한 항로를 따라 이동시키는 역할을 수행한다.

해운은 선박을 이용하여 국내·외의 관광객을 대상으로 운송하고 그 대가로 운임을 받는 운송업이다. 해운은 관광객이 일정한 목적지에 도착할 때까지의 역할뿐만이 아니라 관광지에 도착하여 다음의 관광지까지 이동할 수 있는 교통체계를 구축하는 것이 주요한 과제로 등장하게 되었다.

여행과 오락을 목적으로 하는 유람선 또는 관광선을 이용하여 관광객을 여행시키기 위해서는 안정성과 경제성 이외에도 쾌속성도 겸비해야 하고 육상에서의 관광호텔처럼 고급화된 서비스를 요구하게 되었으며, 규모의 대형화, 시설의 고급화를 도모하는 사업형태로 발전하게 되었다.

따라서 여객선도 여행객이 즐겁게 지낼 수 있도록 거주시설, 식당, 상점, 스포츠시설, 오락시설 등을 갖추게 되었으며, 단거리 여객을 운송하는 차원을 넘어 장거리 여행을 하는 여객을 운송하는 사업으로 변화되었으며, 요금은 숙박, 식사비, 기타 위락비용 등을 포함하여 이용자의 편리함을 제공하게 되었다.

크루즈(cruise)는 운송의 개념보다는 순수한 관광목적의 선박여행으로 숙박, 음식, 위락 등 관광객을 위한 다양한 시설을 갖추고 수준 높은 서비스를 제공하면서 비교적 장기간 수려한 관광지를 정기 또는 부정기적으로 안전하게 순항하는 여행으로 운송과 호텔의 개념이 포함된 의미로 정의할 수 있다.

2) 해상운송의 분류

(1) 정기 운송선

정기 운송선이란 정기적으로 일정한 장소까지 운송하며, 운항을 위해서는 일정한 항로, 운행시간, 요금의 공시 등을 통해서 여행자에게 서비스를 제공하고 있다.

(2) 부정기 운송선

부정기 운송은 정기선에 대한 보완적 수단으로서 역할을 하고 있으며, 일정한 조건에 따라 운영되는 것이 아니라 이용자의 요청에 따라서 운송의 조건이 결정되고 계약되며, 계약내용에 따라서 운임을 받고 운송하는 것이다.

3) 크루즈의 분류

크루즈는 취항해역, 목적, 시기 등에 의해 다양하게 분류하고 있으며, 해양 크루즈(ocean cruise), 레저 크루즈(leisure cruise), 전세 크루즈(charter cruise), 리버 크루즈(river cruise)로 구분하고 있다.

크루즈는 선박의 규모, 항해지역, 항해목적을 기준으로 분류할 수도 있으며, 국제적으로 운행되는 크루즈는 항해지역에 따라서 해양 크루즈(ocean cruise), 연안 크루즈(coastal cruise), 리버 크루즈(river cruise)로 구분할 수 있다.

〈표 9-4〉 **크루즈의 분류**

구분	내 용	비고
해양 크루즈(ocean cruise)	대양으로 항해하거나 국가 간을 이동하는 개념의 크루즈	
연안 크루즈(costal cruise)	한 지역의 해안을 따라 항해하는 크루즈	
리버 크루즈(river cruise)	미국의 미시시피 강이나 유럽과 러시아의 크고 긴 강을 따라 숙박을 제공하며 항해하는 크루즈	

자료 : 류기환, 크루즈여행실무론, 백산출판사, 2010. p.16, 한국문화관광연구원, 크루즈산업육성을 위한 관광진흥계획 수립 보고서, 2006.을 참고하여 작성함.

4) 크루즈의 업무

크루즈의 업무는 선상 직원의 업무와 육상 직원의 업무로 구분할 수 있다. 유람선의 선상 직원에는 선박 승무원(ships crew)과 객실 승무원(hotel crew)이 있으며, 선박 승무원은 선박의 운항과 관련되어 기계적인 업무를 담당하고, 객실 승무원은 선박에서의 객실 운영과 관련된 일을 담당하는데 리조트 호텔의 직원과 같은 서비스 업무를 담당한다. 육상 직원은 지상에서의 다양한 업무를 담당하고 있다.

(1) 선박 승무원

선박 승무원(ships crew)은 선원의 안전과 선박의 운영에 대한 책임을 지는 의무가 있으며, 선장을 보좌하는 항해사 및 선장 보조원을 두기도 한다.

사무장은 일반적으로 사무 업무와 금전 출납을 담당하며, 환전을 하거나 세관 및 입국정보를 제공하고, 여행상품을 판매하기도 한다.

갑판 선원은 갑판의 정비를 담당하며, 항해사의 지시에 따라 정박과 출발, 출항 시의 제반 업무와 계선용구를 다룬다. 일반 선원은 갑판 선원을 돕고 배의 갑판 정비와 직원의 숙소를 청소하고 청결을 유지한다.

(2) 객실 승무원

객실 승무원은 일반적으로 유람선 내에서 선원보다 더 많은 인력을 고용하고 있으며, 이는 다양한 서비스와 오락 활동에 종사하는 직원이 많이 필요하기 때문이다.

유람선은 선상에 있는 객실과 식당, 부대시설을 운영하고 고객에게 서비스를 제공하기 위해 호텔 매니저를 고용하고 있고, 육지의 투어 컨덕터(tour conductor)와 유사한 기능을 담당하며, 고객을 위한 사교적, 오락적 활동을 준비하고 감독한다.

접객 부문(steward department)의 종사원은 호텔의 객실 종사원과 유사한 직무를 수행하며, 객실청소 및 침구정리 등과 같은 업무를 한다.

식음료 지배인은 파티를 계획하고 식음료 종사원을 지도, 감독하며, 주류 종사원(wine stewards)은 테이블에 와인을 서비스하고, 야간 종사원(night stewards)은 고객의 요청에 의해서 식음료를 객실까지 배달하는 룸서비스 업무를 담당하기도 하며, 갑판 종사원(desk stewards)은 갑판의 의자 정비, 갑판의 고객에 대한 음료 제공, 그 밖에 승객에게 편의를 제공한다.

선박의 규모와 여행기간에 따라서 의사, 간호사, 세탁 담당자, 이·미용사, 바텐더, 헬스강사, 사진사, 레크리에이션 진행자, 연예인 등 다양한 서비스 인력이 필요하기도 한다.

(3) 육상 직원

육상 직원은 직무의 특성에 따라서 다양한 부문으로 구분할 수 있으며, 마케팅, 개인 및 단체예약 상담, 티케팅 업무, 회계 업무, 경영정보관리, 컴퓨터 자료처리, 시스템 분석 등을 담당하는 업무를 수행하고 있다. 상품을 판매하기 위해서는 일반인들에게 직접 판매하는 경우보다는 기업 및 단체, 항공사, 여행사 등을 대상으로 판매망을 구축하려고 하고 있다.

신입사원의 업무는 예약을 위한 상담 및 판매를 담당하며, 대부분의 업무는 항공사, 여행사에서 진행되는 업무와 유사하다.

5) 크루즈 사업의 전망

크루즈는 1930년대에 터빈 디젤선 시대가 열리면서 호화롭고 쾌적한 설비를 지닌 대형 여객선 운항이 시작되었다.

여객선 시대는 세계최대의 퀸 메리(Queen Marry)호(81,123톤)의 취항(1936년)을 비롯하여 영국의 카르리아호, 네덜란드의 노텔담호 등이 출현하여 크루즈 여행을 개막시켰으나, 세계의 주요 유람선은 환경에 적응을 하지 못했다. 퀸 메리 (Queen Marry)호는 로스앤젤레스 롱비치에 정박하여 대형호텔로 이용되고 있다.

1950년대에는 국외여행을 하기 위해서는 주로 선박을 이용한 여행이 주류를 이루었으며, 해상운송은 대외무역의 증대에 따른 수출입 화물의 운송수단뿐만 아니라 해상 관광자원 개발 및 해안 도서지방의 교통수요에 따라 여객 및 관광객을 위한 운송수단으로서 역할을 하게 되었다.

1960년대에 제트 여객기의 출현을 도외시하였고 여행패턴의 변화에 저항감을 표출하기도 하였으며, 대부분의 사람들은 여객선사업은 시장성과 전망이 불투명한 산업이 될 것이라고 예견하였다. 그러나 여객선 사업은 관광산업의 성장에 발맞추어 유망한 산업으로 발전하게 되었는데, 안정성 확보와 서비스의 향상 등은 종전의 운송수단이라는 개념을 초월하여 성공적인 변신을 하게 되었고, 최근에는 항공여행객의 대체 수용과 방문국가에서의 자유로운 관광활동으로 수요가 점차 증가하게 되었다.

크루즈는 대형 선박으로서 적당한 속력으로 운항함으로써 육지의 대규모 특급호텔 또는 소도시를 옮겨놓은 것과 같은 최고급의 시설을 갖추고 있으며, 정형화된 등급은 없으나 업계에서는 등급에 따라서 캐주얼, 프리미엄, 럭셔리 정도로 구분하고 있다.

크루즈 승객의 대부분은 휴가여행을 즐기려고 하는 사람들로서 여행기간이 비교적 장기적이라는 특성이 있다. 따라서 일반 관광의 경우 부가가치는 관광객의 개별 지출에 한정이 되지만, 크루즈여행은 주요 기항지(寄港地)에 정박하면서 관광을 하고 다시 승선하는 여행형태로서 크루즈 승객은 물론 승무원의 소비, 선박 관련 용품 구입과 같은 소비행동이 발생되어 높은 부가가치 효과를 창출하고 있다. 이러한 효과로 인하여 많은 국가들은 크루즈 관광객을 유치하기 위한 다양한 상품 개발과 인센티브 제공을 위해서 노력하고 있다.

UNWTO에 따르면 크루즈 이용객의 연평균 소득이 7만 5천 달러 이상인 여행자(46%)가 많았으며, 소비자는 비교적 고소득층에 분포한다고 발표하였다. 크루즈산업이 발달한 서양에서는 적절한 가격에 편하게 여행을 즐길 수 있다는 여행으로 인식하고 있으며, 세계적인 크루즈 회사에서는 아시아지역 국가들의 경제발전

과 소득수준 향상으로 크루즈 이용객이 급증할 것이라고 예측하고 있다. 한국에서
도 여행 트렌드가 변화하고 소득수준의 향상과 더불어 크루즈여행에 대한 기대로
수요가 증가할 것으로 전망된다.

〈표 9-5〉 세계 10대 크루즈

크루즈명	승객(명)	승무원(명)	길이(m), 폭	제작
Royal Carribean Oasis of the Seas	5,400	2,165	360 × 47	2009
Queen Mary 2	2,620	1,253	345 × 45	2004
Disney Dream	4,000		340 × 37	2011
Freedom of the Seas	4,730	1,360	338 × 56	2006
Splendida	3,959	1,325	333 × 38	
Norwegian Epic	4,228	1,690	392 × 41	
Celebrity Eclipse	2,850	1,250	315 × 37	2010
Voyager of the Seas	3,114	1,180	311 × 48	1999
Carnival Dream	3,646	1,367	386 × 35	2009
Diamond Princess	2,674	1,238	289	2004

주: 세계 10대 크루즈는 인식에 의한 차이는 있으나 승객 수, 승무원, 길이 및 폭 등을 참고로 하여 일반적
   인 관점에서 분류하였음.
자료: https://hlqa.blog.me/20163137803

CHAPTER

10

TOURISM BUSINESS

관광숙박과
외식사업

10 관광숙박과 외식사업

제1절 관광숙박업

1. 호텔업의 개념

많은 사람들이 숙박시설의 역사는 여행의 역사와 병행 발전하여 왔다고 한다. B.C.500년경의 기숙사(boarding house)의 출현과 그리스에서의 온천욕을 위한 최초 리조트(resort)의 출현 등은 숙박시설의 역사성을 표현하고 있다.

현대적인 의미의 호텔은 아니지만 고대 로마의 유스티아(Ustia)에서 발견된 숙박시설은 당시의 여행과 숙박시설의 형태로 추측하고 있다. 여행자들은 발달되지 못한 도로사정과 불안한 치안 상태에서 여행을 해야 했던 시절에 피난처로서 숙소를 필요로 했고 그 당시에는 간이 숙소가 제공되었을 것이다. 고대 로마시대의 여행 발전에는 도로와 교통수단의 발달이 중요한 역할을 하였으며, 여행자들을 위한 숙박시설의 발전에도 기여한 바 크다고 할 수 있다.

숙박시설은 목적지의 선택에 있어서 교통수단과 더불어 중요한 역할을 한다. 이용자들은 숙박시설의 종류, 입지, 등급, 서비스 수준 등의 적절성을 확인하기도 하며, 가격도 숙박시설 선택에 중요한 요인으로 작용하게 된다.

숙박시설은 국가의 독특한 문화, 역사와 관련성이 높은 파라도르(parador), 게르, 펜션 등과 같은 다양한 숙박시설들이 존재하며, 호텔과 숙박시설에 대한 구분이 불명확할 수 있다. 현실적으로 호텔의 기준이 무엇이며, 어디까지를 호텔로 볼 것인가 구분하기는 쉽지 않지만 일반적인 관점에서 호텔을 이해하고자 한다.

호텔이란 웹스터사전(Webster dictionary)에 의하면 "객실과 식사를 갖추고 대중을 위하여 봉사(奉仕)하는 건물 또는 공공단체(webster defines a hotel as a building or institution providing lodging, meals and services for the public)"라고 정의하고 있다. 또한, 옥스퍼드사전(Oxford dictionary)에서는 "여행자를 위하여 객실과 식사를 제공하는 건물(a building where meals and rooms are provided for travellers)"로 정의하고 있다.

호텔의 개념은 과거에는 하나의 사기업으로서의 숙박과 음식을 제공하는 시설로서만 이해되었으나, 오늘날에는 단순한 사기업이 아닌 영리를 목적으로 하면서 사회공공에 기여하는 하나의 공익사업으로서의 성격을 갖고 있다.

2. 호텔업의 분류

호텔을 분류하는 기준으로 입지, 목적, 형태 및 문화적 특성 등이 있다. 그러나 분류는 일반적인 분류의 기준이 되며, 손님을 취급을 하는 관점에서는 정확한 의미라고 할 수 없으며, 일반적으로 분류하는 기준에 불과하다고 하겠다. 미국에서는 고객에게 제공되는 시설의 특성에 의해 형태, 등급, 입지에 따라서 분류하고 있으며, 이를 참고로 하여 다음과 같이 분류하고자 한다.

1) 입지에 의한 분류

(1) 시티호텔

시티(city)호텔 또는 다운타운(down town) 호텔은 도시 중심에 위치한 호텔로서 대부분의 고객은 비즈니스를 목적으로 하는 호텔로서 교통도 편리해야 할 뿐만 아니라 쇼핑 및 다양한 엔터테인먼트(entertainment)를 즐길 수 있는 곳에 위치하고 있다. 또한 다양한 부대시설을 갖추고 있으며, 비즈니스를 원활하게 하는 비즈니스 센터 등도 갖추고 있는 호텔이다.

(2) 서버반 호텔

서버반(suburban) 호텔 또는 컨트리(country) 호텔은 도시지역이 아닌 곳에 입지한 호텔로서 다양한 레크리에이션 시설의 확충이 가능하고 공기가 맑으며 소음이 없는 한적한 곳에 위치하고, 넓은 주차시설을 가지고 있는 호텔이다.

(3) 에어포트 호텔

에어포트 호텔(airport hotel)은 공항주변에 위치하고 있는 호텔을 말하며 대부분의 고객들은 단기체재가 많다. 일을 마친 후 다음 장소로 신속히 출발해야 하거나 비행편의 연결을 기다리는 고객층이 대부분이다.

(4) 시포트 호텔

시포트 호텔(seaport hotel)은 주로 선박을 이용하는 고객들을 위하여 항구에 위치하고 있는 호텔이다. 시포트 호텔은 기항선객의 편의를 위하여 교통이 편리한 곳에 위치하여야 하고, 선원이나 여행객들이 이용하는 항만부두에 인접해 있는 호텔이다.

(5) 터미널 호텔

터미널 호텔(terminal hotel)은 버스나 이외 다른 교통수단을 이용하는 고객들을 위하여 터미널 근처에 위치한 호텔이다. 이 호텔의 성격도 에어포트나 시포트 호텔과 마찬가지로 시간과 경비를 절약하기 위한 고객이 대부분이다.

(6) 역전 호텔

역전(驛前) 호텔(station hotel)은 기차역 근처에 위치하고 있는 호텔로서 철도를 이용하여 여행할 수 있는 곳에서는 역전 호텔은 매우 보편화된 것이었다. 각국의 주요 도시마다 철도를 이용하는 고객들을 위하여 역전호텔이 많은 편이다.

(7) 하이웨이 호텔

하이웨이 호텔(highway hotel)은 자동차를 이용하여 여행하는 자에게 숙박시설을 제공하게 된 것이 그 기원이라고 할 수 있다. 하이웨이 호텔은 사업목적과 레저 여행자에게 매우 매력적인 호텔이었다. 입지의존도가 높은 하이웨이 호텔은 새로 운 도로의 확충에 따른 교통패턴의 변화로 인하여 막대한 지장을 초래하기도 한다.

2) 목적에 의한 분류

(1) 컨벤션 호텔

컨벤션 호텔(convention hotel)은 대형회의를 할 수 있도록 충분한 수용공간을 확보하고 있는 호텔로서 대형 연회장 및 미팅과 회의를 할 수 있는 호텔이다. 이러 한 호텔들은 국제회의가 중요한 사업으로 부각되고 있음에 따라 중요성이 부각되 고 있으며, 대규모 식당과 칵테일 라운지 시설 등을 갖추고 있다.

(2) 커머셜 호텔

커머셜 호텔(commercial hotel)은 비즈니스 여행자를 위한 호텔로서 일반적으 로 다운타운(down town)이나 상업지역에 위치하게 된다. 대부분이 도시 중심가 에 위치하고 있으며 상용목적으로 이용하는 고객들을 위하여 업무에 지장이 없도 록 팩스, 컴퓨터 등과 같은 시설을 갖춘 비즈니스 센터를 보유하고 있으며, 고객이 객실 안에서 모든 비즈니스를 원활하게 할 수 있도록 객실 안에 다양한 시설들을 갖춘 특별층(EFL: Executive Floor)을 운영하고 있다. 이 외에도 교통이 편리한 도 심에 위치하다 보니 단기체재를 목적으로 하는 단체여행객들도 많은 편이다.

(3) 리조트 호텔

리조트(resort) 호텔은 주로 레저 위주의 회의 및 총회, 숙박시장의 세분화를 통해 여행자들을 유치한다. 교외에 입지해 있는 호텔로서 주로 휴가를 이용해 가 족단위의 고객들이 많은 편이며, 수영, 조깅, 테니스, 당구, 승마, 낚시 그리고 요트 등과 같은 여가 활동을 할 수 있는 시설을 제공한다. 이러한 호텔들은 레크리에이 션환경을 제공하는 곳에 입지하고 있으며, 객실요금에 식사가 포함되는 미국식 요 금제도 또는 수정된 미국식 요금 제도를 채택하는 경향이 많다.

> **요금제도**
>
> - **유럽식 요금제도(EP:European Plan)**
>   유럽식 요금제도란 객실과 식사요금을 별도로 계산하고 있는 요금제도이다.
>
> - **미국식 요금제도(AP: American Plan)**
>   미국식 요금제도란 객실요금과 아침, 점심, 저녁의 식사요금을 포함하여 숙박요금을 계산하는 제도이다. 주로 리조트 지역에서 많이 적용되는 제도이다.
>
> - **대륙식 요금제도(CP:Continental Plan)**
>   대륙식 요금제도는 객실요금에 아침식사 요금을 포함하여 지불하는 제도로서 유럽지역에서 많이 분포되어 있다.
>
> - **수정된 미국식 요금제도(MAP: Modified American Plan)**
>   수정된 미국식 요금제도는 미국식 요금제도를 수정한 것으로서 일반적으로 조식과 석식을 객실요금에 포함시키는 제도를 지칭한다.

(4) 카지노 호텔

카지노(casino) 호텔은 고객과 방문객들에게 게임을 할 수 있는 시설을 제공한다. 카지노호텔은 특별한 식당들과 나이트클럽 시설 등을 갖추고 있다.

(5) 아파트먼트 호텔

아파트먼트 호텔(apartment hotel)은 장기체재를 목적으로 하는 고객들을 위하여 호텔의 객실을 장기간 빌려주는 호텔이다. 또는 가족이 휴가를 왔을 경우, 콘도미니엄의 개념으로도 이용된다. 호텔에서 청소와 메일관리 등과 같은 서비스를 제공하여 주지만, 어떤 객실은 가족들이 객실 안에서 식사를 할 수 있도록 배려한 경우도 있다.

3) 형태에 의한 분류

(1) 스위트 호텔

스위트 호텔(suite hotel)은 침실과 거실이 갖추어진 형태의 호텔이다. 즉 집무공간으로 사용할 수 있는 응접실과 독립한 객실을 갖춘 쾌적한 호텔이다. 특히 올 스위트(all suite) 호텔은 전 객실이 스위트룸인 호텔로서 그 기본 개념은 넓고 쾌적하며, 거주성이 높은 호텔이다.

(2) 장기체재 호텔

장기체재 호텔(apartment hotel)은 새로운 숙박상품으로서 장기투숙(extended stay)을 위한 아파트먼트 형태의 객실을 제공하는 것으로서 생활공간, 거주공간으로 분리되고, 주방, 외부 출입구와 레크리에이션시설을 갖추고 있다.

(3) 콘퍼런스 센터

콘퍼런스 센터(conference center)는 교육에 도움이 되는 환경을 갖추고 숙박과 대규모 모임과 콘퍼런스 시설을 보유하고 있다. 전통적으로 콘퍼런스 센터는 식사와 회의기획, 지원서비스, 회의장, 모든 내용을 포함하는 레크리에이션 시설 등을 제공한다.

(4) 마이크로텔

숙박산업에서 발전한 마이크로텔(microtel)은 오래된 관념으로서 저렴한 숙박시설의 개념이다. 종래의 미국 숙박산업에서 많은 호텔체인들이 출현하면서 저렴한 가격으로 고객에게 제공하게 되었고, 중간요금의 상품을 제공하는 호텔로 발전하였다.

(5) 베드 앤 브렉퍼스트

베드 앤 브렉퍼스트(bed and breakfast)는 일반적으로 아침식사와 고풍적인 숙박시설을 제공한다. 대다수의 호텔들은 주로 레저 여행자에게 이러한 숙박시설을 제공한다.

(6) 마 앤드 파 호텔

마 앤드 파 호텔(ma-and-pa hotel)은 오래된 스타일의 모텔들에 붙여진 이름으로서 숙박시설이 50실 미만으로 극히 일부분의 설비를 보유하고 있다. 관광객을 위한 캐빈(cabin)과 캠프(camp)가 이러한 범주에 속한다.

(7) 부티크 호텔

부티크 호텔(boutique hotel)은 소규모의 숙박시설을 갖추고 조용한 주위 환경 등을 원하는 고객에게 제공되는 호텔이다. 이러한 호텔은 대형호텔의 고급스러움 과는 차별되는 감각을 강조하고 있으며, 개성이 있는 디자인, 고급스러우면서 지 적인 문화코드를 동반한다.

(8) 온천호텔

온천(spa)호텔은 고객을 위해 건강지향과 활동적인 서비스를 제공하는 것으로 유명하며, 다이어트와 식사 계획, 의료, 건강교육과 훈련 등을 실시한다. 많은 리 조트 호텔에서도 여러 가지의 프로그램을 제공하지만 온천호텔은 건강(health)을 지향하는 다양한 프로그램을 제공하는 활동을 한다.

(9) 보텔

보텔(boatel)은 수면과 가까운 곳에서 즐기기를 원하는 레저 여행자들을 위한 숙박시설로서 식당, 라운지, 세탁물 서비스, 주차장, 소형 선박수리 등과 같은 전 형적인 설비를 갖추고 운영한다.

4) 문화적 특성에 따른 분류

(1) 한옥호텔

한옥(韓屋)호텔이란 주요 구조부가 목조구조로서 한식기와 등을 사용한 건축물 중 고유의 전통미를 간직하고 있는 건축물과 그 부속시설을 말하는데, 숙박 체험 에 적합한 시설을 갖추어 관광객에게 이를 이용하게 하는 업이다.

(2) 토루

중국의 남부 지역에서는 강한 햇빛을 피하기 위해 벽을 높이 쌓고, 집 내부에는 최소한의 햇빛만 들어오게 한 독특한 형태의 주택이 발전하게 되었으며, '토루(土

樓'라고 불리는 이 주택은 중국 객가(hakka:客家)족의 전통 가옥이며, 적들과의 싸움에 대비한 방어의 필요성이 토루라는 독특한 건축문화를 만들어 냈다고 한다. 객가족은 중국 남부 푸젠성과 광동성에 주로 사는 민족이다.

(3) 파라도르

파라도르(parador)는 스페인에서 휴양지 등의 의미로 사용되고 있으며, 성(城)이나 요새(要塞) 등을 개조하여 만들어진 고급호텔을 의미하고 있다. 이러한 숙박시설을 체인화하였으며, 파라도레스 데 투리스모(Paradores de Turismo)라는 회사가 창업(1928년)되었다고 한다.

(4) 게르

몽골 사람들이 살고 있는 집은 게르(ger, 파오)라고 하여서 이 집은 정착생활의 집이 아니라 유목생활을 위한 주거형태이다. 몽골고원의 풍토와 이동을 기본으로 하는 유목생활에 적합하게 꾸며져 있다. 유목생활에 걸맞게 이동도 간편하고 버들가지를 골조로 한 뒤 위에 펠트를 덮어씌운 집이다.

(5) 료칸

료칸(ryokan)은 일본의 전통적인 숙박시설이다. 일본에서는 일본 정원이 어우러져 있으며, 식사는 코스별로 나온다. 료칸은 에도(江戸)시대(1603~1868년)부터 이어져 온 전통적인 일본의 숙박형태이다. 일반적으로 다다미 형태로 구성하고 있는데, 다다미가 깔려 있는 방, 공동욕실, 방문객들이 욕의(浴衣: 유카타)를 입을 수 있는 개인공간이 있으며, 일본에서는 우리나라처럼 단순히 여행객이 하룻밤 머물고 가는 장소라기보다는 전통을 지키는 하나의 공간적 역할을 한다.

(6) 리야드

리야드(riad)는 정원이라는 뜻의 아랍어에서 유래가 된 것으로 모로코의 전통가옥을 의미한다. 사각형 건물 가운데 마당이 있고 천장이 오픈되어 있는 형식의 숙박시설이다.

(7) 템플 스테이

템플 스테이(temple stay)는 관광객들이 절에 숙박하며 사찰(寺刹) 생활을 체험할 수 있도록 하는 것을 말한다. 한국의 전통적인 불교문화를 사찰에서 체험해봄으로써 한국 불교에 대한 이해를 넓히고, 한국 전통문화와 불교의 수행정신을 체험해보는 것을 의미한다.

5) 기타 숙박시설

(1) 콘도미니엄

휴양콘도미니엄업은 스페인(1957년)에서 기존 호텔에 개인의 소유권 개념을 도입하여 개발한 것이 시초이며 관광객의 숙박과 취사에 적합한 시설을 갖추어 회원 공유자 및 기타 관광객에게 이용하게 하는 관광 숙박시설을 말한다.

콘도미니엄(condominium)은 가족단위의 레저시설을 즐길 수 있도록 호텔 수준의 시설을 갖추고 있으며, 분양을 통해 다수의 개인이 공동 소유권을 가지고 있으나 경영관리와 서비스는 전문적인 콘도회사에서 운영하고 있는 것이 일반적이다. 소유주는 일정 기간 동안 콘도를 사용하고 나머지 기간에는 일반인들이 임대를 하여 수익성을 향상시키고 있다. 콘도미니엄은 객실내에 주방시설을 갖추고 있기도 하며, 콘도는 단지 내에 이용객들을 위한 레저시설을 확보하고 있는 경우도 많이 있다.

(2) 펜션업

펜션(pension)은 고대 그리스의 여러 도시에서 여행자에게 빵과 와인을 무료로 제공하는 "간이식당"이라는 뜻에서 생성되었고, 최초의 민박은 호혜를 베푸는 환대정신에서 출발하였다. 유럽에서 시작된 펜션은 서민적인 민박의 개념으로 주로 장기체재의 저렴한 숙박시설을 지칭하며, 가족적 분위기의 따뜻한 접대와 저렴한 요금이 특징으로 남부 유럽지역에 많이 운영되고 있다.

펜션이란 연금 또는 하숙집이라는 의미로서 유럽지역에서는 노인들이 안락한 노후생활을 위해 그동안 열심히 일했던 직장이나 사업을 떠나 한가롭고 조용한 곳에서 숙박과 식사를 제공하는 일종의 하숙운영을 하여 경제적인 자립, 노후보장 이라는 두 가지 측면을 만족시키는 사업이다.

프랑스에서는 자연풍광이 아름다운 지역이나 고성(古城) 등의 주변에 잘 개발 되어 있으며, 영국에서는 침실과 아침식사를 제공하는 숙박이라는 의미의 비 앤 비(B&B; Bed & Breakfast)가 있으며, 독일의 경우 게스트 하우스(guest house)라 는 이름으로 유명하다. 일본의 경우 1970년대부터 개발된 농어촌 펜션은 이제 각 지방 특색을 잘 나타내는 관광상품이 되었으며, 약 3,000여 개 민박이 개발되어 있다고 한다.

한국은 관광펜션업을 숙박시설을 운영하고 있는 자로서 자연·문화 체험관광 에 적합한 시설을 갖추어 관광객에게 이용하게 하는 업으로 정의하고 있다.

〈표 10-1〉 **숙박시설의 분류**

구분	분류내용	비고
입지	시티(city) 호텔/다운타운(down town)호텔, 서버번(suburban)호텔/컨트리(country) 호텔, 에어포트 호텔(airport hotel), 시포트 호텔(seaport hotel), 터미널 호텔(terminal hotel), 역전 호텔(station hotel), 하이웨이 호텔(highway hotel), 컨벤션 센터(convention center), 리조트(resort) 호텔, 다목적(mixed-use) 호텔	
목적	컨벤션 호텔(convention hotel), 커머셜 호텔(commercial hotel), 리조트 호텔(resort hotel), 카지노 호텔(casino hotel), 아파트먼트 호텔(apartment hotel)	
형태	커머셜 호텔(commercial hotel), 컨벤션 호텔(convention hotel), 리조트 호텔(resort hotel), 스위트 호텔(suite hotel), 장기체재(extended stay) 호텔, 콘퍼런스 센터(conference center), 마이크로텔(microtel), 카지노(casino) 호텔, 베드 앤 브렉퍼스트 인(bed and breakfast inn), 마 앤드 파 호텔(ma-and-pa hotel), 부티크 호텔(boutique hotel), 온천(health spa) 호텔, 보텔(boatel)	
문화적 특성	한옥(韓屋)호텔, 파라도르(paradore), 료칸(ryokan), 게르(ger), 토루(土樓), 템플 스테이(temple stay), 리야드(riad)	
경영형태	단독경영 호텔(independent hotel), 체인경영 호텔(chain hotel)	
등급	5성급 호텔, 4성급 호텔, 3성급 호텔, 2성급 호텔, 1성급 호텔	
체재기간	단기체재(transient) 호텔, 장기체재(extended stay) 호텔	

서비스 수준	제한된 서비스 호텔(limited service hotel), 풀 서비스 호텔(full service hotel)	
등급	최고급(luxury), 1급(first-class), 2급(standard, mid-rate), 3급(economy, budget), 4급(micro budget)	
기타	게스트 하우스(guest house), B&B(Bed & Breakfast), 농장(farm house), 아파트먼트(apartments) 호텔, 빌라(villas), 코티지(cottages) 콘도미니엄(condominium), 시간 배분제 리조트(time share resorts), 휴가촌(vacation village, holiday centres), 회의 및 전시 센터(conference & exhibition centres), 카라반(touring caravan), 캠핑장(camping sites), 마리나(marinas)	
한국 (관광진흥법)	• 관광숙박업: 호텔업(관광호텔업, 수상관광호텔업, 한국전통호텔업, 가족호텔업, 호스텔업, 소형호텔업, 의료관광호텔업), 휴양콘도미니엄업 • 관광객이용시설업(외국인관광도시민박업) • 관광편의시설업(관광펜션업, 한옥(韓屋)체험업)	

자료: Stephen Rushmore, Hotel Investment(A guide for Lenders and owners), Warren, Gopham & Lamont. pp.3-8. 고석면, 호텔경영론, 기문사, 2012, pp.15-22. 차길수 · 윤세목, 호텔경영학원론, 학림 출판사, 2011, pp.54-73.를 참고하여 작성함.

3. 호텔업의 경영조직

호텔에서 직 · 간접적으로 근무하는 사람은 호텔리어(hotelier)이다. 많은 사람들에게 훌륭하고 화려하고 환상적인 서비스를 생산하고 관리하는 호텔리어들의 숨은 노력이 있다는 것이며, 대부분의 호텔에서는 다양한 직무를 수행하는 호텔리어들이 최고의 서비스를 생산하기 위해서 끊임없이 노력하고 있다.

> **호텔관련 자격시험**
>
> 호텔관련 자격시험의 과목은 외국어는 공통이며, 호텔서비스사는 관광법규, 호텔실무(현관 · 객실 · 식당중심)이다.
> 호텔관리사는 관광법규, 관광학개론, 호텔관리론이다.
> 호텔경영사는 관광법규, 호텔회계론, 호텔인사 및 조직관리론, 호텔마케팅론이다.

호텔업은 최고의 서비스를 생산하고 판매하는 기업으로서 운영하기 위해서는 다양한 활동이 필요하며, 종사원들이 고객에 대한 상품 판매와 서비스를 하는 행동은 조직을 관리하는 차원에서 중요한 경영관리의 영역이다.

1) 관리부문

호텔기업의 관리부문은 최고경영층의 의사결정에 필요한 경영정보나 경영자료를 제공하는 참모적 역할을 수행하며, 호텔경영을 효율적으로 집행하기 위한 경영합리화와 경영성과의 극대화를 추구하는 곳이다.

(1) 기획

기업의 장·단기적인 계획을 수립하는 부문으로 수요시장의 상황변화에 대한 지속적인 조사·분석을 하는 데 있다. 상품의 판매를 위한 시장의 개척, 시장성 확대, 공동연계 판촉활동을 기획하기도 하고 운영하면서 판촉활동의 효과분석과 효율성 제고 및 미래의 전략을 제시하고 그 기능을 점검하는 기능을 수행한다.

(2) 총무

총무부문은 문서관리를 비롯하여 사무용품 관리, 보험관리, 부동산 관리, 입금표 관리, 인장(印章)관리, 차량 운영관리, 통신시스템 관리, 비상사태 관리, 경비실 운영, 마을금고 관리 등에 관한 기능이 있다.

(3) 인사

인사부문은 사람을 대상으로 한 관리이며, 개성 존중과 능력개발 그리고 종사원에 대한 동기를 부여함으로써 생산성 향상에 직결이 되는 다른 관리와 다른 특징이 있다. 이러한 관점에서 유능한 인재를 모집하고 채용하여 생산성을 향상시키고 기업의 성장을 도모하기 위한 업무를 수행하는 곳이다.

인사부문은 인적자원의 의존도가 높은 호텔운영을 효과적으로 관리하기 위한 부문이다. 종사원의 채용 및 배치관리, 교육훈련 등 다양한 영역의 관리활동이 있다.

(4) 시설

호텔은 고객에게 최고의 쾌적한 환경을 제공하고 시설을 안전하게 이용할 수 있도록 해야 한다. 시설부문은 건축, 조경, 기계, 전기, 통신·전자·방송, 주차장, 엘리베이터, 소방 등에 대한 관리와 통제, 투자 합리성의 추구, 시설의 배치에 따르는 효율성 제고, 시설 보수계획에 관한 업무 등이 있다.

호텔에서는 에너지, 물, 사무비용, 각종 소모품 등을 적절히 관리함으로써 영업비용을 절감함은 물론 환경을 보호하고 하는 데 큰 역할을 수행할 수 있다.

(5) 구매

호텔에서 필요로 하는 식자재를 적당한 가격과 적당한 양을 구매하여 최상의 상태로 확보·보관하여 이를 필요로 하는 부문에 조달하여 상품을 창출할 수 있도록 하여 영업을 활성화하는 기능이다.

구매부문은 발주관리, 검수관리, 입고(入庫)관리, 출고관리, 재고(在庫)관리, 저장관리 등으로 구분하며, 식자재의 문제점에 대한 관리, 외주(外注)발주 업체에 대한 관리 등이 있다.

(6) 회계·재무

회계, 즉 셈을 하거나 계산을 통해서 거래행위를 기록하는 것으로 재무적 성격을 갖는 활동을 화폐단위에 의하여 기록·분류·요약하고, 그 결과를 일정한 형식으로 나타내어 보고하는 기술이다.

호텔업은 객실·식음료·연회·부대사업 부문에서 재화를 판매하고 회수하는 일련의 절차가 필요하며, 순환과정을 회계 특유의 방법인 계정에 의해서 계수적으로 파악하여 그 성과를 명백히 표시해야 한다.

재무부문은 기업의 활동으로 인한 재산의 증감상태를 나타내고 재무상태와 경영성과를 표시해야 하며, 자금의 조달과 운영을 효율적으로 관리하는 기능이 있다.

(7) 판촉

판촉은 호텔들의 경쟁이 치열해지고 있는 상황에서 계획적인 판매활동을 수행하기 위한 부문이다. 판촉은 일반적으로 국내와 해외 판촉으로 구분하며, 국내·외 시장조사, 판촉요원의 양성, 경쟁업체의 영업전략 조사 및 분석, 거래선 판매계약, 판매목표 및 판매전략 수립, 판매조직 강화 및 유지, 타 부문과의 긴밀한 협조관계 유지 등이 있다.

(8) 홍보

호텔의 상품과 이미지를 매스컴 또는 광고물을 활용하여 강화하고, 판촉행사를 개최하여 대내·외에 홍보하는 부문이다. 홍보부문은 이미지 광고, 판촉물의 제작과 배포, 판촉물 제작을 위한 품목선정, 광고기획 및 상품화 방안 연구, 광고의 효율성 연구, 각 언론매체를 통한 활동 강화, 다이렉트 메일(D/M: direct mail)업무의 활용 및 강화, 인터넷을 활용한 홍보 강화 등이 있다.

(9) 전산

호텔 업무를 효율적으로 운영, 유지하기 위해서 각 부문별 전산화는 필수적이며, 전산의 업무는 업무의 전산화 작업, 고객 데이터베이스(DB: Data Base) 구축, 첨단기기를 활용한 호텔홍보 및 영업 지원, 경영정보 제공 등이 있다.

2) 객실부문

객실부문은 프런트 오피스(front office), 객실예약, 객실정비(housekeeping), 리넨(linen) 및 세탁물 관리로 구분할 수 있으며, 고객의 숙박기능을 총괄하여 수행하는 곳이다. 프런트 오피스는 객실예약을 접수하고 고객영접 및 환송업무를 수행하며, 객실판매 현황을 파악하고 전화 및 우편물에 대한 서비스를 제공하는 곳이다.

객실부문의 차별화는 고객의 유치경쟁에서 중요하며, 서비스 향상을 위한 품질관리 노력은 계속되어야 하며, 고객의 만족을 위하여 품질의 우위를 확보하는 것은 전략적 차원에서 중요하게 인식이 되고 있다.

(1) 프런트 오피스

프런트 오피스(front office)는 호텔에 투숙하고자 하는 고객을 위해 예약하고 접대하는 곳으로 호텔수입에 직접적인 영향을 미치는 곳으로 항상 미소와 정중하고 깨끗한 용모, 공손하고 예의바른 언어와 행동이 필요하다. 호텔 관리자는 예약, 벨 서비스, 전화, 그리고 프런트 오피스를 포함하며, 프런트 오피스 관리자(manager)는 프런트 사무실을 통제하는데, ① 객실판매, ② 정보제공 서비스(information service), ③ 고객 서비스(guest service), ④ 객실이용 현황의 파악, ⑤ 숙박객 계정의 작성 및 정산 등이다.

(2) 객실예약

객실예약(room reservation)이란 고객과 호텔과의 사이에서 이루어지는 첫 번째 접촉이라고 할 수 있으며, 고객이 주문한 상품이다. 예약의 목표는 호텔을 찾아오는 고객들의 인원을 효율적으로 조정하여 수입을 극대화는 일이며, 고객이 호텔에 도착한 후 객실에 대한 이용을 보장하는 것이다.

객실을 이용하고자 하는 고객 또는 중개자에 의해서 객실이 판매가 될 때 객실의 종류, 이용자 성명, 숙박기간, 지불 조건, 필요 객실 수 등을 잠정적으로 결정하는 절차라고 할 수 있다.

(3) 객실정비

객실정비(housekeeping)는 객실이라는 상품을 생산하는 곳이며, 또한 호텔업은 비유동자산(고정자산)의 비율이 높기 때문에 고정자산을 관리하는 곳이기도 하다. 그러나 하우스키핑 서비스는 경쟁기업의 출현으로 고객에 대한 차별적 인식이 어려워짐에 따라 품질의 차별화를 실시한 서비스의 혁신이 필요하게 되었으며, 설비자원의 효율적 활용, 품질 향상 등이 중요한 과제가 되었다.

객실정비는 고객에게 양질의 서비스를 제공하기 위해서는 관련 부서와 업무협조의 체계구축이 필요하며, 고도로 숙련된 업무에 의해서 운영, 관리되어야 하는 곳이다.

(4) 리넨 및 세탁물 관리

호텔영업에 필요한 각종 리넨(linen)류를 조달하고 투숙고객의 의류 및 직원의 유니폼을 세탁하고 이와 관련된 업무를 수행한다.

리넨이란 아마(亞麻)의 섬유로 짠 엷은 직물을 말하며, 호텔 전체 영업장과 사무실에서 사용되는 모든 천의 종류를 말하며, 수건(towels), 냅킨(napkin), 시트(sheets), 담요(blanket), 커튼(curtain), 테이블 클로스(table clothes), 종사원 유니폼(uniform)등이 있다.

세탁물 관리는 세탁물을 청결하고 위생적으로 처리하는데 목적이 있고 세탁물 서비스(laundry service)는 세탁물의 종류에 따른 자동 및 수동의 세탁공정을 통해서 이루어지고 있다.

3) 식음료부문

식음료부문의 조직 원칙은 음식 및 음료를 가장 효율적으로 조리하고 종사원들의 서비스로서 유효하게 고객에게 제공되어야 하며, 음식(food)과 음료(beverage) 및 서비스의 3가지를 판매하며, 음식물을 조달한다는 의미에서 케이터링(catering)이라고도 하고 있다.

호텔의 식음료는 식사와 음료의 다양성 및 품질로써 주요한 판매상품으로 역할을 하고 있다. 산업사회의 변천에 따라 호텔업의 기능도 숙박기능에서 사회활동의 장소로서 변모되면서 식음료부문의 중요성이 증대되고 있으며, 호텔영업에 있어서의 수입원도 차지하고 있는 비율이 증가하고 있다.

(1) 식당관리

식당(restaurant)이란 식사를 할 수 있도록 설비된 공간이며, 위생적이고 인락한 분위기를 위해 조명이나 실내장식을 고려해야 한다. 식당관리는 식당을 효율적으로 운영, 관리하고 다양한 상품 개발을 통하여 이윤을 극대화는 것이 목표이다. 이를 위해서는 운영시간의 효율성 도모 및 고객관리, 집기·비품·시설의 보존 및 유지관리, 판매 메뉴 및 가격결정, 종사원의 교육관리 등이 있다.

(2) 음료관리

음료(beverage)라고 하는 범주는 알콜성 음료와 비알콜성 음료로 분류하고 있지만, 통상적으로 마시는 것을 통칭 음료라고 하며, 어떤 의미에서는 알코올성 음료를 더 짙게 의미하기도 한다. 음료관리란 음료 판매방안의 수립과 적정가격의 판매, 계절적 감각에 맞는 음료상품의 개발 등과 관련된다.

소믈리에(sommelier)

와인 소믈리에(sommelier)는 와인(wine)관리, 재고관리, 수불 및 저장관리, 판매관리, 고객서비스, 이벤트 개발을 위한 직무를 담당하고 있다.

---

(3) 연회관리

연회(banquet)란 호텔 또는 식음료를 판매하기 위한 시설이 완비된 구별된 장소에서 단체고객에게 식음료와 기타 부수적인 서비스를 제공하는 것이며, 각종 회의, 이벤트, 축제, 환영회나 기념회 혹은 파티 등을 하는 것을 말한다. 연회장은 일반 식당과는 다르게 테이블과 의자가 준비되어 있는 것이 아니라 일정한 장소에서 고객의 요구, 행사의 목적, 인원 등에 따라 여러 형태로 변화할 수 있는 식음료 영업장 중의 하나이다.

연회관리는 각 연회장의 행사예약 및 진행, 행사진행에 필요한 시설·집기에 대한 관리, 메뉴 및 가격 조정을 위한 업무, 고객 안전관리, 출장연회 관리, 종사원의 교육훈련 관리 등이 있다.

(4) 조리관리

호텔에서 식당분야가 차지하고 있는 비중이 높아져가고 있어 조리(cuisine)업무도 그 중요성이 증대되어 가고 있다. 식생활의 변화추세와 함께 다양한 계층의 고객 기호에 맞는 음식을 제공하기 위해서는 고도의 기술과 풍부한 요리지식 및 경험을 필요로 하고 있다. 조리는 훌륭한 시설, 훌륭한 서비스와 더불어 호텔의 3대 요소라고 할 만큼 중요한 요인이 되었으며, 다른 어느 부문보다도 장기적인 노력과 시간을 필요로 하는 기술분야이다.

조리업무의 과정은 고객의 선호도와 메뉴 엔지니어링(menu engineering)의 기법에 의한 식재료의 선정에서부터 청구 및 수령, 보관하는 관리, 적정 원가를 유지하기 위한 원가관리, 식품위생 및 공중위생 등의 위생관리, 각종 설비의 시설관리, 인력 조정 및 근태 파악, 메인 주방을 비롯한 각종 주방의 효율적 운영 및 지원업무 등이 복합적으로 이루어지는 관리이다.

> **메뉴 엔지니어링(menu engineering)**
>
> 일정 기간 동안의 영업성과와 메뉴상에 있는 품목들을 바탕으로 고객이 선호하는 메뉴품목을 조사하는 것으로 판매수량, 판매비율, 공헌이익 등을 분석하여 평가하는 기법이다.

(5) 식품안전관리

식음료의 안전과 위생관리를 위해서 식품위해요소 중점관리(HACCP: Hazard Analysis Critical Control Point) 제도를 도입하고 있다.

이 제도는 식품과 관련된 위해요소를 중점적으로 관리하기 위한 것으로 원료 생산에서부터 최종제품의 생산과 저장 및 유통의 각 단계에 최종 제품의 위생안전 확보에 반드시 필요한 관리계획을 설정하고, 적절히 관리함으로써 식품의 안전성을 확보하는 예방적 차원의 식품위생관리 방식이다.

위해요소 분석(hazard analysis)이란 생산, 가공, 유통 단계에서 발생할 수 있는 위해요소에 대하여 위해의 정도와 관리 방법 등을 분석하는 것이며, 중요 관리점 (critical control point)이란 각 단계에서 확인된 위해를 적절히 관리함으로써 최종 식품의 위생안전을 보장할 수 있는 공정 또는 단계를 지칭하는 것이다.

(6) 원가관리

원가관리(cost control)란 상품을 생산하는 데 있어서 소요되는 원재료를 식자재 및 음료자재로 구분하여 적절한 원가의 유지와 관리를 주된 목적으로 하는 회계영역이며, 식음료 판매에 가능한 한 많은 이익을 창출하기 위해 정보제공, 판매

가격, 제조품목에 투입되는 표준량, 물품구입의 수량 및 질 등을 결정하는 것이다.

원가관리의 기본은 식재료의 흐름을 사전에 설정된 절차와 방법에 따라 관리하고 통제하는 것이며, 식재료를 직·간접적으로 취급하는 곳에서는 통제와 분석이 중요하다.

4) 부대시설부문

부대시설이란 호텔에서 제공하는 객실과 식당 등을 제외한 시설이라고 할 수 있다. 호텔은 고객에게 제공될 수 있는 객실, 식사, 음료뿐만이 아니라 회의와 오락 등 부수적인 상품도 갖고 있기 때문에 부대시설의 다양성은 중요하다고 할 수 있다. 부대시설은 호텔의 이미지와 브랜드를 개선하는 역할을 하고 있고, 상품을 소비하고자 하는 욕구를 창출하기도 한다.

(1) 피트니스센터

건강은 인생을 살아갈 수 있도록 해주는 방법의 한 가지이며, 사회의 이념과 복지를 이룩하는 데 기여할 수 있다. 호텔의 부대시설로서 갖추어진 피트니스센터(fitness center)는 정신적, 육체적 건강을 유지·관리할 수 있는 복합적인 시설이며, 규칙적인 운동을 할 수 있는 공간이다. 이러한 센터는 체인호텔이 건설되면서 사우나 시설 중심에서 수영장, 테니스장, 골프, 체련장, 에어로빅 등으로 확대되었다.

피트니스센터의 중요성은 호텔의 매출액을 증대시킬 수 있고, 호텔의 이미지를 향상시킬 수 있다. 또한 지역사회에 대한 커뮤니케이션 기능을 담당하며, 여가시간의 활용을 위한 레크리에이션 기능도 수행한다.

(2) 오락·유흥시설

효율적인 여가선용의 증대와 문화의 접촉을 통한 정신적인 만족을 추구하려는 노력이 확산되고 있다. 이러한 욕구는 호텔의 영업환경에도 많은 변화를 가져오고 있으며, 카지노시설이나 나이트 클럽 등은 오락의 제공과 사교장으로서의 역할을 수행하고 있다. 특히 이러한 시설들은 악천후에 있어서 대체 관광상품으로서의 기능을 갖게 되며, 식음료부문과 부대시설의 매출액을 증대시킬 수가 있다.

(3) 기타 편의시설

호텔의 기타 편의시설은 아케이드, 면세점, 이·미용실, 서점, 사진관, 기념품점, 화원, 스포츠숍, 골프숍, 스낵코너 등과 같은 시설들을 설치하여 이용자에게 제반 편의를 제공하는 시설로서의 역할을 수행하고 있다.

제**2**절 **외식사업**

1. 외식사업의 개념

　외식이란 일반적으로 넓은 의미의 가정 이외의 장소에서 행하는 식사의 총칭으로 음식제공이라는 기본적인 기능 이외에도 인적 서비스, 분위기, 기타 식사와 관련된 편익제공 등을 포함한다고 할 수 있다. 생존의 수단으로 시작된 식생활은 오늘날 일상생활과 사회생활측면에서 가정이라는 범위 이외에도 가정 밖의 체험이나 욕구를 요구하게 되면서 다양한 형태로 변모하여 왔다. 식생활은 본능적인 생존을 위한 욕망을 충족시키는 기능과 역할에서부터 맛의 효용에 대한 기대 그리고 다양한 소비형태를 통해 오늘날에는 지불능력만 보유하게 되면 시간과 장소에 구애받지 않고 거의 모든 식료와 음료를 원하는 상태로 제공받을 수 있다.

　세계에는 여러 민족 또는 국가가 다른 환경에서 발전시켜온 음식을 특유의 방법으로 먹으며, 식생활을 영위하여 왔다. 일상생활 속에서 접하는 음식과 식품은 오랜 역사의 산물이며, 각 나라의 대표적인 음식이나 기호식품을 보면 문화의 차이를 이해할 수 있다.

　우리들은 사회생활을 영위하는 과정에서 새로운 환경에 접하면서 새로운 문화를 접하게 된다. 특히 관광은 새로운 욕구와 동기를 충족하려고 하는 심리적인 과정으로서 관광일정 중에서 외부에서의 다양한 문화를 접하게 되기도 하는데, 음식의 섭취는 생존을 위해서 가장 기본적으로 다루어져야 할 분야이기도 하다. 관광 또는 여행에 있어서 다른 나라의 음식문화를 알고 이해하는 것은 매우 중요한 인간의 심리이기도 하며, 관광행동의 척도가 되기도 한다.

2. 외식사업의 분류

　외식사업은 일반적으로 메뉴의 종류와 가격, 서비스 등급에 따라서 다음과 같이 구분하고 있다.

1) 패스트 푸드

패스트 푸드(fast food)는 표준화된 조리과정과 위생적이고 밝은 분위기, 빠른 서비스 등으로 종래 음식점에 대한 인식을 바꾸고 체인화 전략을 통해 기업화, 대형화를 이룬 것이 특징이다. 고객은 젊은 층뿐 아니라 식사시간이 부족한 직장인들에게도 인기가 높다.

2) 패밀리 레스토랑

패밀리 레스토랑(family restaurant)은 대규모 투자가 필수적이며, 보통 3~4년 정도 걸리는 자본의 회수기간으로 대기업이 아니면 할 수 없는 외식업종이다. 최근에는 기존의 패밀리 레스토랑과는 차별화된 테마 레스토랑이 등장하고 있으며 각 레스토랑은 자금력을 바탕으로 음식과 서비스의 질을 유지하고, 로열티, 인건비, 식재료에 관한 비용을 절감시키는 합리적인 경영을 위해 노력하고 있다.

3) 퓨전 레스토랑

최근 외식업계에 다양한 식당들이 등장하면서 1980년대 중반부터 성장한 업종이 퓨전 레스토랑(fusion restaurant)이다. 퓨전요리는 미국 캘리포니아에 많이 정착해 있는 동양인들에 의해 시작되고 발전해 왔는데, 동서양의 조리기법 중 장점만을 뽑아 새로운 맛을 창조한 것이다. 현대인들이 건강식에 대한 관심이 늘어나면서 야채를 많이 사용하고, 기름지지 않은 동양요리에 대한 관심이 높아지면서 미국에서 성공한 퓨전 레스토랑은 1990년대 각국으로 전파되기 시작했는데 한국에서도 젊은 층을 중심으로 인기를 끌고 있다.

4) 전문식당

전문식당(dining restaurant)이란 주로 특색 있는 전문요리를 취급하는 고급 레스토랑으로 호텔의 한식당, 중식당, 일식당, 이탈리아 식당 등과 같은 전문식당을 들 수 있다. 테이블 서비스 중심으로 편안한 분위기와 세련된 인테리어, 친절한 종업원들에 의한 고품질의 서비스가 제공된다. 영업시간이 식사시간으로 한정되어 있으며 데일리 스페셜을 비롯해 코스요리가 주요 메뉴를 이룬다. 식사시간이 오래 걸리며 메인코스 이외에 와인이나 기타 음료도 세분화되어 있어 고객의 취향대로 주문이 가능하다.

3. 식생활과 문화

인류가 지구상에 등장한 이후, 인류는 생존을 위해 식량을 얻고 확보하여 저장하는 투쟁의 역사를 통해서 문화를 형성해왔다. 식생활은 인간이 삶을 영위하는데 필수적인 의(衣)·식(食)·주(住) 중의 하나로서 인류의 역사와 더불어 형성되었으며, 식생활의 역사 또한 문화사에서 중요한 역할을 하고 있다. 식생활 문화는 인간을 인간답게 하는 문화적 행동으로서 식생활에 담겨진 문화성은 민족생활의 유적이며, 민족문화의 척도가 된다.

세계에는 여러 민족 또는 국가가 다른 자연환경 속에서 제각기 발달시켜온 음식을 특유의 방법으로 먹으며, 식생활을 영위하여 왔다. 일상생활 속에서 접하는 음식과 식품은 오랜 역사의 산물이며, 각 나라의 대표적인 음식이나 기호식품을 보면 문화의 차이를 이해할 수 있다.

한 민족의 식생활이란 수천 년 동안 그 민족이 특정한 지역에 살아오면서 그 지역에서 생산되는 재료를 이용하여 그 민족의 현실에 맞도록 조리해 왔기 때문에 그 민족의 특성을 반영하는 것이라고 할 수 있다.

식생활 문화는 한 민족이 서로 같은 환경과 역사 속에서 그 지역에서 먹는 것과 관련하여 공통적으로 나타나는 행동양식을 의미하며, 여기에는 식품, 생산, 유통, 소비, 가공, 저장, 조리, 식기와 조리 용구, 상차림의 구성 양식, 식습관과 기호, 위생, 영양상태, 의례음식의 관행, 식품의 금기 풍습 등 생활사, 심리, 사고방식 등 넓은 범위를 포함하고 있다.

긴 역사의 조류 속에서 식생활 문화는 자연·사회·문화·경제 등의 변천에 따라 영향을 받으면서 형성되어 왔고, 각 민족의 식생활 양식은 그 민족의 독특한 의식과 행위 전반에 관한 것부터 인간의 생활양식과 환경 그리고 역사적·지리적·사회적·문화적·경제적 환경에 따라 형성되고 발전된다고 할 수 있겠다.

〈표 10-2〉 **식생활 문화의 형성요인**

요인별	내용	비고
자연적 요인	위치, 풍토, 기후, 지세(地勢) 등	
사회적 요인	종교, 전통, 관습, 풍속, 도시화, 국제화, 정보화 등	
경제적 요인	생활수준, 소득수준, 노동조건 등	
기술적 요인	식품산업, 가공기술, 저장기술 등	
사회 계층적 요인	핵가족화, 세대, 연령, 직업 등	
심리적 요인	생활 가치관, 잠재적 욕구 등	
국제화 요인	국제교류, 식품의 수출화 등	

자료: 성태종 · 이연정 · 이욱 · 박경태 · 김동석 · 박미란 · 김인숙 · 신충진 · 최수근, 음식문화 비교론, 대왕
사, 2007. p.23.을 참고하여 작성함.

4. 식생활 문화권의 분류

민족의 식생활을 주식(主食)과 먹는 방법에 따라서 분류하고자 한다.

1) 주식(主食)에 따른 분류

주식(主食)에 따른 분류는 쌀, 밀, 옥수수, 감자 고구마, 토란, 마 등을 주식으로
하는 문화권이다. 일반적으로 세계 인구는 쌀, 밀, 보리, 호밀, 옥수수, 감자, 고구
마 등을 주식으로 하고 있다.

(1) 쌀을 주식으로 하는 문화권

쌀을 주식으로 하는 문화권은 주로 인도, 동북아시아, 동남아시아이며 우리나
라와 일본 및 중국은 끈기가 있는 쌀밥을 선호하며, 동북아시아 지역에서는 끈기
가 적은 쌀밥 또는 쌀국수를 선호하는 추세가 있다.

(2) 밀을 주식으로 하는 문화권

밀(wheat)을 주식으로 하는 문화권은 인도 북부, 파키스탄, 중동, 중국 북부,

북아프리카, 유럽, 북아메리카 등이며 건조한 곳이어서 수확량이 적고, 목축이 많이 이루어지고 있어서 동물성 식품을 상대적으로 많이 섭취하는 특성이 있다.

(3) 옥수수를 주식으로 하는 문화권

옥수수를 주식으로 하는 문화권은 미국 남부, 멕시코, 페루, 칠레, 아프리카이며, 페루나 칠레에서는 낟알 그대로 또는 거칠게 갈아서 죽을 만들어 먹으며, 아프리카는 옥수수 가루로 수프 또는 죽을 끓여 먹는다.

(4) 서류(薯類)를 주식으로 하는 문화권

서류(薯類: root and tuber crops)란 감자, 고구마, 토란(土卵), 마(yam) 등을 주식으로 사용하는 것이며, 동남아시아와 태평양 남부의 여러 섬 등에서 주식으로 하고 있다. 1550년경에 유럽에 전래된 감자는 현재 밀과 함께 유럽에서 주식으로 많이 활용되고 있다.

2) 먹는 방법에 따른 분류

지구상의 국가들은 먹는 방법에 따라서 분류하는 방법으로 수식(手食)문화, 저식(著食)문화, 기물(器物)문화권으로 분류할 수 있다.

(1) 수식(手食)문화권

수식(手食)문화는 음식을 손으로 집어서 먹는 식문화이다. 음식을 먹을 때 손을 사용하는 것은 다른 문화권에서는 비위생적이고 원시적이라고 생각할 수 있겠지만, 이슬람교·힌두교·남아시아의 일부 지역에서는 엄격한 수식 매너를 지키고 있다. 남아시아·서아시아·아프리카·오세아니아(원주민) 지역의 수식문화권에서는 이러한 생활 자체가 그 문화권의 특색이라고 할 수 있다.

(2) 저식(著食)문화권

저식(著食)문화는 숟가락이나 젓가락을 이용하여 음식을 먹는 문화이다. 중국 문명 중에서 화식(火食)에서 발생하였다고 하고 있으며, 중국과 한국은 수저를 함께 사용하며, 일본은 젓가락만 사용한다. 대표적인 국가는 한국, 일본, 중국, 대만, 베트남 등이다.

(3) 기물(器物)문화권

기물(器物)문화권은 나이프, 포크, 스푼을 쓰는 문화권이다. 17세기의 프랑스 궁정요리에서 정착되었으며, 유럽·러시아·북아메리카·남아메리카 등의 국가 및 지역에서 사용한다.

〈표 10-3〉 **식생활 문화권의 분류**

먹는 방법	특징	지역	인구
수식(手食) 문화권	이슬람교·힌두교·남아시아의 일부 지역에서 발전되었으며, 엄격한 수식 매너	남아시아, 서아시아, 아프리카, 오세아니아(원주민)	24억 (40%)
저식(著食) 문화권	중국 문명 중 화식(火食)에서 발생하였다고 하며, 중국과 한국은 수저를 함께 사용하며, 일본은 젓가락만 사용	한국, 일본, 중국, 대만, 베트남	18억 (30%)
기물(器物) 문화권	나이프, 포크, 스푼을 사용하는 문화권으로 17세기의 프랑스 궁정요리에서 정착	유럽, 러시아, 북 아메리카, 남 아메리카	18억 (30%)

자료: 이지현·김선희, 글로벌 시대의 음식문화, 기문사, 2013. pp.14-15을 참고하여 재작성함.

5. 식문화와 관광

인류의 탄생과 함께 세계는 나라와 지역의 생활문화를 토대로 식문화가 발전 변화되어 왔다고 할 수 있다.

관광 및 여행에 있어서도 역사적으로 고대 로마시대의 주요 관광동기 및 목적은 크게 종교, 요양, 식도락, 예술 감상, 등산 등의 형태가 나타났으며, 로마 사람들은 그리스 사람들보다 훨씬 미식가였다고 한다. 이 사실은 당시의 조리교본인 『조리의 왕(De re Coquinaria)』이 출간된 것을 보아도 알 수 있으며, 이로 인하여 포도주를 마셔가며 식사를 즐기는 식도락(食道樂 : gastronomia)이라는 말이 전해올 정도로 유명하였고 이는 중요한 관광형태의 종류가 되었다.

이러한 요인으로 인하여 로마시대에는 미식으로 인한 비만증에 걸린 병자들이 증가하게 되었으며, 이로 인하여 남 이탈리아의 바이아(Bia)는 비만치료를 위한 온천 요양관광지로 발달하였으며, 요양객을 위하여 연극을 공연하고 카지노가 설치 운영되었다고 한다. 이것이 바로 오늘날의 요양 온천관광이라는 형태를 탄생시키기도 하였다.

외식산업은 현대사회에 들어와서 성장속도가 매우 빠른 산업임과 동시에 현대인의 생활 패턴에서 중요하게 자리를 차지하고 있는 산업이다, 이러한 외식산업은 미국에서 1950년대부터 급속히 발달하기 시작하였으며, 세계 주요 국가들의 경제가 발전하면서 하나의 중요한 산업으로 인식하게 되었다. 대표적 서비스산업의 하나인 외식산업의 경우 이러한 문화의 교류가 무엇보다도 중요시되고 있다.

오늘날 세계 각국은 경제성장 및 교육수준의 향상과 더불어 개인의 의식과 생활양식의 변화와 새로운 문화에 대한 기대수준이 향상되고 있다. 이러한 기대 수준의 변화는 식생활에 있어서도 향상된 소득에 힘입어 질적 소비패턴으로 크게 변화되면서 개성적인 식사를 선호하며, 자신의 기호를 추구하는 식문화를 즐기려고 하는 계층도 많이 발생하고 있다.

특히 관광은 타 문화에 대한 이질성(異質性)을 경험을 체험하며, 식사와 문화 등을 이해하려고 하는 욕구 및 동기가 증가하면서 관광지 내지는 체재지에서의 생활환경에 대한 동경심과 문화 이질감을 직접 체험하려고 하는 여행자들이 증가하고 있다.

CHAPTER

11

리조트와
테마파크

제1절 리조트 사업
제2절 테마파크

11 리조트와 테마파크

제 1 절 리조트 사업

1. 리조트의 개념

리조트(resort)의 어원은 프랑스어에서 유래되었으며, 자주 방문하는 장소를 의미한다. 리조트란 심신(心身)이 지친 사람들이 피로를 풀고 회복하기 위해서 자주 찾아가서 즐기는 곳이라고 할 수 있다. 고대 로마시대에는 로마인들이 자연 온천수가 나오는 주변의 리조트에서 보양(保養)과 휴양을 하면서 건강을 유지하기 위해서 자주 찾았던 것으로 추측된다.

리조트의 개념적 정의는 '사람들을 위해 휴양 및 휴식을 제공할 목적으로 일상생활권을 벗어나 자연경관이 좋은 곳에 위치하여 레크리에이션 및 여가활동을 위한 다양한 시설을 갖춘 종합단지(complex resort town)'라고 할 수 있다.

따라서 리조트란 '자연경관이 수려한 일정 규모의 지역에 관광객의 욕구를 충족시킬 수 있는 현대적인 복합시설이 갖추어진 지역으로 사람들의 심신단련, 휴양 및 에너지의 재충전하여 삶의 활력소를 찾을 수 있도록 하는 목적으로 개발된 활동중심의 체류형 종합 휴양지'라고 할 수 있다.

리조트는 오늘날 흔히 '종합 레크리에이션 센터' 또는 '체재형 관광지'라고 부르지만 정확한 개념에 대해서는 견해에 따라 차이가 많다. 옥스퍼드 사전에 의하면, 리조트는 리조트 랜드(resort land), 리조트 타운(resort town), 리조트 콤플렉스(resort complex) 등으로 부르기도 하며, '휴가 · 건강회복 등을 위해 사람들이 찾아가는 곳으로 정의하고 있다. 또한 웹스터 사전에 의하면 '휴가를 이용한 휴식과 레크리에이션을 위하여 사람들이 많이 방문하는 곳'으로 정의하고 있다.

리조트의 탄생배경은 명확하지 않지만 오늘날까지 전해져오고 있는 근거는 다음과 같다. 첫째, 고대 로마시대의 공중목욕문화에서 시작되었다는 견해이다. 둘째, 영국·프랑스 등의 국가에서는 일조량의 부족을 극복하기 위한 관점에서 시작되었다는 점이다. 즉 2천 년 전 고대 로마시대 베수비오 화산의 폭발로 한 순간에 화산재에 묻혀버린 이탈리아의 폼페이 도시가 우연히 발견(1874년)되어 전설의 도시로 전해오는 가운데 잿더미 속에서 발견된 그 당시의 건물 곳곳 목욕탕과 욕조는 물론 벽화에서도 목욕문화를 나타내주고 있는 것을 보아 리조트의 효시는 목욕문화에서 탄생하였다고 해도 과언이 아니라는 점이다.

2. 리조트의 분류

리조트의 분류는 사람들의 활동형태에 따라서 다양하게 분류할 수 있으며, 일반적으로 레크리에이션이라는 시설을 핵심으로 호텔·콘도미니엄·유스호스텔·펜션(pension) 등의 숙박시설을 비롯하여 식음료시설, 헬스시설 등 다양한 편의시설 등으로 구성되어 있으며, 리조트의 생성요인에는 숙박 및 휴양기능이 중심이 된다고 하겠다.

리조트의 분류는 입지, 이용 및 활동목적, 활동형태 및 시설목적 등 다양한 특성으로 분류할 수 있으나, 일반적으로 학자들에 따라서 입지, 이용목적, 활동형태 및 시설목적에 따라서 분류하고 있다.

1) 입지에 의한 분류

입지에 의한 분류는 산지형, 해안형, 전원형, 도시형으로 구분할 수 있으며, 리조트의 일반적 요소라는 관점에서 숙박과 식음료, 스포츠 관련 시설이 주축이 된다고 할 수 있다.

〈표 11-1〉 입지에 의한 분류

구분	리조트 유형	주요 활동
입지	산지형(mountain resort)	스키, 골프, 등산, 산악자전거, 행글라이더 등
	해안형(seaside resort)	요트, 윈드 서핑, 수상스키, 래프팅(rafting), 스킨스쿠버 등
	전원형(rural resort)	수목원 산책, 각종 체험 프로그램 등
	온천형(spa resort)	스파
	도시형(urban resort)	놀이공원(theme park), 동·식물원, 전시장, 공연장 등

자료: 김우진, 호텔·리조트 부대시설 경영론, 기문사, 2012. p.67. 및 김기홍·서병로·강한승, 웰니스 산업, 대왕사, 2013, pp.157-168.을 참고하여 작성함.

2) 이용목적에 따른 분류

이용목적에 따른 분류는 어떤 활동을 위해서 조성되어 운영되고 있는지에 대한 분류라고 할 수 있다.

〈표 11-2〉 이용목적에 따른 분류

구분	리조트 유형	주요 활동
이용 목적	골프 리조트(golf resort)	경기 참여 및 관람
	스키 리조트(ski resort)	
	온천 리조트(spa resort)	숙박시설 위주의 요양, 보양 등의 목적
	카지노 리조트(casino resort)	
	테마 리조트(theme resort)	특정 대상을 학습하고 경험 가능한 주제
	마리나 리조트(marina resort)	
	비치 리조트(beach resort)	해수욕 및 휴양
	교육/연수 리조트(education/training resort)	
	생태관광 리조트(ecotourism resort)	자연친화적 휴양 및 산림치유

자료: 김우진, 호텔·리조트 부대시설 경영론, 기문사, 2012. p.67. 및 김기홍·서병로·강한승, 웰니스 산업, 대왕사, 2013, pp.157-168.을 참고하여 작성함.

3) 활동형태 및 시설목적에 따른 분류

소비자들이 행동하고 활동하는 형태와 병행하여 조성된 관점에서 구분하여 분류하는 것을 의미한다.

〈표 11-3〉 **활동형태 및 시설목적에 따른 분류**

구분	리조트 유형	주요 활동
활동형태 및 시설목적	스포츠 리조트(sports resort)	
	헬스 리조트(health resort)	건강
	휴양 리조트(vacation resort)	휴양 중심으로 섬, 산과 같은 곳에 위치
	마리나 리조트(marina resort)	
	스키 리조트(ski resort)	
	관광/유람 리조트(sight-seeing resort)	산악지역, 호수 등과 같은 곳에 위치
	복합 리조트(multi complex resort)	숙박, 위락, 상업, 편의시설 등의 복합시설

자료: 김우진, 호텔·리조트 부대시설 경영론, 기문사, 2012. p.69. 및 김기홍·서병로·강한승, 웰니스 산업, 대왕사, 2013, pp.157-168.을 참고하여 작성함.

3. 외국의 리조트

영국이나 프랑스 지역은 연중 80% 이상 비가 오거나 흐리고 안개가 끼어 습도가 높아서 일조량의 부족으로 인하여 날씨가 쾌청한 지역의 해변이나 온천지역으로 이동하여 일광욕을 즐기려고 하는 관점에서 이러한 국가들의 리조트가 발달하고 탄생하였다고 하여도 과언이 아니다.

영국은 1660년경 킹 찰스 2세가 리조트를 사용한 것이 효시가 되었으며, 프랑스에서는 벨기에 사람이 온천에서 지병을 치료(1326년)한 것이 오늘날 스파(spa)로 지칭되며 효시가 되었다고 한다. 스위스에서는 1800년까지 여름 휴가철의 리조트에서 1860년경 겨울 휴가철의 스키 리조트를 변화시킨 것이 효시이며, 그 후 여름과 겨울의 연중 헬스와 스파를 이용하게 하는 것은 물론 이들을 위한 갬블(gamble)을 할 수 있는 공간을 마련하여 운영함으로써 리조트 경영의 혁신을 가져왔다.

미국에서는 18세기경 동부의 온천지역에서 시작되어 로드 아일랜드(Rhode Island) 등의 해안지역으로 확대되어 나갔으며, 타운(town)을 가로지르는 철도의 건설(1868년)을 계기로 본격적으로 발전하였다. 19세기경에는 건강목적의 휴양과 애틀랜타(Atlanta) 부두의 오락시설을 이용하기 위하여 많은 사람들이 몰려들기 시작하였고, 이들에게 숙박시설을 제공하는 것을 시작으로 발전하게 된 대표적인 도시가 애틀랜타였으며 당시 리조트의 효시를 이루었다고 한다.

외국에서 급격한 도시화와 산업화에서 오는 긴장감, 물질적 풍요에서 오는 정신적 폐해의 극복을 위한 형태에서 현대 사회가 지향하는 성향으로 부응하기 위한 형태로 변화되고 있으며, 복합형 리조트의 확산을 가져오게 되는 계기를 조성하게 되었다.

4. 한국의 리조트

한국의 리조트 역사는 스키장에서 시작되었다고 할 수 있다. 용평스키장이 개장(1975년)하면서 숙박시설을 공동으로 소유하는 콘도미니엄은 경주의 한국콘도가 효시(1980년)다. 단순한 숙박시설이던 콘도미니엄이 1980년대 이후 스키장들과 결합하며 본격적인 리조트 시대가 시작되었다고 할 수 있다.

소득수준의 향상과 여가시간의 증대에 따른 여가 생활욕구의 증대로 인하여 숙박 위주의 콘도미니엄보다는 사계절 종합레저타운 개념이 2000년대에 나타나면서 발전하고 있으며, 리조트들은 골프·스키·온천·물놀이 시설과 여러 가지를 체험할 수 있는 프로그램을 만들어서 고객에게 제공하기 위한 노력을 하고 있다.

리조트 시장에선 시설과 규모, 서비스에서 차별화 경쟁을 하고 있으며, 고객을 위한 럭셔리한 특급 리조트들이 탄생하고 있으며, 새로 지어지는 고급 리조트들은 객실 규모를 대형화하는 경향을 보이고 있다. 건물도 기존의 빌딩 형태가 아닌, 복층 구조의 단독 빌라 형태의 리조트가 일반적인 추세이며, 이러한 리조트들은 객실을 일반인에게도 개방하는 기존 리조트들과 달리, 회원제로 운영되는 것이 특징이다.

이러한 운영환경의 변화 추세는 해외 고급 리조트를 경험한 사람들이 급증하였고 소득 향상과 여가시간 증가 등 공급자 위주의 리조트 시장이 수요자 중심으로 재편되고 있다는 것을 의미한다. 고급 리조트는 호텔식 컨시어지(concierge) 서비스가 접목되고 고객이 도착할 때부터 떠날 때까지 직원들의 지원서비스가 이루어지고 있다.

여가생활의 보편화는 국민 레저생활의 일부분으로 정착되면서 리조트의 발전 가능성이 높고 중·장기적으로 자연·건강 등 특화된 테마를 가진 고품격 리조트가 각광받을 것이라고 보고 있으며, 건강·치유·생태 등의 테마를 가진 친환경 리조트들이 한층 주목을 받을 것으로 전망된다.

5. 리조트산업의 발전방안

1) 입지의 선정

리조트는 입지산업의 특성이 강하며, 입지의 선정은 리조트사업의 성패와 직결이 된다. 입지가 선정이 되면 모든 측면에서 정책에 영향을 줄 수 있다. 입지로 인해 시설 도입, 가격정책, 운영방향 등 모두 영향을 받게 되며, 시설 규모 및 배치와 같은 공간구성은 매우 중요한 요소이다. 리조트에 대한 적정한 투자로 시설을 조성하고 트렌드(trends)변화에 대처하기 위해서는 시설 위치의 변경이나 재배치를 통해서 상품을 기획할 수 있는 유연성이 필요할 수 있다. 리조트를 개관하기 위해서는 준비기간부터 인·허가 과정, 개발과 안정적 운영을 통한 수익성 확보를 위해선 많은 소요기간이 필요하게 된다.

2) 개발목표의 설정

종전에는 온천이나 기후를 중시한 요양·보양 목적으로서의 리조트 개발이 우선이었으나, 현대에는 골프·스키·요트·수영을 비롯한 스포츠활동을 즐기려는 활동형의 욕구가 높아져서 복합형 리조트가 증가하고 있다. 과거와는 달리 현대의 리조트 개발형태는 복합형 리조트의 개발이 보편화되고 있으며, 리조트의 테마성·독창성·창조성 등이 개발 초기부터 중요시되어 건설되고 있다.

이러한 복합형 리조트의 확산 및 대중화는 경제의 고도성장에 의한 국민소득 및 생활수준의 향상, 각종 기술과 기계의 발달로 인한 여가의 증대에 중요한 원인이 있다고 할 수 있다. 공급 측면에서는 국민들의 레저욕구를 충족시키면서 수익성을 확보하기 위해 기업들과 관심 있는 지방정부들의 리조트사업에 대한 인식이 변화되어 가고 있다. 다만, 환경문제가 심각하게 대두되고 생태환경을 중시하면서 자연을 훼손시키는 리조트 개발은 크게 제약을 받을 것으로 전망된다. 따라서 자연을 보호, 관리하면서 개발하는 생태(ecology) 중심의 리조트가 크게 증가할 것으로 예상된다.

3) 환경변화(소비자 트렌드) 고려

오늘날 현대인들에게 있어서 삶의 질에 대한 가치관의 변화와 사회적 동기는 획기적인 교통수단의 발달과 소득의 증대, 여가의 확대 등과 더불어 리조트산업에 커다란 영향을 미치게 되었다.

급격한 도시화와 산업화에서 오는 긴장감 해소의 증대, 물질적 풍요에서 오는 인간의 정신적 욕구 증대, 여가에 대한 가치관의 변화, 교육 수준의 향상, 통상무역의 확대 및 교통수단의 발달에 따른 관광현상의 다양화 및 개별화 등도 리조트산업에 많은 영향을 주고 있다. 결국 오늘날 리조트 산업을 발달시키는 중요한 요소로 교육 및 소득수준의 향상, 여가의 증대, 교통수단의 발달, 현대사회의 관광지향 성향의 변화 등은 리조트산업의 변화를 촉진하는 계기가 되고 있다.

고령화 사회, 정보화 사회, 국제화 사회의 가속화는 사람들의 삶에 많은 변화를 초래할 것으로 예상된다. 이러한 환경변화 트렌드는 기존의 스키, 골프 등의 스포츠를 중심으로 한 리조트도 중요한 의미가 있으나, 건강이나 문화를 강조하는 신개념의 리조트가 각광받을 것으로 전망되고 있다.

4) 가격정책

가격정책은 소비자들의 이용률을 높이고 고객을 유치할 수 있는 마케팅적 요소이다. 공급자 시장일 경우에는 가격상승이 투자의 매력이 되었으나, 수요자 시장으로 전환됨에 따라 가격정책은 투자한 자금을 조속히 회수하기 위한 중요한 전략적 요소이다.

고객이 상품의 가치를 느낄 수 있도록 하는 내재 가치가 필수적이며, 가격의 적정성을 통해서 이용률을 높이고 소비자를 보호하는 정책이 우선되어야 하며, 보급형 회원권으로 투자비를 회수하는 방안을 강구한다. 소비자는 리조트에 관한 다양한 정보를 접할 수 있고 장·단점의 비교가 가능한 시장이기 때문이다.

제 **2**절 테마파크

1. 테마파크의 역사

테마파크는 고대 그리스와 로마에서 상거래를 촉진시키기 위하여 행하여진 교역박람회에서 그 기원을 찾을 수 있다. 17세기에는 놀이정원이라는 일종의 파크(park)가 프랑스 전역에서 생겨나 유럽으로 확대되기 시작하였으며, 중세 유럽과 아시아에서 발달된 박람회·축제·서커스 등과 같은 오락프로에서 진화되었다고 볼 수 있다.

어뮤즈먼트 파크(amusement park)는 17세기의 영국과 프랑스 등에서 산업혁명으로 인한 도시의 발전과 혼잡한 사회생활 속에서 인간적인 여유를 찾기 위한 움직임이 그 배경이라고 할 수 있다.

1930년대에 접어들면서 영화를 비롯한 여러 가지 대체적인 오락수단이 개발됨으로써 어뮤즈먼트 파크는 중대한 기로에 서게 되었으며, 대표적인 어뮤즈먼트 파크로서는 미국 뉴욕 근교의 코니 아일랜드(Coney Island), 덴마크 코펜하겐의 티볼리 공원(Tivoli Gardens) 등을 들 수 있다.

18세기에 들어와 교역박람회나 놀이정원에 각종 탑승물이 설치되기 시작하였고, 특히 19세기 미국의 철도산업, 자동차가 보급됨으로써 유희시설이 보다 대형화되었고, 탑승, 관람, 공연, 식당, 상품점 등 편의시설을 설치하게 되었다.

테마파크는 어뮤즈먼트 파크가 가지고 있는 요소에 영화, 공연기능 등과 같은 통일적인 테마를 중심으로 연출함으로서 다양한 체험과 만족감을 줄 수 있게 되었다.

1950년대 미국 캘리포니아의 디즈니랜드(1955년)와 플로리다의 디즈니월드(Disney World)가 개장되면서 본격적인 테마파크의 시대가 열렸다고 할 수 있으며, 다양한 테마가 복합적으로 구성되어 이용자들의 각광을 받게 되었고 세계적인 명소가 되기도 하였다.

테마파크가 산업화된 배경은 오락공원에 대한 수요의 증대가 기본적으로 작용하였지만, 중요한 요인으로는 자동차 수요를 증대시키기 위한 미국의 자동차업계의 '경영전략'이 내재되어 있었고 육상교통과 항공산업의 발전 역시 미국 전역에 테마파크의 새로운 시장을 촉진시켰다고 할 수 있다.

한국은 1960년대 동식물을 소재로 한 산책과 휴식을 위한 공원의 형태가 일부 지역의 도시공원에 설치된 것이 시초이다. 1970년대부터 경제발전이 가속화되면서 어린이 대공원이 놀이공원으로 개장하였고, 전통미를 테마로 하는 용인민속촌이 개장(1974년)되었지만 이들은 체험보다는 관람 위주의 형태였다. 대규모 놀이시설을 갖춘 복합레저 공원인 경기도의 용인 자연농원(에버랜드)이 개관(1976년)하면서 테마파크의 새로운 장을 열었다.

2. 테마파크의 개념

테마파크(주제공원)란 명확한 테마, 즉 주제를 설정하고, 제반 시설·구경거리·음식·쇼핑 등, 종합적인 위락공간을 구성하여 방문객들로 하여금 놀이에서 휴식까지 하나의 코스로 즐기도록 하는 위락시설이라고 정의할 수 있다.

초기의 테마파크는 어뮤즈먼트 파크(amusement park)의 원형인 유원지(leisure land)였는데 명확한 주제 설정도 부족하고 방문객의 흥미와 관심을 유도할 수 있는 소재도 미약해 단순히 오락성을 띤 장소에 지나지 않았다.

일반적으로 테마파크(theme park)란 일정한 테마(주제)에 입각하여 유기시설의 유무에 관계없이 전체의 환경 만들기와 쇼 또는 이벤트 등의 소프트웨어를 결합해 공간 전체를 연출하여 오락을 제공하는 시설로 만들어진 유원지 내지는 레저시설로 정의할 수 있다. 기존의 유원지에 테마를 준 공원으로 유원지보다도 한 단계 발전한 것이다.

테마파크에서 말하는 주요 테마는 일상의 반복과 지루함에서 벗어나 새로운 환상과 공상의 세계, 옛 시절의 향수(鄕愁)를 불러일으킬 수 있는 내용, 혹은 역사의 한 부분을 재현하는 내용 등 비일상적이고 비현실적인 내용이 주종을 이룬다고 할 수 있다.

미국의 디즈니 사에 의해 탄생(1955년)된 테마파크(theme parks 또는 themed amusement parks)는 'LA 디즈니랜드'에서 기원을 찾을 수 있지만, 디즈니 사(社)의 유명한 캐릭터인 미키 마우스(Mickey Mouse)를 근간으로 하여 인종, 성, 연령에 관계없이 많은 사람들이 이용하는 거대한 산업으로 성장하였다.

이러한 배경을 바탕으로 세계 각국에서는 관광수입의 증대와 국민들의 복지적 차원에서 각 국가의 특성과 성격에 맞는 독특한 주제의 크고 작은 테마파크를 조성하고 있다.

한국에서는 일반적으로 공중위생관리법의 규정에 의한 종합유원시설업을 통칭하는 개념으로 유기장업이라 표현을 하고 이것을 하나의 산업으로 파악할 때 유원산업이라고 한다.

3. 테마파크의 분류

테마파크의 분류는 리조트시설 중에 테마성을 부가한 리조트형 테마파크를 비롯하여 관광지 안에서 문화적 테마를 전개한 관광형 테마파크 그리고 일상적인 어뮤즈먼트 시설 중에 테마를 도입한 위락형 테마파크로 그 성격을 규정하여 분류할 수 있다. 또한 형태로 분류해 본다면, 환경재현형, 정보전시형, 문화관광형, 자연공원형, 체험 시뮬레이션형, 이벤트형 등으로도 구분할 수 있다.

테마파크의 주제에 따른 분류는 문화와 역사공원(culture & historic park), 애니메이션 공원(animation park), 정원과 예술공원(garden & art park), 과학과 첨단기술공원(science & hi-tech park), 수상공원(water park), 스튜디오 공원(studio park), 복합형 공원(complex park) 등으로 분류할 수 있다.

1) 공간별 분류

테마파크의 공간적 분류는 테마파크가 위치하고 있는 지역공간의 여건에 따른 분류방식으로 자연공간과 도시공간의 활용형태 및 테마파크의 성격에 따라 주제형과 활동형으로 분류할 수 있다.

첫째, 자연공간과 주제형 파크는 동식물 · 어류 · 생명체 등
둘째, 자연공간과 활동형 파크는 리조트 · 바다 · 고원 · 온천 등
셋째, 도시공간과 주제형 파크는 산업 · 과학 · 풍속 · 구조물 등

넷째, 도시공간과 활동형 파크는 스포츠 · 어뮤즈먼트 · 건강 · 예술 등

리조트시설 중에 테마의 특성을 부여한 테마파크와 리조트의 사례는 있지만, 대부분은 관광지 안에 문화적 테마를 포함한 테마파크는 관광적인 성격을 갖는 것이 많다.

2) 주제별 분류

테마파크의 주제별 분류는 테마파크를 구성하고 있는 개발 콘셉트(concept)와 시설 및 이벤트 프로그램 등에 부여된 주제에 따른 분류방식으로서 민속, 역사, 생물, 산업, 예술, 놀이, 환상적 창조물, 과학 하이테크, 자연자원 등이 주제가 될 수 있다.

〈표 11-4〉 테마파크의 주제별 분류

주제 설정	개발 콘셉트	비고
사회 · 역사 · 민속	민가(民家), 건축, 민속, 공예, 예능, 풍속 등	
생물	동물, 새, 고기, 식물 등	
산업	광산(鑛山)유적, 지역 산업시설, 전통공예 등	
예술	음악, 미술, 조각, 영화, 문학	
놀이	스포츠, 놀이기구 등	
환상적 창조물	캐릭터, SF영화, 동화, 만화, 서커스, 과학 등	
과학 하이테크	우주, 로봇, 바이오, 통신	
자연자원	자연경관, 온천, 공원, 폭포, 하천	

자료: 김창수, 테마파크의 이해, 대왕사, 2011, p.28.을 참고하여 작성함.

3) 형태별 분류

전 세계적으로 다양하게 존재하는 테마파크의 형태에 따라서 학습형태, 산업형태, 오락형태로 분류하고 있다.

〈표 11-5〉 테마파크의 형태별 분류

구 분	주요 주제	내용
학습 형태	자연(nature)	자연현상, 물고기·바다, 조류, 야수(野獸)
	역사(history)	유적, 역사, 민가, 거리(距里), 민화(民話) 등
	예술·예능(art)	음악, 회화(繪畵)·조각, 문예, 전통예능·연극 등
산업 형태	1차산업(farm)	과수원, 목장, 원예(꽃) 등
	2차산업(factory)	광산업, 공예업, 양조업, 과자업, 완구업 등
	3차산업(shopping)	전통공예, 특산물의 전시 및 판매 등
오락 형태	외국 풍물(foreign)	특정 국가·거리
	연예(entertainment)	캐릭터, 예능, 과학, 역사 등
	놀이·건강(recreation·health)	워터 파크, 스포츠, 온천·헬스
	유원지 및 게임(amusement)	유원지, 게임 등

자료: 문화체육관광부, 유기장업 육성발전세미나 자료, 1997. p.50. 및 김우진, 호텔·리조트 부대시설 경영론, 기문사, 2012. p.220.을 참고하여 작성함.

4) 개념별 주제와 내용별 분류

테마파크의 개념별 주제와 내용에 따른 분류는 테마파크의 주제에 따라 상상의 세계, 미래과학, 친환경, 교육과 예술로 구분할 수 있다.

〈표 11-6〉 테마파크의 개념별 주제와 내용에 따른 분류

개념별 주제	내용	사례
상상의 세계 (imaginations)	꿈·환상, 오락, 영화, 동화·만화, 캐릭터, 신화·전설(간접체험), 미니어처, 서커스(아크로바트)	
미래과학 (future & science)	교통, 우주, 미래, 통신, 바이오, 게임(가상현실)	
친환경 (nature & life)	동물, 식물, 곤충, 바다, 물고기, 자연, 물, 불	
문화(culture)	건축·풍속(상징물), 구조물, 민속(상황 재현)	
교육과 예술 (education & art)	과학, 문화, 예술, 전설·역사, 인물, 교육	

자료: 김창수, 테마파크의 이해, 대왕사, 2011. pp.29-30.을 참고하여 작성함.

4. 테마파크 사업의 특성

테마파크를 개발함으로써 초래되는 사회·경제적 효과는 테마파크산업이 갖는 산업적 특성에 관한 것이다. 테마파크산업은 국민들의 소득이 일정 수준에 도달한 이후에야 비로소 발전할 수 있는 '소득 탄력적'인 성격을 갖는 산업이며, 상대적으로 입지조건의 유연성을 갖고 있는 지역산업으로 발전할 가능성이 높다.

1) 공간·장치 산업

테마파크산업은 초기 막대한 투자를 필요로 하는 자본집약적인 공간·장치산업이다. 따라서 테마파크의 비용구조는 대체적으로 토지 및 설비비가 높고 고정자산 관련비용(감가상각비, 보험료, 토지 등의 세금, 임차료 등)이 높은 비중을 차지하고 있다.

또한 테마파크산업은 채산성을 맞추기 어려운 산업이기 때문에 성공한 테마파크는 초기의 투자규모를 매출액의 2배 이내로 억제하고 있으며, 용지투자는 초기투자의 10% 이내, 인건비의 비중은 매출액의 20% 전후이며, 테마파크의 운영비용은 건설비용의 절반으로 억제하는 것이 타당하다. 따라서 테마파크의 성공과 관련하여 중요한 요소는 재방문객의 비율을 어느 정도로 높일 수 있을 것인가 하는 점과 입장객의 단가(평균 수입)는 체류기간에 정비례하기 때문에 입장객의 체류시간을 늘리는 방안이 절실히 요구된다는 점이다.

2) 노동집약적 산업

테마파크산업은 투자비용이 일반적으로 높고 설정된 테마파크의 특성에 따라서 이에 부합하는 서비스가 반영되어야 한다. 이용객에게 다양한 서비스를 제공하기 위해서는 테마파크의 주제에 따라서 안전 및 시설관리를 비롯하여, 식음료 서비스, 영화, 디자인, 음악, 연출, 조명, 의상 등 분야별 특성에 업무영역에 적합한 전문인력이 요구되는 노동집약적인 산업이다. 시설률의 증가는 고노동력의 확보를 의미하고 있으며, 이로 인하여 종업원의 고용을 높일 수밖에 없다는 것을 의미하며, 인건비의 비중이 높을 수 있다.

3) 과점적 산업이지만 독점적 산업

테마파크산업은 초기에 막대한 투자를 필요로 하는 장치산업이고, 테마파크의 경영기법이나 전문인력을 확보하지 못한 기업의 테마파크산업의 참여는 고유의 경영기법이 없을 경우에는 채산성을 맞추기 어렵기 때문에 소수의 대기업이 참여하는 일종의 과점시장적 형태를 띤다.

한국의 경우에도 입장객 수와 매출액 측면에서 에버랜드, 롯데월드, 서울랜드가 비교적 높은 과점시장 체제에 가깝다. 반면에 지방에 광범하게 산재하고 있는 유원시설업은 독자적인 테마에 따라 나름대로의 독점력을 갖고 있지만 지역주민을 주된 고객층으로 하고 있으며, 더욱이 비슷한 규모의 업체들과 상호 경쟁을 해야 하지만 특정한 주제를 갖고 있는 일종의 독점적 산업이라고 할 수 있다.

4) 계절적 산업

테마파크산업의 운영과 관련하여 특징적으로 지적할 수 있는 것은 판매의 수급 조절이 어려운 계절산업이라는 점이다. 특히 야외 테마파크의 경우에는 계절 변동과 날씨 변동에 민감한 산업이다. 세계적으로 유명한 대부분의 야외형 테마파크는 3월이나 4월 중에 피크(peak)영업을 시작하여 9월에서 11월 중에 피크영업을 종료하는 계절에 따른 개원과 폐원이 이루어지고 있다. 이용객의 편중현상은 레저사업이 공통적으로 직면하고 있는 특징 가운데 하나이지만, 테마파크의 경우에는 레저사업보다 심각한 시간대·요일·계절별 이용객의 편중현상이 발생되고 있다.

이로 인하여 수요의 예측이 어렵기 때문에 유사한 사례를 비교하고 관광지로서의 평가, 교통편의 등과 같은 요소들을 종합적으로 판단할 수밖에 없다.

계절적 요인으로 인하여 레저사업과 유원지 사업이 직면하고 있는 경영상의 문제점은 인건비의 상승, 인원의 부족, 경쟁의 심화, 설비비 및 운영비의 증가, 설비의 부족, 요금조정의 어려움 등으로 레저사업의 공통적인 문제점이다. 이용객의 편중 현상도 레저사업보다도 유원산업이 월등히 높은 경영상의 어려움이 있다고 지적하고 있다.

5) 첨단 종합산업

테마파크의 질적 수준은 과학기술의 발달 수준에 의해 결정된다고 할 수 있으며, 이들 산업에서 축적된 경영기술을 적극적으로 활용할 필요가 있다.

미국에서 출발한 테마파크는 유럽을 거쳐 아시아와 기타 지역으로 확산되고 있으며, 최근에는 고도의 과학기술을 테마파크에 도입하는 첨단기술 공원(science & hi-tech park)이 각 국가에 출현하고 있다.

테마파크 산업은 종합적인 산업기술의 발전을 필요로 하는 첨단형 산업 내지는 종합산업이다. 미래의 테마파크는 최첨단 과학기술을 활용한 과학과 첨단기술 공원(science & hi-tech park) 형태가 주류를 차지하게 될 것이라는 예측이다.

5. 테마파크산업의 발전방안

1) 소비자 트렌드 변화

테마파크가 요청되는 사회·경제적 배경은 소비자들의 욕구 변화이다. 인간의 욕구는 경제발전 초기의 생존욕구로부터 경제가 발전함에 따라 점차 고차적인 발달욕구로 나가게 된다. 소비자 욕구의 변화는 욕구 수준이 고도화, 다원화되어 간다는 것을 의미할 뿐만 아니라 문화에 대한 기대가 커지게 됨으로써 저렴한 복제물이 아닌 진짜를 추구하게 된다는 것이다.

테마파크는 교통시설이 정비되고 자동차가 보급됨에 따라 행동반경이 확대되고 수요시장도 확대되었다. 결국은 이용자들을 확보하기 위한 치열한 마케팅 경쟁이 발생하게 되었다. 따라서 다양한 상품 개발과 서비스 품질 향상, 안정성 확보 등은 중요한 운영조건이 되었다고 하겠다.

2) 특색 있는 주제설정

테마파크는 각 국가 및 지역적 특성에 부합하는 다양한 소재들이 있으며, 현존하는 테마파크의 주제도 수없이 많이 있다. 따라서 이제는 테마파크를 건설할 경우에는 독자성과 지역성을 지닌 아이덴티티(identity)를 확립하고 소비자들에게 이미지를 전달할 수 있는 테마를 구축하는 것이 필수적이다. 특성에 부합하지 않고서는 경쟁력이 약화되기가 쉬우며, 향후에는 지역별 특성에 맞는 다양한 소재들이 지역의 산업들과 연계하여 다양한 테마파크가 출현하게 될 것이다.

〈표 11-7〉 특색 있는 테마파크 사례

구분	사례	비고
꿈과 모험 그리고 미래	디즈니랜드	
역사와 과거시대의 재현	노츠베리 팜의 서부개척시대, 한국 민속촌	
우주·과학	스페이스 월드, 엑스포 랜드	
음악과 문화	오프리 랜드의 컨트리 뮤직	
영화	유니버설 스튜디오	
공장	허시 초콜릿 파크	
물과 어류	씨 월드, 오션파크	
야구	보드워크 앤드 베이스볼	
도전과 용기	식스 플래그스, 매직 마운틴	

3) 지역산업 연계형 테마파크 개발

테마파크의 건설은 국가 전체에 생산유발 효과를 가져오는 동시에 지역에는 지역주민들에 대한 고용창출과 조세수입의 증대를 통한 사회간접자본의 정비에 따른 생활 기반시설의 정비효과 등을 가져온다. 특히 테마파크산업은 일종의 종합산업이기 때문에 연예산업을 육성시키게 됨과 동시에 도시의 활성화와 정보도시로서의 새로운 가치를 창조할 수도 있다.

테마파크의 건설은 국가 전체에 끼치는 효과와 지역사회에 끼치는 효과로 구분할 수 있는데 테마파크는 일정한 공간을 매개로 하는 지역산업이다.

통상적으로 테마파크의 개발은 사회·교육적 효과를 가져 오게 되며, 지역에 테마파크가 건설됨으로써 당해 지역은 이미지를 새롭게 하는 계기가 될 뿐만 아니라 주민의 애향심을 높여주고, 주민의 문화예술에 대한 향수능력을 증진시켜 주기도 한다. 또한 자연을 소재로 한 테마파크의 건설은 자연환경의 보호 및 관리에 좋은 효과를 미칠 가능성이 높다.

TOURISM
BUSINESS

카지노와 국제회의

12

카지노와 국제회의

제 1 절 카지노업

1. 카지노업의 역사

1) 외국

카지노게임은 17~18세기 유럽의 귀족사회에서 사교의 한 수단으로 소규모 클럽 형태로 운영되기 시작한 것을 근대적인 카지노의 시작으로 보고 있다. 독일에서는 18세기 중엽부터 온천 주변인 바덴바덴(Baden-Baden)과 비스바덴(Wiesbaden)에 카지노게임이 설치되어 운영(1820년, 20개)되었다고 한다.

19세기에는 회원제(club style) 중심의 카지노가 유럽 각국에서 개업하였으며, 유럽인들의 활동이 활발해지면서 카지노가 전 세계에 확산되기 시작하였고 20세기 초까지는 유럽지역이 카지노의 중심지였다.

미국에서는 서부 개척기 이래 도박이 성행하였으나 카지노라는 시설을 선보인 것은 19세기 중엽 미시시피강에 떠있는 2천여 척의 호화 카지노 여객선이었다. 미국에서는 주(states)정부에서 생존 노력과 정부재원을 확충하기 위해 복권 추첨을 하였으며, 경제적 곤란으로부터 해결하는 수단으로 이용되었다. 따라서 미국정부는 정부의 수입에 포함시키는 규정을 제정해 갬블링(gambling)에 보다 큰 관용을 베풀어 주었다.

그러나 오늘날과 같이 사업의 한 형태로 발전하게 된 것은 1930년대 미국에서 대공황을 극복하기 위한 하나의 대책으로 네바다주에서 합법화(1931년)되어 카지노를 본격적으로 육성하여 상업적 성격의 카지노로 발전하여 카지노의 중심지로 등장하였다. 미국에 도입된 카지노는 유럽 지역의 소규모 클럽형태를 과감히 탈피하여 거대한 기업형태로 발전하였다.

카지노가 세계적으로 자리를 잡게 된 것은 1960년대 이후로 미국, 유럽, 아시아, 아프리카 국가들이 외화획득과 세원확보를 목적으로 카지노산업을 육성하게 되었다. 1970년대까지의 미국 카지노는 단순한 도박 위주의 도박장에 불과했으나 1980년에 들어와서 카지노는 리조트로 탈바꿈하였고, 카지노의 이미지는 가족단위의 휴양지로 변화하면서 미국 전역으로 확산되었다.

2) 한국

한국에서의 카지노 설립은 외국인을 상대로 하는 오락시설 중 외화획득에 기여할 수 있다고 인정하여, 외래관광객 유치를 위한 관광산업 진흥책의 일환으로 외국선박의 출입이 많은 인천에 선원들이 즐길 수 있는 올림포스호텔 카지노를 허가(1967년)한 것이 카지노업의 시작이며, 일본 오키나와(Okinawa)를 찾아가는 주한미군을 유치하기 위해 외래 관광객을 위한 전용위락 시설인 서울 워커힐 카지노가 개설(1968년)되었다.

1960년대 "복표발행현상기타사행행위단속법"의 개정(1969년)으로 그동안 카지노에 내국인 출입을 허용하였던 것을 내국인을 상대로 사행행위를 하였을 경우 영업행위의 금지 또는 허가 취소의 행정조치를 취할 수 있게 하였다. 따라서 카지노에 내국인 출입이 제한되어 외국인만을 대상으로 이용하게 하는 제한적인 근거가 되었다.

1970년대에 카지노업은 주요 관광지에 확산되어 속리산, 제주, 부산, 경주 지역에 카지노가 신설되었다.

1980년대에 들어와서 강원도, 제주에 신설되었고 카지노의 신규 허가완화로 제주도 지역의 카지노가 속속 개장하게 되었다.

1980년대 말 석탄합리화 조치가 시행되면서 강원도 지역은 석탄 생산량이 급격히 감소되어 지역경제가 크게 위축되자 경제를 회생시키는 대책의 일환으로 '강원도 정선군 고한읍 백운산 지구'를 국내에서 유일하게 내국인 출입이 가능한 카지노 리조트 건설지로 정하게 되었다. 정부에서는 지역 간의 균형 있는 발전과 주민의 생활 향상을 위해 '폐광지역 개발 자원에 관한 특별법'을 제정(1996년)하였으며, 강원도 폐광지역에 국내 최초의 카지노 설립을 추진할 (주)강원랜드가 발족(1999년)하였으며, 내국인 출입을 허용하는 카지노가 허가되었다.

〈표 12-1〉 **한국 카지노업의 변천사**

연도	주요 내용
1961	• 카지노업 운영을 위한 최초의 관련 법규 "복표발행현상기타사행행위단속법"의 제정
1967	• 최초로 인천 올림포스 호텔 카지노업장 개장
1968	• 워커힐 호텔의 카지노업 개장
1969	• "복표발행현상기타사행행위단속법"의 개정으로 카지노업장에 내국인 출입 금지
1971	• 속리산 관광호텔 카지노업장 개장
1975	• 제주 칼 호텔 카지노업장 개장
1978	• 부산 파라다이스 비치호텔 카지노업장 개장
1979	• 경주 코오롱 관광호텔 카지노업장 개장
1980	• 강원 설악파크 호텔 카지노업장 개장
1985	• 제주 하얏트 호텔 카지노업장 개장
1990	• 신규 카지노업장 개설에 따른 완화 조치(제주 그랜드호텔, 제주 홀리데이인 크라운 플라자, 제주 서귀포 칼 호텔, 제주 오리엔탈 호텔 카지노업장 개장)
1991	• "복표발행현상기타사행행위단속법"이 "사행행위 등 규제법"으로 개정 • 경찰청의 개설로 인한 카지노업의 허가 등 관련 업무가 지방경찰청장으로 이관 • 제주 신라호텔 카지노업 개장
1994	• 관광진흥법 내에 카지노 관련 법규 마련(관광진흥법에 의한 관광사업으로 규정) • 행정조직의 개편(1994년)에 따른 관광 주무부서가 교통부에서 문화체육부로 이관
1995	• 제주 라곤다 호텔 카지노업장 개장, 속리산 관광호텔 카지노장 폐업
1997	• 카지노 전산시설을 이용한 영업실적 기록 의무화 • 관광진흥법 시행규칙 개정(1997년 12월 1일) 공포되어 카지노 영업종류에 슬롯머신, 비디오게임 및 빙고게임이 신설 허용됨(1998년 1월 2일 시행)
1998	• 카지노업은 문화관광부 관광국에서 허가, 운영, 지도, 감독 등을 관할 • 카지노산업 허가 완화 및 외국인 투자에 관한 법령안 입법예고 • 카지노 설립을 총 지휘할 (주)강원랜드 발족(6월) • 컨벤션 센터 등 국제회의 시설에 카지노 설치 허용

1999	• 폐광지역 종합개발사업 카지노 리조트 기공식(정선, 1999년 9월 1일) • 외국인 투자 촉진법 개정으로 5월부터 카지노 산업에 대한 외국인 투자 허용 • 카지노 감독 전문기구 설립 추진(5월) • 국내 최초로 카지노산업에 대한 위락사업 전문업체의 주식이 일반 공모형태로 발행
2000	• 강원랜드(주) 카지노 리조트 개관
2003	• 강원랜드의 스몰 카지노 폐장 및 강원랜드 메인 카지노 개장
2004	• 제주국제자유도시특별법(2004.1.28)의 신설로 제주지역의 관광사업에 5억 달러 이상 투자하는 경우 외국인 카지노 허가 특례
2005	• 그랜드코리아레저㈜에 3개 카지노 신규허가(서울 2개, 부산 1개)
2006	• 제주지역 카지노 인·허가권 제주특별자치도에 이양
2007	• 카지노 등 사행산업을 통합 관리 감독하는 사행산업통합 감독위원회 출범
2013	• 새만금사업 추진 및 지원에 관한 특별법(법률 제11542호, 2013년 9월 12일 시행)에 의거 새만금 사업지역에서의 관광사업에 투자하려는 외국인투자 금액이 미합중국화폐 5억 달러 이상인 경우에 외국인전용 카지노업 허가
2014	• 리포&시저스(LOCZ) 코리아, 인천 경제자유구역 내 카지노업 사전심사 적합 통보
2015	• 크루즈산업의 육성 및 지원에 관한 법률(법률 제13192호, 2015년 8월 4일) 신설
2016	• 인스파이어 인티그레이티 리조트(Inspire-IR)사의 인천 경제자유구역 내 카지노업 사 전심사 적합 통보

자료: 문화체육관광부, 2017년 관광동향에 관한 연차보고서, 2018, pp.325-326. 및 기타 자료를 참고하여 작성함.

2. 카지노업의 개념

카지노(casino)의 어원은 도박, ̈음악, 쇼, 댄스 등 여러 가지 오락시설을 갖춘 집회장(작은 집)이라는 의미의 이탈리아어 카사(casa)이고, 르네상스 시대에는 귀족이 소유했던 사교 오락용(댄스, 당구, 도박 등)의 별관을 뜻했으나 지금은 해변, 온천, 휴양지 등에 있는 일반 실내 도박장을 의미한다.

국어사전에서는 카지노의 개념을 음악, 댄스, 쇼 등 여러 가지 오락시설을 갖춘 실내 도박장으로 정의하고 있으며, 웹스터 사전에는 모임, 춤 그리고 전문 갬블링(professional gambling)을 위해 사용되는 건물이나 넓은 장소라고 정의되어 있다.

이러한 사전적 정의의 의미에서 카지노는 일반적으로 여가선용이나 사교를 위한 공간이라는 개념이었고 주로 갬블링이 이루어지는 것이었으나, 오늘날 카지노는 다양한 행사 및 쇼 등을 제공하는 장소로 변화하고 있다.

관광진흥법에 의하면 카지노업이란 "전용영업장을 갖추고 주사위·트럼프·슬롯머신 등 특정한 기구 등을 이용하여 우연의 결과에 따라 특정인에게 재산상의 이익을 주고 다른 참가자에게 손실을 주는 행위 등을 하는 업"으로 규정하고 있다. 또한 카지노 영업소에 입장하는 자는 외국인(해외이주법의 규정에 의한 해외이주자를 포함한다)에 한하도록 규정되어 있다.

카지노는 관광사업의 발전과 연관되어 있으며, 특히 관광호텔 내의 부대시설로서 외래 관광객에게 게임, 오락, 유흥을 제공하여 체재기간을 연장하고 외화를 획득할 수 있는 사업 중에 하나가 되었다.

3. 카지노업의 운영

한국의 카지노업은 다른 관광사업과는 달리 사업을 운영하기 위해서는 허가요건이 필요하고 허가를 받아야 하며, 법적인 시설기준은 다음과 같다. ① 전용영업장을 갖추어야 하고, ② 외국환 환전소를 설치해야 하며, ③ 카지노 영업을 위한 4종류 이상의 게임기구 및 시설, ④ 카지노 전산시설 등을 갖추어야 한다.

> **카지노의 영업종류**
>
> 룰렛(Roulette), 블랙잭(Black jack), 다이스(Dice, Craps), 포커(Poker), 바카라(Baccarat), 다이사이(Tai Sai), 키노(Keno), 빅휠(Big Wheel), 빠이까우(Pai Cow), 판탄(Fan Tan), 조커 세븐(Joker Seven), 라운드 크랩스(Round Craps), 트란타 콰란타(Trent Et Quarante), 프렌치 볼(French Ball), 챠카락(Chuck-A-Luck), 슬롯머신(Slot Machine), 비디오게임(Video Game), 빙고(Bingo), 마작(Mahjong), 카지노 워(Casino War) 등이 있다.

또한 카지노사업자는 카지노 운영과 관련하여 준수해야 할 사항이 있으며, 건전한 육성·발전을 위하여 필요하다고 인정하는 영업준칙을 준수하여야 한다. 이경우 당해 영업준칙에는 카지노업의 영업 및 회계 등에 관한 사항이 포함되어야한다. 카지노사업자는 총매출액의 일정 비율에 상당하는 금액을 관광진흥개발기금(관광진흥개발기금법)에 납부하여야 한다.

카지노 운영과 관련하여 영업방법에 대한 규제사항이 있는데, 내·외국인 출입 관련 여부 등을 비롯하여 카지노 영업에 해당되는 규제가 있다.

첫째, 게임종류의 규제이다. 대부분의 국가들은 카지노게임 진행과정에서 있을 수 있는 속임수나 카지노 수입 누락 등을 정부가 효과적으로 통제할 수 있는 범위 내에서 종류와 운영규칙 등을 허용하고 있다.

둘째, 영업시간에 대한 규제이다. 대부분의 카지노 관련 법규에서 카지노 영업시간을 제한하고 있다. 카지노의 영업시간을 규제하는 목적은 다음과 같다. ① 게임 참가자가 과도하게 게임을 몰두하는 것을 방지하고, ② 행정 및 관리상의 편의와 사회안전을 유지하기 위한 것이다.

셋째, 알코올 규제이다. 알코올 규제는 카지노에서 고객에게 주류를 절대 제공할 수 없도록 하는 경우와 음주는 허용하되 만취한 고객에게는 게임을 할 수 없도록 규제하는 경우가 있다.

넷째, 광고규제이다. 카지노의 광고허용 문제는 카지노업이 사회에 미칠 수 있는 부정적인 영향 때문으로 가능한 한 규제를 하고 있다고 할 수 있다.

4. 카지노업의 경영

1) 카지노업의 경영방식

카지노의 경영방식은 소유직영방식(ownership management)과 임대방식(lease)으로 분류할 수 있다. 대부분의 카지노는 임대방식으로 운영되고 있어 고객을 유치하는 방식에 차이점이 발생된다는 것이다.

카지노업 경영방식

- 소유직영방식이란 호텔이 카지노를 직접 소유하고 경영하는 형태이다. 이와 같은 방식으로 여러 개의 기업을 운영하려면 자금, 입지, 인력 면에서 충분한 조건을 갖추고, 카지노 경영의 노하우가 축적되어 있어야 한다.
- 임대방식이란 자금 조달능력을 갖지 못한 기업체가 카지노사업에 참여할 경우 이 방식을 사용하고 있으며, 일부 업체가 임대방식으로 운영되고 있다.

임대방식의 경우에는 호텔업과 카지노업과의 의견 상충으로 인해 고객을 유치하기 위한 통합적 마케팅활동이 어렵다. 이러한 이유는 소유주가 다르고 호텔업은 호텔경영방식으로, 카지노업체는 카지노 경영방식으로 운영하는 데 따른 문제점이라고 할 수 있다.

소유직영방식은 통합적 마케팅활동이 가능하고 객실료와 식·음료 업장의 가격 인하가 가능하며, 고객 유치를 위한 다양한 정책의 수립이 가능하다.

카지노업에서 중요한 과제는 마케팅을 효과적으로 수행하는 것이며, 카지노 고객을 유치하기 위해서 무료쿠폰을 보내기도 한다. 이 방법은 가장 보편적 마케팅 수단이며, 손님의 도박시간과 평균 배팅액수를 곱해 무료(complementary)로 적립해 줌으로써 객실·식사 이용 등에 사용할 수 있도록 하는 정책으로 다른 카지노에 손님을 뺏기지 않으려는 방법이다. 카지노업은 고객을 위한 다양한 서비스의 제공과 프로그램의 개발을 통해서 운영하는 방안이 필요하다.

2) 카지노업의 조직

카지노업은 규모나 운영방식에 따라서 차이가 있고, 입지조건, 제공되는 게임의 종류, 소유권 형태, 경영진의 경영철학과 경영능력 등에 따라서 다소 차이점이 있으나, 기업으로서의 경영목적을 합리적으로 달성하기 위한 조직목적은 공통적인 현상이다.

카지노업의 조직원칙은 여러 가지 환경적 요소를 고려한 효율적인 조직이 되어야 하며, 카지노 사업으로서의 영업을 위한 공통적인 기능은 필수적이며, 대다수의 업체에서는 카지노 영업준칙에 의한 카지노 경영조직을 갖추고 있다고 하겠다. 카지노업 영업준칙이 나오기 전까지는 카지노의 경영을 여러 가지 방법으로 구분했으나, 카지노업의 조직을 일반적으로 분류하면 영업부서, 판촉부서, 관리부서 등으로 구분할 수 있다.

또한 카지노의 원활한 영업활동 및 효율적인 내부통제를 위하여 크게 이사회, 카지노 총지배인, 영업부서, 안전관리부서, 출납부서, 환전상, 전산 전문요원 등으로 구성되어 있다.

한국의 경우에는 영업과 판촉 그리고 관리기능으로 그 특성을 분류할 수 있으며, 카지노사업의 운영과 관련된 직종들은 다음과 같다.

(1) 딜러

딜러(dealer)란 카지노 영업장 내에서 이루어지는 각종 게임을 수행(conduct)하는 직원으로 게임의 종류 및 행위에 따라 호칭을 달리한다.

(2) 플로어 맨

플로어 맨(floor man : pit boss)은 주임급부터 계장, 대리, 과장급까지 게임 테이블을 운영할 책임 있는 간부로서, 딜러(dealer)의 관리, 근무배치, 교육 등을 담당하고, 고객을 접대하며, 담당 테이블의 상황을 상사에게 보고한다.

(3) 시프트 보스

시프트 보스(shift boss : shift manager)는 과장급부터 차장, 부장급까지로 시프트의 일괄 책임자로서, 해당 시프트에 대한 인력관리, 카지노시설 및 근무시간 동안의 모든 플로어 맨(floor man : pit)을 운영, 감독한다.

(4) 제너럴 매니저 & 어시스턴트 매니저

제너럴 매니저 & 어시스턴트 매니저(general manager & assistant manager)는 차장, 부장급에서 이사급까지 카지노 운영 전반에 걸쳐 최고의 책임자이다. 해당 부서의 인력관리, 카지노 시설관리, 일일운영에 대한 책임을 진다.

(5) 케이지

케이지(cage)란 영업장에서의 현금 출납을 관장하는 곳으로 종사원 호칭을 캐셔(cashier)라고 하며, 직급별로 호칭을 달리하고, 케이지는 회계(accounting)부서 또는 관리부서에 속한다.

(6) 뱅크

뱅크(bank)는 업장 내의 칩(chips), 카드(card) 출납을 관장하는 곳으로, 게임

테이블에 칩을 필(fill) 또는 크레디트(credit) 하는 업무를 담당한다. 뱅크는 영업부에 속하며, 하얏트에 있는 카지노 외에는 뱅크(bank)란 명칭 및 부서가 없는 것으로 알려지고 있다.

(7) 시큐리티

시큐리티(security)는 보안 또는 섭외라는 명칭으로 불리며, 영업장 내의 안전유지 및 외부인(업장 출입을 할 수 없는 자)의 통제 및 카지노 재산보호가 주요 임무이다.

(8) 서베일런스 룸

서베일런스 룸(surveillance room)은 모니터 룸(monitor room)이라고 불리며, 전 업장을 감시·보호·녹화하여 분쟁이 발생하였을 때 자료를 제공하고, 종사원(employee), 고객(customer), 게임 테이블(game table) 등의 상황을 심사, 분석할 수 있는 기능의 역할을 한다.

(9) 그리터

그리터(greeter)는 카지노 호스트(host), 주로 판촉부 소속으로 고객의 접대 일체를 담당하는 직원으로 판촉부 직원의 경우가 많다.

(10) 카지노 바

카지노 바(casino bar)는 카지노에 입장한 고객에게는 주류, 음료, 식사 등을 제공하는 직원이며, 바텐더(bartender), 요리사(cook), 식음료 서버(server) 등이 있다.

(11) 인포메이션 데스크

인포메이션 데스크(information desk : check room)는 카지노에 입장하는 고객에게 입장권의 발권 및 카지노 안내, 게임 설명 및 귀중품 보관 등의 업무를 수행한다.

(12) 일반 관리

일반 사무직과 같은 관리부 직원으로 총무, 경리, 기획, 비서, 전산, 사무직 등을 비롯하여 영선, 기사(driver), 미화 등이 있으며, 근무수칙에 의거 업무가 수행된다.

5. 카지노업의 과제와 전망

카지노에 대한 인식은 한국을 포함한 아시아 지역의 국가들은 종교적 이념과 도덕성 때문에 북미나 유럽에 비하여 활성화되지 못했다. 카지노의 합법화 여부에 대한 조사와 대중적인 의견을 수렴하는 과정에서 카지노와 범죄와의 관련성에 관하여 많은 의견을 제기하였고, 또한 게임의 도덕성에 대해 의문을 제시하여 카지노산업이 사회에 미치는 악영향을 우려하여 카지노에 대한 반대 의견을 피력하고 있다. 그러나 일부 견해에 의하면 카지노업이 다른 산업에 비해 더 많은 범죄를 야기한다는 주장에는 어떤 근거도 없다고 의견을 제시하고 있다.

전 세계적으로 많은 국가에서는 카지노사업을 합법화하고 장려함으로써 외화획득과 세수확보, 지역경제 활성화의 수단이 되고 있다. 한국의 카지노는 이용자의 제한과 도박장이라는 부정적인 인식이 팽배해 제도적인 차원의 지원이나 촉진보다는 통제와 규제의 대상으로 이해되었다.

그러나 카지노사업은 외화획득에 기여하며, 호텔영업에 대한 기여도가 높다고 한다. 카지노 고객은 호텔의 객실, 식·음료, 유흥시설, 기타 부대시설을 이용하기 때문에 호텔에 부수적인 매출액을 증가시킨다. 카지노 고객들은 대부분 스위트(suite) 객실을 사용하고 있으며, 카지노게임이 목적이고 카지노업체에서 초청하는 고객의 대부분은 호텔에 투숙하는 동안 호텔 내에서 소비하고 있다. 개인고객이나 일반 단체고객들은 비즈니스(business)나 관광을 목적으로 호텔에 투숙하기 때문에 호텔 밖에서 식·음료를 많이 이용하고 있으나 카지노 고객은 영업장이 있는 호텔에 숙박하기를 원하고, 카지노 게임을 즐기다 보면 체재기간이 연장되며, 매출도 증가하기 때문에 호텔 영업에 큰 기여를 하게 된다.

카지노산업은 노동집약적 성격의 기업으로서 인적자원에 대한 의존도가 타 기업에 비해 높다고 할 수 있다. 악천후 시에 야기되는 기상조건에도 불구하고 영업장 내에서 이루어지는 상품이기 때문에 상품의 한계성이 없으며, 야간에 특별한 상품이 없는 경우에도 대체상품으로도 이용될 수 있어 상품의 한계성을 극복할 수도 있는 상품이라고 할 수 있다.

카지노는 최근 들어 레크리에이션 및 오락의 의미로서 재인식되고 있다. 세계 주요 국가들도 카지노가 창출하는 조세수입의 증대와 지역경제에 미치는 영향을 고려해 카지노를 긍정적으로 인식하는 경향이 높아지고 있다. 카지노업에 대한 인식도 변화해야 하며, 카지노사업에 대한 올바른 이해를 위해서는 정부, 국민, 카지노 관련업체 등의 지속적인 노력이 필요하다.

제**2**절 **국제회의업**

1. 국제회의의 개념

국제회의란 통상적으로 공인된 단체가 정기적 또는 부정기적으로 주최하며, 3 개국 이상의 대표가 참가하는 회의를 말한다.

국제회의란 국제적인 이해에 관한 사항을 논의하기 위하여 국제기구 혹은 국제기구에 가입한 단체 및 국내 단체가 주최·후원하는 국제적인 규모의 회의를 말하며, 3개국 이상의 참가와 2일 이상의 회의기간이 소요되는 회의를 국제회의라고 할 수 있다. 그러나 국가나 대표적인 전문 국제기구나 국내에서 정의한 기준에 따라서 기준을 달리하고 있다.

1) 국제협회연합

국제협회연합(UIA : Union of International Associations)은 국제회의란 국제기구가 주최 또는 후원하는 회의이거나, 국제기구에 가입한 국내 단체가 주최하는 국제적인 규모의 회의로서 참가자 수가 300명 이상(외국인이 40% 이상)으로 참가국 수는 5개국 이상이며, 회의기간은 3일 이상이어야 한다.

2) 국제회의전문협회

국제회의전문협회(ICCA : International Congress & Convention Association)에서는 국제회의란 참가자 수(100명 이상), 참가국가의 수(4개국 이상)에 대하여 규정하고 있다.

3) 아시아국제회의협회

아시아국제회의협회(AACVB : Asian Association of Convention & Visitors Bureaus)는 2개 대륙 이상에서 참가하는 회의를 국제회의로 규정하고 있으며, 동일한 대륙에서 2개국 이상 국가가 참가하는 것은 지역회의로 정의하고 있다.

4) 한국관광공사

국제기구 본부에서 주최하거나 국내 단체가 주관하는 회의로서 외국인 참가자 수(10명 이상), 참가국 수(3개국 이상), 회의기간(2일 이상)에 대해 규정하고 있다.

〈표 12-2〉 **국제회의에 대한 개념 분류**

구분 국별	정의주체	정의내용	참가국수	참가자수 *	참가자중 외국인수	회의기간
국 외	세계국제회의 전문협회 (ICCA)		4개국 이상	1백명 이상		
	국제회의연합 (UIA)	국제기구가 주최 또는 후원하거나 국제기구 에 가입한 단체가 주 최하는 국제적인 규모 의 회의	5개국 이상	300명 이상	40% 이상	3일 이상
	아시아 국제회의연합 (AACVB)	• 국제회의: 2개 대륙이상에서 참가하는 회의 • 지역회의: 2개국 이상의 국가가 참가하는 회의				
국 내	새 우리말 큰사전	국제적 이해에 관한 사항을 심의 결정하기 위하여 여러 나라의 대표자에 의해서 열리는 공식적인 회의				
	한국관광공사	국제기구본부에서 주 최하거나 국내 단체가 주관하는 회의	3개국 이상		10명 이상	2일 이상

	문화체육
	관광부
	(국제회의
	산업육성에
	관한 법률)
		•국제기구 또는 국제기구에 가입한 기관 또는 법인, 단체가 개최하는
		  회의
		  – 해당 회의 5개국 이상의 외국이 참가하고, 회의 참가자가 300인
		    이상(외국인 100명 이상)이며, 3일 이상 진행되는 회의일 것
		•국제기구에 가입하지 않은 기관 또는 법인, 단체가 주최하는 회의
		  – 회의 참가자 수 중 외국인이 150명 이상이고, 2일 이상 진행되는
		    회의				

자료: 한국관광공사, 한국 국제회의 산업현황, 1995, p.18. 및 대전광역시, 컨벤션산업 현황보고, 1999, p.4.

2. 국제회의의 중요성

1) 국제교류 측면

국제회의산업은 확대 및 다양화되는 분야로서 경쟁 또한 치열해지고 있으며, 단체회의, 기업회의 및 인센티브 관광 그리고 전시회 등과 같은 회의가 증가하고 있고, 마이스(MICE :Meeting, Incentive, Convention, Exhibition)산업 개념이 등장하는 등 여러 분야가 복합적이고 연계적으로 활성화되고 있다. 특히 냉전체제의 종식으로 국제정세의 안정 추세에 따른 국제교류협력이 증대되고 있으며, 다양한 회의를 통해서 국가 간의 친선을 도모할 수 있다.

2) 국가홍보 측면

세계 국가들은 국제회의 전담기구를 설치하고 컨벤션센터를 건립하는 등 유치 노력을 강화하고 있으며, 정부관광기구(NTO: National Tourism Organization)는 정부와 업계가 공동으로 이미지 홍보와 여건 조성 등 적극적이고도 협력적인 유치 활동을 전개하고 있다.

대부분의 국가들은 국제회의의 개최가 국가 홍보 및 위상을 높일 수 있다는 인식하에 도시(都市) 단위로 공공부문과 민간부문의 협력하여 국제회의를 성공적으로 유치하고 운영하기 위한 켄벤션 전문조직(CVB: Convention & Visitors Bureau)을 설치·운영하는 등 조직을 강화하고 있다.

3) 경제적 측면

국제회의는 일반 관광객에 비해서 체재기간이 길고 관광 관련 사업의 매출액에도 기여하는 비중이 높기 때문에 국가적 차원에서도 조세수입이 많으며, 이로 인한 경제 승수효과가 높아 고용창출도 높은 것으로 제시되고 있다. 또한 GDP에 대한 공헌도 측면에서도 경제적 측면과 전체 민간산업에서 차지하는 비율이 점차로 증가하고 있다고 제시하고 있다.

한국에서도 국제회의산업의 비중과 중요성을 인식하고 국제회의 참가 고객을 대상으로 소비액을 조사한 바에 의하면 일반 관광객보다 1인당 평균 소비액도 지출이 높았으며(1.8배 이상), 체재기간에서도 일반 관광객의 체재 일수(4.9일)에 비해서 높게(7.6일) 나타났다. 또한 참가자들은 회의 전후(前後) 관광(pre& post tour)을 즐기고(50%) 배우자를 동반(32.5%)한 것으로 조사되었다. 이는 국제회의 개최가 그만큼 경제적 효과가 크다는 의미이다.

4) 관광적 측면

국제회의는 대량의 관광객 유치는 물론 양·질의 관광객 유치효과를 가져오게 된다. 국제회의 참가자는 대부분 개최지를 최종 목적지로 선택하기 때문에 체재일수가 비교적 길며, 일반 관광객보다 1인당 소비액이 높은 것으로 분석(3배 이상)되고 있다. 특히 계절과 관계없이 개최가 가능하기 때문에 관광비수기 타개책의 일환이 될 수 있는 전천후 종합 관광산업이다.

3. 국제회의의 종류

국제회의(convention)의 종류에는 다양한 견해들이 제기되고 있으며, 한국관광공사는 크게 국제회의의 종류를 성격별 분류와 형태별 분류로 구분하고 있다. 성격별 분류에는 기업회의, 협회회의, 비영리단체 회의 및 정부기구회의 등을 포함하고 있다.

회의성격에 의하면 국가 간의 이해 조정을 위한 교섭회의, 전문학술회의, 참가자 간의 우호증진이 목적인 친선회의, 국제기구의 사업결정을 위한 정기회의 등 다양하다고 할 수 있다.

〈표 12-3〉 **국제회의의 종류**

종 류	내 용
회의(meeting)	모든 종류의 모임을 총칭하는 가장 포괄적인 용어이다.
컨벤션 (convention)	회의 분야에서 가장 일반적으로 쓰이는 용어로서, 정보 전달을 주목적으로 하는 정기 집회에 많이 사용되며, 전시회를 수반하는 경우가 많다. 각 기구나 단체에서 개최하는 연차총회의 의미로 쓰였으나, 최근에는 총회, 휴회기간 중 개최되는 각종 소규모 회의, 위원회 회의 등을 포괄적으로 의미하는 용어로 사용된다.
콘퍼런스 (conference)	컨벤션과 같은 의미를 가진 용어로서, 유럽지역에서 빈번히 사용되며, 주로 국제 규모의 회의를 의미한다.
포럼 (forum)	제시된 한 가지의 주제에 대해 상반된 견해를 가진 동일 분야의 전문가들이 사회자의 주도하에 청중 앞에서 벌이는 공개 토론회로서, 청중이 자유롭게 질의에 참여할 수 있으며, 사회자가 의견을 종합한다.
심포지엄 (symposium)	제시된 안건에 대해 전문가들이 다수의 청중 앞에서 벌이는 공개토론회로서, 포럼에 비해 다소의 형식을 갖추며, 청중의 질의 기회는 적게 주어진다.
패널 디스커션 (panel discussion)	청중이 모인 가운데 2명~8명의 연사가 사회자의 주도하에 서로 다른 분야에서의 전문가적 견해를 발표하는 공개 토론회로서, 청중도 자신의 의견을 발표할 수 있다.
클리닉(clinic)	클리닉은 소그룹을 위해 특별한 기술을 훈련하고 교육하는 모임이다.
전시회 (exhibition)	전시회는 판매자(vendor)에 의해 제공된 상품과 서비스의 전시모임을 말한다. 엑스포지션(Exposition)은 주로 유럽에서 전시회를 말할 때 사용되는 용어이다.
워크숍 (workshop)	콘퍼런스, 컨벤션 또는 기타 회의의 한 부분으로 개최되는 짧은 교육 프로그램으로, 30명~35명 정도의 인원이 특정 문제나 과제에 관한 새로운 지식, 기술, 아이디어 등을 서로 교환한다.
무역박람회 (trade show)	무역박람회(교역전)는 부스(booth)를 이용하여 여러 판매자가 자사의 상품을 전시하는 형태의 행사를 말한다. 전시회와 매우 유사하나 다른 점은 컨벤션의 일부가 아닌 독립된 행사로 열린다는 것이다.
인센티브 트레블 (incentive travel)	대기업이 자사 제품의 판매량을 증대시킬 정책의 일환으로, 기업이 제시한 일정 기간 동안 영업목표량을 초과 달성한 직원이나 대리점을 선정하여, 포상으로 물품이나 돈을 주는 대신 여행을 보내주는 것을 말한다.

자료: 한국관광공사, 한국 국제회의 산업 현황, 1996, pp.6-8 참고로 작성함.

4. 국제회의업의 분류

국제회의업은 국제회의시설업과 국제회의기획업으로 분류하고 있다.

1) 국제회의시설업

국제회의시설업은 대규모 관광수요를 유발하는 국제회의를 개최할 수 있는 시설을 설치·운영하는 사업으로서 전문 회의시설을 갖추고 있어야 하며, 국제회의의 개최 및 전시의 편의를 위하여 부대시설로 주차, 쇼핑, 휴식시설을 갖추고 있는 업이다. 국제회의시설의 법적 분류는 국제회의의 개최에 필요한 회의시설, 전시시설 및 이와 관련된 시설 등을 갖추고 있어야 하며, 국제회의 시설은 전문 회의시설, 준 회의시설, 전시시설 및 부대시설로 구분하고 있다.

2) 국제회의기획업

국제회의기획업은 "대규모 관광수요를 유발하는 국제회의(세미나·토론회·전시회 등을 포함한다)를 개최할 수 있는 시설을 설치·운영하거나 국제회의의 계획, 준비, 진행 등의 업무를 위탁받아 대행하는 업"으로 정의되고 있다.

국제회의와 전시회는 성격에 따라 준비 과정이나 운영, 행사진행 등 다양성을 필요로 한다. 이러한 국제회의의 특성상 기획의 전문성과 다양성으로 인하여 국제회의를 전문적으로 수행하기 위한 사업의 필요성이 대두되었고 국제회의 전문기획(PCO : Professional Convention Organizer)의 출현과 발전을 가져오게 되었다.

국제회의기획업은 각종 회의를 성공적으로 수행하기 위해서 주최측을 보좌하고 관광회사, 항공사 등과 같은 교통·운송회사, 쇼핑업체, 숙박업체 및 기타 관련업체들이나 관련 정부기관, 국제회의 전담 정부기구 등과 회의의 원활한 운영에 필요한 긴밀한 업무 협조관계를 유지한다. 이러한 외부기관과의 업무 협조에 회의안(案)을 전문적인 내용으로 편성하고 회의장·숙박시설·통역사 등의 관련 용역 및 시설을 효과적으로 관리한다. 따라서 이러한 업무를 전체적으로 조화를 시켜 주최 측이나 참가자들로 하여금 그 행사가 효율적으로 조직되고 운영된다는 확신을 갖게 한다.

5. 국제회의업의 업무

국제회의업은 국제행사의 추진과 진행, 종결 등과 관련하여 다양한 기능을 수행하고 있다. 따라서 국제회의업의 분류에 따라서 조직과 기능의 차이점이 있으나, 현재 국제회의기획업의 경우에는 관광사업체에서 병행하여 운영하고 있는 경우와 독자적인 사업으로 운영하고 있는 경우가 있다.

국제회의기획업의 일반적인 조직은 회의, 전시, 이벤트(event), 운영 등으로 구분할 수 있으며, 이러한 조직은 기능적인 차원에서 기획업무, 등록 및 숙박 업무, 학술·행사업무, 연회·이벤트 업무, 재정업무, 홍보업무, 관광·수송업무, 의전 및 개·폐회업무, 전시업무 등과 같은 기능을 수행하기 위한 조직체계를 형성하고 있다.

● 그림 12-1 **국제회의업의 역할과 업무**

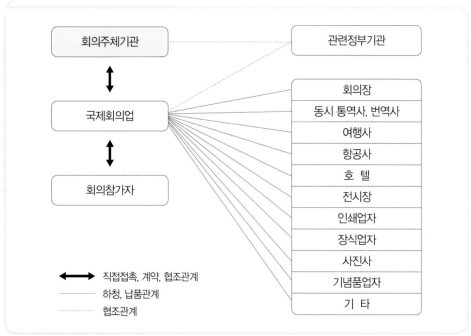

6. 국제회의업의 전망

현대 사회의 전문화, 다양화 추세와 함께 국가 간의 공동이익 추구와 상호 협력을 위한 교류의 필요성은 날로 증대되고 있다. 국제회의는 세계적인 경기변동에 민감하지만 국제화에 따른 외국 문물에 대한 관심과 욕구의 증가 그리고 국제적인 교통망 등의 확충으로 국제회의산업의 전망을 밝게 해주고 있다.

특히 아시아·태평양 지역의 국가들의 급속한 경제성장으로 인하여 컨벤션산업의 새로운 전환기를 맞이하고 있다. 아시아 국가의 경제성장과 국제화가 세계의 컨벤션시장을 주도해왔던 유럽과 미주지역을 앞지르고 있으며, 최근에는 민간부문 측면에서도 국제적 행사가 활발하며, 사회단체에서 개최하는 국제행사가 증가하고 있어 수요시장은 확대될 가능성이 있다.

대규모 국제회의를 유치하기 위해 국가 간의 경쟁은 더욱더 치열해지고 있으며, 개최지로 선정되기 위한 적극적인 노력을 경주하고 있다. 일반적인 개최지 선정기준은 국가의 유치경쟁이 우선적이며 관례적으로는 순번에 의해서 결정되지만 정치적, 지리적 이유 등도 개최지 선정의 변수로 작용하게 되는 경우도 있다.

국제회의는 국가홍보는 물론 관광외화 획득 및 지역경제에 기여하는 공헌도가 매우 높다. 국제회의의 개최도 중요하지만 이에 수반되는 사업인 관광, 숙박, 식음료, 장비임대 등을 비롯하여 행정서비스, 인력사업 및 관련 사업의 발전을 가져오게 되는 사업이다.

한국은 국제회의업이 발전할 수 있는 좋은 사업적 조건이 있지만 반대로 불리한 조건을 갖춘 양면성의 사회라고 할 수 있다. 이러한 이유는 국제행사를 주관할 전문기관이 필요하다고 인식을 하면서도 주최 측이 직접 주관하는 것이 안심이 된다는 경향이 높은 사회이기 때문이다.

국제회의의 유치를 위한 목표시장의 선정이나 유치를 위한 지원, 국제회의업의 육성을 위한 다양한 방안의 수립이 필요하며, 컨벤션시설의 확충 여부는 국제회의산업의 발전에 중요한 관건이 된다. 특히 지방화 시대의 지역개발과 발전을 위하여 국제회의 유치를 위한 센터 건립도 중요하지만 도시의 여건이나 건립의 당위성이 입증되지 못한 상황에서는 무분별한 건립은 배제되어야 한다. 지방자치단체는 지역의 중점 개발사업과 미래의 발전계획을 수립하여 추진된다면 국제회의는 국가 및 지역에서 중요한 산업으로 발전하게 될 것이다.

CHAPTER

13

TOURISM
BUSINESS

쇼핑과 정보사업

CHAPTER

13

쇼핑과 정보사업

제 1 절   관광기념품업

1. 관광기념품의 정의

관광기념품이란 용어를 영어에서는 기프트(gift) 또는 수베니어(souvenir)로 표현하고 있는데, 일반적으로 기프트는 선물을 뜻하며 기념품은 기프트보다는 수베니어를 지칭한다고 할 수 있다. 안종윤 교수는 기념품의 정의를 '상품이건 물건이건 간에 지나간 여행을 회상하도록 하는 물건'이라고 하였고, 더바스(C. Dervase)는 '방문한 관광지를 기념하기 위하여 여행하는 도중에 구입한 것'이라고 하였다.

문화체육관광부에서는 '한국 고유의 전통성을 지닌 공예품과 일상용품 등을 관광객이 방문지에서 구입 또는 취득할 수 있는 모든 상품'이라고 정의하였다.

따라서 관광기념품이란 '관광객이 방문하는 방문국가 또는 방문지역의 고유한 전통성과 독창성, 지역적 특성이 표출된 토산품, 공예품, 민예품, 특산품 등 관광객이 구입 취득할 수 있는 상품'이라고 정의하고자 한다.

관광지에서는 기념품뿐만 아니라 다종다양한 상품이 관광객에게 판매되고 있으나, 관광기념품은 여행자로 하여금 구매의욕을 유발할 수 있어야 한다. 관광기념품이 갖추어야 할 특성은 다음과 같다. ① 국가적 또는 지역적 특색이 있어야 한다. ② 감각이 있어야 한다. ③ 지방산업과 결부되어야 한다. ④ 비교적 저렴한 가격으로 구입이 가능해야 한다. ⑤ 운송이나 휴대가 용이해야 한다. ⑥ 부패성이 적어야 한다.

2. 관광기념품의 분류

문화체육관광부에서는 관광기념품의 종류를 공예품과 일상용품으로 구분하고 공예품은 산업공예품과 수공예품으로 구분하고 있다.

한국공예협동조합연합회에서는 공예품의 종류를 섬유(纖維), 목(木), 칠기(漆器), 도자(陶磁), 석(石), 보석(寶石), 금속(金屬), 초자(硝子), 죽세(竹細), 초경(草莖), 피혁(皮革), 종이(紙), 기타로 구분하고 있다.

산업공예품이란 기술자 또는 기계에 의해서 어떤 하나의 모형에 의해 대량 생산되는 제품을 말하며, 수공예품은 장인(匠人)에 의해서 장시간의 제작기간에 손수 만들어내는 것을 지칭하고 있다. 한편, 일상용품은 공산품(의류, 신발류, 피혁 제품 등)과 식품(인삼, 민속주 등)으로 구분하고 있다.

중소기업청과 중소기업진흥공단은 민예품의 종류를 섬유, 나무(木), 칠기, 도자, 돌(石), 보석, 초자(硝子), 죽세, 초경(草莖), 피혁, 종이, 기타로 분류하고 있다.

또한 농림축산식품부의 농특산품으로는 민속공예품(民藝品), 농수산 자재, 섬유 직물, 석재품(石材品)으로 구분하고 있으며, 행정안전부에서는 농 특산품, 민·공예품, 향토 전통음식 등으로 분류하고 있다.

이처럼 관광기념품들의 용어나 분류의 방법은 특성이나 주체에 따라서 다소의 차이가 있으며, 일반 공산품과 음식까지도 관광기념품에 포함하고 있어 일정한 한계가 없다고 할 수 있다.

〈표 13-1〉 **한국공예협동조합의 공예품의 종류**

품목	종류
섬유(纖維)	인형, 수예품, 민속의상, 매듭, 실크가방, 자수 등
목(木)	목각(인형, 동물, 용기, 장신구), 가구(고전가구, 화각공예) 등
칠기(漆器)	나전칠기, 건칠공예(화병류, 함류, 상류, 쟁반류, 용기류) 등
도자(陶磁)	토기, 토령, 민속도자기(청자, 백자, 분청), 공업 도자기 제품(노벨티) 등
석(石)	석각제품(화병, 용기, 석등, 동물상, 장신용구 등), 벼루 등
보석(寶石)	루비, 사파이어, 오팔, 산호, 진주, 비취 등의 귀석장신구 및 장식용품 등
금속(金屬)	금 · 은 · 동 합금공예품, 칠보제품, 모조장신구류, 금속 및 비금속제 실내장식용품 등
초자(硝子)	유리세공품, 구슬백, 인조진주 등
죽세(竹細)	죽세공품, 부채(합죽선, 태극선 등), 돗자리 등
초경(草莖)	인초, 완초, 옥초, 수세미, 맥간, 갈저, 갈포 등의 생활용품 및 장식품 등
피혁(皮革)	우피, 양, 사피, 만피, 인조 피혁 제품 등
종이(紙)	한지, 지공예품, 조화, 지등, 지우산 등
기타	휘장, 우모, 수각, 피각, 부착화(보석, 코르크, 석화), 수실 인쇄물 등

자료: 허갑중, 관광토산품 국제경쟁력 강화방안, 한국관광연구원, 1997, p.10. 한국공예협동조합연합회, 광주공예협동조합, http://www.gjhand.or.kr를 참고하여 작성함.

제 **2** 절 면세점업

1. 면세점의 개념

면세점(免稅點)은 원래 중요 항구를 중심으로 항해에 필요한 물건을 공급하는 항구의 상인에서 시작되었는데, 이는 정부로부터 항해하는 데 필요한 음식물과 비품 등을 지역의 세금이 면세된 가격으로 공급할 수 있도록 허용한 것이다. 면세점은 만성적인 무역적자를 보충하기 위해서 프랑스에서 최초로 발달(1959년)하였는데, 프랑스를 방문하는 단기 여행자 또는 체류자 및 외교관이 상품 구입 시 각종의 내국세를 면세하는 제도가 실시되었다. 이러한 것이 보편화되어 최근에는 항공여행자나 선박여행자 모두 자국(自國)의 영토에 출·입국하는 여행자에 한해 면세점을 이용할 수 있도록 하고 있다.

면세점이란 소비를 목적으로 한국에 수입되는 외국산 상품에 부과되는 관세와 자국(自國)에서 생산이 되어 유통되고 있는 상품에 부과되는 제(諸) 세금을 일정한 지역을 지정하여 자격을 갖춘 특정인에게 면세로 판매하는 점포를 말한다. 면세점은 외국인 여행자들과 출국하는 내국인 여행자들에게 매력적인 장소로서 부각되고 있으며, 외화획득과 내국인의 외화유출을 감소시켜 관광산업뿐만 아니라 국가경제에도 기여하고 있어 정책적으로 보호·육성되고 있는 분야이기도 하다.

많은 국가들은 외국으로부터 들어오는 상품에는 세금을 부과하게 된다. 그러나 관세납부의 의무를 특정한 경우에 따라서 무조건 또는 일정 조건하에 면제하는 것을 면세라고 하는데, 이러한 면세제도는 여러 가지의 목적을 달성하기 위한 수단으로 이용되고 있다.

관세를 면제하는 이유는 다음과 같다. ① 경제정책 차원, ② 문화정책 차원, ③ 사회·정책적 차원이다. 국가의 재정수입 감소를 감수하면서 관세를 면제하는 이유는 외교적인 관례, 기간산업의 육성, 자원개발의 촉진, 특정 산업의 보호, 학술연구의 촉진, 사회정책의 수행, 가공무역의 증진, 교역의 증대, 소비자보호, 물가의 안전 등과 같은 다양한 목적이 포함되어 있다.

2. 면세점의 특성

면세점이란 여행자에게 부과되는 세금(소비세, 주세, 수입품의 관세 등)을 면제하여 판매하는 소매점으로 외화 획득이나 외국인 여행자의 편의를 도모하기 위하여 세관장이 특허한 구역이다. 판매하는 면세품목의 상품이 만일 국내 시장에 반출된다거나, 일반시장에 유입되어 판매된다면 상품의 가치도 잃을 뿐 아니라 면세점으로의 가치 자체를 모두 상실하게 된다고 할 수 있다.

면세로 판매되는 이유는 면세점에서 판매되는 상품은 자국경제권 내에 면세된 가격으로 유입될 수 없으므로 수출로 간주하고 있으며, 외국인 여행자들과 출국하는 내국인 여행자들에게 면세가격으로 제공하고, 저렴하게 판매하도록 함으로써 상품을 구매할 수 있다는 매력요인을 갖고 있다.

관광사업과 관련된 면세점의 일반적인 특성은 다음과 같다.

첫째, 특허성 사업의 형식이다. 면세점은 아무나 아무 장소에서 개설할 수 있는 것이 아니라 관세법상 특허가 가능한 지역이나 장소로서 외국인 여행자가 이용하고 구매할 수 있는 곳으로서 시장규모에 의하여 그 수를 제한하고 있다.

둘째, 외화획득에 공헌을 하고 있다. 면세점은 일반적으로 외국인을 대상으로 하기 때문에 수출사업의 역할을 담당하고 있다.

셋째, 면세물품의 반입이나 반출에는 엄격한 통제를 받는다. 면세점에서 가장 중요하게 취급하고 있는 것이 특허의 취지이며 취급상품의 특성으로 인하여 상품의 반입 · 반출에 대하여 세관이 엄격한 관리 통제를 하고 있다.

넷째, 여행사와의 유기적인 관련이 있다. 면세점의 주요 고객은 외국인 및 출국하는 내국인으로 제한되고 있기 때문에 여행사와의 협조가 필요하다는 것이다.

3. 면세점의 분류

각국의 국제공항에는 외국물품을 외국으로 반출하거나 관세의 면제를 받을 수 있는 자가 사용하는 것을 조건으로 판매하는 구역을 설정하고 있다. 이러한 장소를 보세구역이라 하며, 이러한 구역에서 판매행위를 할 수 있도록 한 것이 보세판매장이라 한다. 보세판매장은 외국으로 반출할 외국물품을 판매하는 장소로서 국제공항의 출국장에 있는 이른바 '면세점'과, 주한 외국공관의 외교관에게 외국물품을 판매하는 장소인 '커미서리(commissary)'의 2종류로 구분되는데, 일반 여행자는 일반적으로 면세점을 이용하게 된다. 면세점이 위치한 지역에 따른 분류는 다음과 같다.

1) 공항 면세점

국제공항의 보세구역 내에 설치된 면세점으로서 출입국하는 내·외국인의 국제여행에 활용하는 면세점으로 상품의 종류도 다양하고 그 지역의 특산품도 함께 구입할 수 있는 특징이 있다.

2) 항공기 내 면세점

국제선 항공기 내에서 탑승고객에게 면세물품을 판매하는 면세점으로서 공항의 면세점에서 물품을 구입하지 못한 여행자에게 면세물품을 이용할 수 있는 기회를 제공하기 위한 것이다. 그러나 상품이 다양하지는 못하고 극히 제한적이라는 단점이 있으나 공항 면세점보다 가격이 저렴한 경우도 있다.

3) 페리(ferry) 면세점

국가와 국가 간을 운항하는 국제 페리(ferry) 면세점이나 항구에 설치된 면세점으로서 다종다양한 상품이 준비되어 있어서 저렴한 가격으로 구입이 가능하다.

4) 기타 면세점

기타 면세점으로는 시내 면세점, 국경 면세점, 외교관 면세점, 군인 면세점 등이 있다.

4. 면세제도 운영

많은 국가들은 외화획득을 전제로 외국인전용 면세점과 백화점의 면세점에서는 물품의 국내유출을 막기 위해서 주문을 한 후 공항에서 납품하는 제도를 도입하고 있다. 자국의 상품판매를 확대하기 위하여 사후 면세제도를 운영하고 있는 국가도 있다.

한국의 경우에도 시내 면세점에서 물품을 구입하는 경우에는 프리 오더시스템(free order system)을 적용하고 있으며, 관광객에게 쇼핑편의를 제공하고 외화획득을 위한 제도로 각종 면세제도를 도입하여 시행하고 있다.

한국의 면세제도는 크게 사전 면세제도와 사후 면세제도로 나눌 수 있다. 사전 면세제도란 물품을 구입할 시 세금이 이미 면세되어 있는 제도이다.

사전 면세제도는 ① 관세법에 의해 부가가치세·특별소비세·관세가 면세되는 보세판매장, ② 부가가치세법에 의하여 부가가치세가 면세되는 외국인 전용 관광기념품 판매장이 있다.

사후 면세제도란 외국인 여행자에게 일단 내국인과 동일한 가격으로 물품을 판매한 후 구입한 물품을 출국 시에 휴대 반출한 사실이 확인된 경우에 구입자의 본국 주거지로 세금 상당액을 송금하는 제도로서 물품판매자는 송금 후 세무서로부터 세액환급을 받게 된다. 사후 면세제도는 조세특례제한법에 의거 부가가치세·특별소비세가 면세가 되며, 물품구입 시 세금(부가가치세, 개별소비세 등)을 포함하는 물품대금 지급 후 세관에 물품 반출 확인을 받는 조건으로 출국 시 해당 세액을 환급받는 제도로서 사후 면세판매장(tax refund)이 이에 해당한다.

〈표 13-2〉 면세점의 현황

구분	사전면세		사후면세	
	지정 면세점 (내국인 면세점)	보세판매장 (시내 · 출국장 · 외교관 면세점)	면세판매장 (사후면세점)	종합보세구역
근거규정	제주특별자치도 특별법, 조세특례제한법	관세법	조세특례제한법	관세법
허가(지정)기관	관할세관장	관할세관장	관할세무서장	관세청장
면제대상 조세	관세, 내국세, 지방세	관세, 내국세, 지방세	부가가치세, 개별소비세	관세, 내국세, 지방세
대상품목	• positive 방식 • 내 · 외국인 물품 중 지정품목 (주류, 담배, 시계, 화장품 등)	• negative 방식 • 내 · 외국인 물품 • 총포 · 도검 · 마약류 등 제외	• negative 방식 • 내국인 물품 • 총포 · 도검 • 문화재 • 중독성 의약품 제외	• negative 방식 • 내 · 외국인 물품 • 총포 · 도검 · 마약류 등 제외
이용자	내국인, 외국인	출국 내국인, 외국인	외환거래법상 거주자	외국인
면세한도	1회 6백불 (연 6회)	• 외국인 제한 없음 • 내국인 6백불 (구매한도 3천불)	제한 없음	제한 없음

자료: 문화체육관광부, 2017년도 관광동향에 관한 연차보고서, 한국문화관광연구원, 2018, p.95.

〈표 13-3〉 **보세 판매장 및 내국인 면세점 현황**

구분		업체현황	비고
외교관		동화외교관 면세점	
출국장	인천공항	호텔 신라, 호텔롯데, 신세계 조선호텔, 에스엠, 시티플러스, 엔 타스 듀티 프리, 삼익악기	
	김포공항	호텔롯데(향수, 화장품), 시티플러스(주류, 담배)	
	인천 중구	엔 타스 듀티 프리, 탑시티(탑솔라㈜)	
	부산항	㈜부산 면세점	
	김해공항	롯데, 듀프리 면세점	
	제주공항	한화 타임월드	
	대구공항	그랜드 호텔	
	청주공항	㈜시티 플러스, ㈜모듈트레이 테크놀로지	충북
	군산항	GADF 면세점 군산항	전북
	무안공항	국민산업 무안	전남
시내	서울	동화 면세점, 호텔롯데, ㈜호텔롯데월드 타워점, 호텔신라, ㈜ 두타, ㈜신세계 디에프, 롯데 DF 리테일(코엑스), 에이치디씨 신라면세점, ㈜한화 갤러리아 타임월드, ㈜에스엠 면세점	
	부산	호텔롯데 부산, ㈜신세계면세점 글로벌	
	제주	호텔롯데 제주, 호텔신라 신제주	
	울산	진산선무	
	창원	대동 면세점	경남
	대전	신우산업	
	대구	그랜드관광호텔	
	청주	중원산업	충북
	수원	㈜앙코르 면세점	경기
	인천	엔타스 면세점	
	제주	제주관광공사 시내 면세점	
	평창	알펜시아	강원
지정 면세점		JDC 제주공항, JDC 제주항 1호, JDC 제주항 2호 JTO(제주컨 벤션 센터)	제주

자료: 문화체육관광부, 관광동향에 관한 연차보고서, 한국문화관광연구원, 2018, pp.96-97.을 참고하여 작
성함.

제 **3** 절   관광토속주판매업

1. 토속주의 개념

토속주(土俗酒)란 그 나라 고유의 향토적인 의미를 갖고 있는 주류(酒類)로서 관광객에게는 중요한 의미를 갖는다.

토속주는 향토음식으로서 국가 간의 상이한 생활습관이나 예절, 음식 등은 관광객에게도 흥미와 관심의 대상이 되어왔으며, 관광의욕을 갖게 하는 매력적인 자원이 되고 있다. 또한 최근에는 미각이 여행을 만족시키는 중요한 요인이 되어 풍물과 더불어 미각을 즐기는 관광추세가 증가하고 있다. 따라서 많은 국가들은 자연환경을 활용하여 다양한 술들을 생산하여 왔고 각 국가마다 특색 있는 술문화를 발전시켜 그들의 맛과 멋을 자랑하고 있으며, 세계적으로 알려진 술들은 관광객들에게 애호되며, 관광 선물용품으로도 인기를 끌고 있다.

토속주는 일반적으로 국가 또는 지역에서 오랜 기간 동안 지켜져 내려오게 되었으며, 역사와 전통이 가미되어 있는 전통주로서의 역할을 하고 있다.

한국의 전통주에 대한 정의는 관습적 정의와 법률적 정의로 구분할 수 있다. 관습적으로 보면, 한국 전통의 양조(釀造) 방법을 계승 보존하고 시대상을 반영하는 술로서 한국의 풍토와 생활방식, 문화가 담긴 술로 정의하고 있으며, 법률적으로는 산업진흥에 관한 법률에 전통주에 대한 정의가 있으며, 전통주를 육성·보호하는 정책을 추진하고 있다.

한국의 관광진흥법 규정에 의하면 관광토속주판매업이란 "주세법에 의한 주류 제조·판매의 허가를 받은 자로서 관광객의 이용에 적합한 시설을 갖추고 이들에게 직접 제조한 토속주를 판매하는 업"이며, 외국어 안내서비스가 가능한 체제가 갖추어진 곳으로 정의되고 있다.

2. 토속주 현황

우리나라의 술에 대한 기록은 고구려 건국신화에 등장했다고 하며, 고려시대에는 곡주(穀酒) 양조법이 정립되어 탁주와 약주의 종류가 다양해지게 된다. 고려 말에는 아라비아에서 증류 기술이 들어와 우리나라의 술 문화에 큰 변화를 가져오게 되며, 이를 계기로 고려 후기에 탁주(濁酒)와 약주(藥酒), 소주(燒酒) 세 가지의 주종이 완성되었다고 한다.

조선시대에는 다양한 양조방식의 술이 빚어졌지만 일제강점기에는 술문화도 쇠퇴기를 걷게 되는데, 조선통감부에서 주세법(1909년)을 공포하여 집에서 만드는 가양주(家釀酒)도 면허가 있어야 빚을 수 있는 조치를 취하게 된다. 이로 인하여 한국의 토속주는 일제강점기를 거치면서 그 자취가 감소하게 되었고 해방 이후에는 외국 술(酒)의 급속한 유입과 일반에서 술을 빚는 것을 금지한 정책으로 인하여 많은 발전을 하지 못했다.

1980년대 후반에 들어와 정부의 전통주 육성정책과 1990년에는 쌀을 사용한 양조의 허용과 제조 면허의 개발, 지역제도의 폐지, 가양주 제도의 허용이 이루어지면서 전통주가 부활의 기회를 맞이하게 되었다. 특히 1990년대 초기에 주세법의 개정으로 토속주의 제조와 판매제한이 완화되면서 토속주의 개발이 활발히 이루어지고 있다.

그동안 외국인 관광객에게 제공이 되었던 주류는 외국에서 수입을 한 주류를 제공하는 것이 보편화되어 있었기 때문에 한국 고유의 토속주의 개발 및 판매가 부족했었다.

그러나 관광객들은 방문하는 국가 및 지역 고유의 토속주를 음미하려는 욕구가 강해지고 있으며, 외국인의 입맛에 맞는 토속주의 개발과 보급이 필요하다는 인식이 확대되고 있다. 지방자치시대가 되면서 향토음식 및 특산물은 지역관광을 활성화시키는 관광자원으로서의 역할을 하고 있으며, 지방자치단체는 이를 무형문화재로 지정하여 적극적인 홍보와 지원을 하고 있다.

〈표 13-4〉 **토속주 현황**

지역별	토속주
부산	산성 막걸리, 천년약속
인천	칠선주
경기	문배주(김포), 천마주(파주), 대나무주(양주), 주교주(고양), 와송주(양평)
강원	청일 하향주(횡성)
충북	고본주(제천), 청명주(충주), 신선주(청원), 송로주(보은), 덕산약주(진천), 홍선 21(괴산)
충남	계룡 백일주(공주), 한산 소곡주(小麯酒)(서천), 면천 두견주(당진), 인삼주(금산), 가야곡 왕주(논산), 둔송 구기주(청양), 들국화(서산), 연엽주(아산), 짚가리 술(아산)
경북	스무주(고령), 과하주(김천), 안동소주(안동), 송화주(안동), 교동 법주(경주), 호산춘(문경), 불로주(청송), 감그린(청도), 초화주(영양)
경남	국화주(함양), 지리산 솔송주(지리산)
전북	이강주(전주), 송순주(김제), 죽력고(정읍), 송화 백일주(완주), 선운산 복분자주(고창), 무주 머루와인(무주), 쌍치 복분자주(순창)
광주 · 전남	보성 녹차주(순천), 사삼주(순천), 진양주(해남), 진도 홍주(진도), 강화주(보성), 추성주(담양), 상이 오디주(나주)
제주	오메기술(酒), 좁쌀 약주(표선)

자료: 한국관광공사, 지방관광 활성화방안, 1997 · 12, pp.33-176. 및 기타 자료를 참고하여 작성함.

제**4**절 **관광과 정보사업**

1. 정보기술과 관광

인간은 일상생활의 단조로움을 떠나서 새로운 변화를 추구하려는 욕구가 현실적으로 작용하게 되었고, 생활수준의 향상과 더불어 지적 수준과 미지(未知)의 세계에 대한 동경심이 생기게 되었다. 또한 가치관의 변화, 가처분소득의 증대, 여가시간의 증대, 교통수단의 발달 등으로 여행 및 관광을 즐기려고 하는 욕구가 증대하고 있다. 그러나 이러한 과정에서 여러 가지 문제에 직면하게 되는데, 관광정보는 이러한 여행자의 편의를 제공해주는 데 중요한 역할을 하게 되었다.

관광사업의 가장 큰 목적은 고객만족을 최대화하고 인적 서비스를 적극 활용하는 것이다. 그동안 서비스 분야에서는 정보기술(IT: Information Technology)의 사용은 때때로 목적에 부합되지 않는 것으로 인식되어 왔다. 이로 인하여 관광산업부문에서는 정보기술을 다른 산업부문보다 늦게 도입하였고 활용도를 낮게 평가하는 경향이 있어 왔는데, 이는 정보 등의 기계적인 환경을 도입하고 조성하는 것이 인적의존도가 높은 서비스업과는 맞지 않는다는 인식이 팽배하여 왔기 때문이다.

일반적으로 관광상품은 일반 제품과는 달리 구매시점에서 직접 눈으로 확인할 수 없기 때문에 관광산업에서 정보가 차지하는 역할은 타 산업에 비해 중요하다고 할 수 있다. 더욱이 현대의 관광객은 여행경험이 풍부해짐에 따라서 보다 다양한 동기와 특별한 목적을 갖고 여행을 떠나기 때문에 기존의 정태(靜態)적 관광정보에는 만족하지 않고 이벤트, 문화행사를 비롯하여, 레저스포츠 등과 같은 동적(動的)이고 깊이 있는 정보를 요구하고 있다.

관광에서의 정보기술은 관광사업의 업무 효율성을 증진시키게 되었고 서비스의 향상에도 기여하고 있으며, 고객만족의 극대화를 추구하는 강력한 수단이 되고 있다고 하겠다.

● 그림 13-1 **환경변화와 스마트 관광**

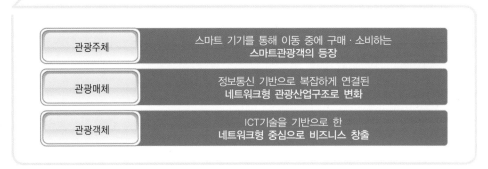

관광주체	스마트 기기를 통해 이동 중에 구매·소비하는 스마트관광객의 등장
관광매체	정보통신 기반으로 복잡하게 연결된 네트워크형 관광산업구조로 변화
관광객체	ICT기술을 기반으로 한 네트워크형 중심으로 비즈니스 창출

자료: 최자은, 스마트관광의 추진 현황 및 과제, 한국문화관광연구원, 2013, p.99.

2. 관광환경과 정보시스템

소비자들은 다양한 정보에 대한 욕구가 강해지고 있으며, 관광상품을 판매하는 관광사업은 소비자들의 욕구를 충족시킬 수 있는 다양한 시스템 개발이 필요하게 되었고, 발전되어 왔다. 이러한 시스템들은 다양한 마케팅활동을 전개하기 위한 필요와 충분조건이 되기도 한다.

그동안 전통적 관광산업에서 중요성에 대한 인식이 부족했던 정보기술(IT: Information Technology)이 등장하면서 관광객, 관광매체, 관광객체 등에 미치는 영향이 중요하게 되었고 그 영역이 점차 확대되어 가고 있다.

정보화사회는 정보기술, 그중에서도 특히 통신기술에 의해서 발전되고 있는데 정보의 수집, 처리, 분석, 보관, 분배 등에 관련된 방법 및 그 적용에 필요한 장치를 말하며, 컴퓨터, 경영정보 시스템(MIS : Management Information System), 위성통신, 비디오 텍스트 및 컴퓨터 예약시스템(CRS: computer Reservation System) 등이 포함된다. 정보기술은 기업의 경영, 국가관리 등 사회 전반에 걸쳐 지대한 영향력을 발휘하고 있으며, 관광산업의 환경 등을 변화시키는 전략적인 자원으로 부상하고 있다.

스마트관광이라는 용어의 등장은 유비쿼터스(ubiquitous) 기술이 관광에 적용되어 관광객에게 유용한 정보를 제공하는 서비스를 의미하고 있으며, 디지털 투어리즘은 관광객의 경험 전·중·후 활동에 대한 디지털 지원을 의미하고 있다. 이러한 개념을 바탕으로 스마트관광은 유 투어리즘(u-tourism)과 디지털 투어 (digital tour)라는 의미를 포괄한 개념으로서, 정보통신기술(ICT: Information and Communications Technology)을 기반으로 한 집단 커뮤니케이션과 위치기반 서비스를 통해 관광객에게 실시간, 맞춤형 관광정보 서비스를 제공하는 것을 의미하고 있다.

관광객의 필요와 욕구에 대응하는 관광대상 및 관광지 교통환경을 비롯하여 방문자 수, 각종 편의시설에 대하여 최신정보를 정확하고 신속하게 제공하는 체제를 요구하고 있다. 따라서 소비자들의 정보욕구에 부응하기 위해서 기업들은 고도의 정보기술을 바탕으로 한 차별화된 서비스를 제공해야만 하는 시대가 되었으며, 관광산업에서의 정보기술은 기업의 업무 효율성 증진 및 고객에 대한 서비스 품질(品質) 향상에 기여하고, 새로운 서비스 개발을 통해 고객만족을 극대화하는 강력한 수단이 되고 있다.

정보기술은 관광환경을 급속하게 변화시켰으며, 관리자의 의사결정을 위한 시간 폭을 단축시키고, 정보매체의 대중화 및 대량화에 따른 정보관리의 필요성, 자원과 노동력의 효율적 활용, 시장점유율의 유지 및 확대, 미래상품 또는 서비스에 대한 시사점의 제공, 새로운 고객의 발견, 촉진전략의 활용, 경쟁사에 대한 대처할 수 있는 전략이 될 수 있다.

3. 관광벤처사업의 의의

벤처사업이란 다양한 사업 간 기술이나 서비스의 결합을 통해 이용자에게 새로운 경험과 창의적인 활동을 할 수 있도록 새로운 시설, 상품 또는 용역을 제공하는 사업을 말한다.

관광벤처사업이란 전통적인 관광부문에 정보화 시대에 부응하는 정보통신기술(ICT: Information and Communications Technology), 문화예술, 스포츠·레저 등 다양한 산업분야의 기술이나 서비스를 창의적으로 융합한 관광을 말한다.

관광벤처사업들이 다채로운 융합으로 새로운 경험과 감동을 창출하면서 관광산업의 새로운 미래를 개척해 나가고 있는 분야 중의 하나로 발전되어 가고 있다. 다양한 사업 간 기술이나 서비스의 결합을 통해 관광객이 새로운 경험과 창의적인 관광활동을 할 수 있도록 새로운 시설, 상품 또는 용역을 제공하는 사업이다.

한국관광공사에서는 성장가능성이 높은 기업들 중에서 융합성, 확장성, 기술성이 뛰어나고 신규 관광시장과 일자리 창출효과 등의 효과가 높다고 평가되는 기업을 대상으로 관광벤처사업을 선정하고 있다.

관광벤처사업의 지속적인 육성과 발굴을 통하여 사업화에 따른 자금 지원, 국내·외 홍보·판로 개척 지원, 컨설팅, 관광벤처 아카데미 등 기업의 성장에 도움을 주고 있다.

4. 관광벤처사업의 유형

관광산업의 일자리를 창출하고 경쟁력을 높이고 관광산업의 외연을 확대하고자 관광벤처기업 발굴 지원사업을 추진(2011년)하고 있다. 이를 위해 한국관광공사는 관광벤처팀을 신설(2011년)하였으며, 관광벤처기업 육성을 통한 창업 및 고용창출 확대를 주요 목표로 하고 있다.

관광벤처사업의 국내·외 사례 분석 및 전문가 조사 등을 통해 추진전략을 수립하고 향후 실행체계를 구축하였으며, 이를 바탕으로 관광벤처(창조관광)사업 창업 경진대회를 개최(2012년)하기도 하였으며, 관광벤처사업의 유형을 분류하여 고부가가치 창출, 녹색성장, 사회통합, 연계 시너지, 감성만족, 체험창조, IT창조, 기타형으로 구분하여 업체를 선정하기도 하였다.

관광벤처기업의 유형으로는 IT기반형, 체험창조형, 시설기반형, 기타형으로 분류하고 있다.

〈표 13-5〉 **관광벤처 기업 현황**

구분	관광벤처기업(2015~2016)		
	업체명	특징	
IT기반형	다비오	투어 플랜비 플러스(나의 여행성향에 맞춰 여행일정 추천)	
	어 스토리	어 스토리(자유 여행자들을 위한 길잡이)	
	여행노트 앤 투어	여행 노트(따로 또 같이 누리는 모바일 여행기)	
	여행 아이큐	여행 아이큐(퀴즈로 소통하는 여행 커뮤니티)	
	위버	워크숍 프로그램 추천 운영체제 위버(팀워크 증진을 위한 맞춤 워크숍 프로그램 제공)	
	캠퍼스 스테이	캠퍼스 스테이(안전하고 합리적인 가격으로 머무는 대학교 내 숙소)	
	텐핑거스	데이트팝(특별한 데이트를 위한 생생한 코스 정보)	
	트래볼루션	서울 트래블 패스(모바일로 누리는 편리한 서울 여행)	
	펀타스틱 코리아	펀타스틱 코리아(한국을 더 쉽고 편리하게 즐기는 방법)	
	투게더(2gather)	스마트하게 관리하는 매장 고객관리 시스템	
	어반 플레이	도시 콘텐츠 기획, 제작 플랫폼(도시 놀이터를 만드는 아이디어 집단)	
	누아	워짜이 날(인테넷 없이도 검색 가능한 자유 여행객들의 길잡이)	
	그리드 잇	오늘은 뭐 먹지?(맛있고 즐겁게 먹는 정보 공유 커뮤니티)	
	에스앤비 소프트	드로핀(dorpin)& 토끼풀(talkyple)(구글 지도보다 편리한 자유 여행용 지도, 교통 어플)	
	프렌 트립	야외활동 체험관광(일상을 벗어나 새롭고 자유로워지는 경험)	
	글로벌 할랄	할랄 코리아(무슬림 정보, 국내 최다 힐랄 데이터 베이스)	
	브라운 컴퍼니	아웃도어 크루(골라서 즐기는 새로운 야외 체험관광)	
	야나	야나 트립(전 세계 모험&지역관광 플랫폼 서비스)	

자료: 문화체육관광부 · 한국관광공사, 관광벤처기업(관광벤처의 리더들), 2016. pp.16-74.에서 재구성함.

구분	관광벤처기업(2015~2016)	
	업체명	특징
체험 창조형	공감 만세	필리핀 루손섬 여행학교(필리핀 현지 삶 체험 여행)
	디엠제트 드림 푸드	장단콩 초콜릿(청정지역에서 온 달콤하고 건강한 콩)
	마마스 팜	한국전통 누룩발효 체험 및 교육(전통발효로 체험하는 한국의 맛과 멋)
	모던한(MODERN 韓)	한국의 사랑방 모던.한(전문가 중심의 전통문화 콘텐츠 통합 제공)
	아띠 라이더스 클럽	아띠 인력거(도심 속에서 인력거 타고 즐기는 서울 나들이)
	에스에이치 네스크	트래블러 시리즈&보드 맵 투어(놀이와 미션으로 즐기는 지역 여행)
	엠엠피	관광사이버 투어, 360도 동영상 가상현실(다양한 각도로 경험하는 사이버 투어)
	연효재	전통주 한식 체험(직접 만들고 맛보고 즐기는 한국 전통 발효문화)
	와 바다다	누리 나비(하늘 위를 날아다니는 짜릿한 경험)
	현진 레포츠	수상자전거 둥둥이 체험관광(춘천의 아름다움을 만끽하며 물 위를 달리는 즐거움)
체험 창조형	오미	오미요리연구소의 가정식 요리프로그램(직접 만들어 맛보고 즐기는 한국 요리문화 체험)
	홍 캠프	힐니스 체험프로그램(스트레스 날리는 몸과 마음 치유 체험)
	산책	쉐어 로엠(M)(보드게임으로 배우는 경제 체험학습)
	해라	꼬레아트(COREART) 한국문화체험(전통문화와 최신 케이 팝(K-POP) 체험을 함께)
	에이치 앤 크래프트 초이	나전 공예 체험(누구나 쉽게 만드는 한국전통 나전공예품)
	요트 탈래	요트 스테이(요트 투어에서 숙박까지 즐길 수 있는 모든 것)
	우리청년사업단	오감만족 전통문화 체험(남녀노소 누구나 즐기는 한국 문화 체험)
	스튜디오 피쉬하이커	이야기배달부 동개비 체험 관광상품(설화 주인공 동개비와 함께하는 테마여행)

자료: 문화체육관광부 · 한국관광공사, 관광벤처기업(관광벤처의 리더들), 2016. pp.16-74.에서 재구성함.

구분	관광벤처기업(2015~2016)	
	업체명	특징
시설 기반형	남해의 봄날	봄날의 집(통영의 문화와 예술을 담은 쉼터)
	디엠지 플러스	17키친 소셜 다이닝 프로그램(DMZ에서 즐기는 오감만족 체험 관광)
	맛조이 코리아	시골 하루(정다운 추억이 될 지역 생활문화 체험)
	미마지	밤나무 아래 정식(공주의 맛과 문화를 담아낸 지역 관광)
	오감만족 에듀투어	오감만족 영월 체험+교육 프로그램(배움과 나눔이 함께하는 영월 여행)
기타형	행궁 솜씨	행궁동 예술마을 탐방과 체험(예술적 체험으로 가득한 마을 탐방)
	스테이 폴리오	스테이 큐레이팅(여행지에서 머무는 숙소, 좋은 잠자리 문화 선도)
	아트 숨비	아트 숨비(예술과 생활소품으로 만나는 한국의 매력)
	퓨레코이즘 (춘천물레길)	춘천 물레길 카누여행(나무로 만든 카누를 타고 물길 따라 바라보는 춘천)
	드림 스카이	지구별 여행스케치, 대한민국 여행스케치(여행지 추억을 문구 팬시로 만나는 경험)
	라이트립	아이디바오(Aidibao)(짐 없이 가볍게 즐기는 한국 쇼핑관광)
	지엔	촬영 관광상품(여행을 기억하는 특별한 방법)
	크리에이 트립	중화권 검색 엔진(한국인처럼 여행하는 지역 여행정보)

자료: 문화체육관광부·한국관광공사, 관광벤처기업(관광벤처의 리더들), 2016. pp.16-74.에서 재구성함.

TOURISM
BUSINESS

14

관광과 환경

제 1 절 관광환경의 의의와 유형

1. 관광환경의 개념

관광은 관광현상에 있어서의 중심이 바로 인간이며, 인간은 환경에 의해서 형성·제약이 되고, 상호 의존성이 증대되는 현대사회에서 환경에 대한 중요성이 더욱 중요시되고 있기 때문이다.

스튜어트(R. Stewart)는 환경의 대상을 사회적 환경(social environment)과 물리적 환경(physical environment)으로 구분하고, 인공성의 여부에 따라 자연환경(natural environment)과 인공환경(manmade environment)으로 구분하였다. 또한 환경학자들은 이른바 환경이란 자연·물리·사회적 환경이 존재한다고 하였다.

인간의 환경으로서의 관광환경이란 용어는 그 방향과 용도에 따라 기본적인 개념이 다소 변화될 수 있다. 그러나 관광환경의 학문적인 체계를 정립하고 복합개념으로서의 관광환경의 질서는 물론, 관광객의 관광행위의 합목적인인 미래의 관광환경적 질서가 참고 되는 어떤 체계적인 정의라 할 수 있다.

고전적 산업구조론에서는 기업행위가 산업성장률과 산업집중도 등 산업구조의 특성에 따라 좌우되며, 기업의 성과도 산업구조에 의해 결정된다.

이러한 환경을 일반 환경과 과업환경으로 구분하고, 일반 환경은 정치·경제·사회·인구통계·기술·법률·생태·문화 환경 등의 다양한 요소로 구성되어 있다고 하였다.

오늘날 관광사업은 외부로부터 가해지는 지배, 제약, 압력, 규제 및 이해관계에서 오는 영향력과 교섭하여 자기 기업에 유리하도록 관계를 맺고 기업의 생존, 발전을 도모하는 사회적 존재이다. 따라서 관광사업도 생존하고 발전하기 위해서는 내·외부로부터 가해지는 영향력을 인식하고 사업에 유리하도록 이에 대처하기 위한 노력이 필요하게 되었다.

2. 관광환경의 유형

관광사업에 영향을 미치는 환경을 어떻게 분류할 것인가는 연구자의 종합적인 판단에 맡겨질 수밖에 없다. 위에서 제시한 바와 같이 관광현상은 환경으로부터 영향을 받기도 하고, 반대로 환경에 영향을 주기도 하는데, 이것은 관광과 환경의 관계에 있어서도 마찬가지다.

학자들이 분류한 관광환경의 유형을 살펴보면 다음과 같다.

해스와 왈(Emnie Heath & Geoffrey Wall)은 거시적 환경을 분석하기 위한 요소로 경제적 환경, 사회·문화적 환경, 정치적 환경, 기술적 환경, 생태적 환경으로 구분하였다.

안종윤은 관광환경을 외부적 환경과 내부적 환경으로 구분하고 있다. 즉 외부적 환경으로는 정치적 환경, 경제적 환경, 사회·문화적 환경, 자연·생태적 환경으로 구분하고 있다. 이는 관광정책의 주체를 정부뿐만 아니라 기업에 까지 확대한 것으로 해석할 수 있다.

안해균은 정책체계를 둘러싼 환경을 유형적 환경과 무형적 환경으로 구분하고 있는데, 무형적 환경으로는 정치행정 문화와 공익 및 사회경제적 여건 등이며, 유형적 환경은 구체적 행위자로서의 정당·이익집단·언론기관 등으로 구분하고 있다.

교통개발연구원의 연구보고서에서는 관광현상에 영향을 미치는 환경을 국제적 환경과 국내적 환경으로 대별하고, 이를 다시 정치·경체·사회·지역·시장·산업·기업·기술적 환경으로 분류·제시하였다.

관광환경은 국가 및 사회뿐만이 아니라 관광객에도 영향을 주며, 관광객을 대상으로 하는 관광사업도 환경으로부터 직·간접적으로 영향을 받아 왔다는 것을 의미하며, 따라서 관광에 미치는 환경의 중요성과 제반 환경요인의 설정 등이 중요한 과제로 부각될 것으로 사려된다.

• 그림 14-1 **관광환경의 유형**

제 **2** 절 ╱ 거시적(巨視的) 관광환경

1. 정치적 환경

엘리오트(J, Elliot)는 정치적 환경을 수요와 지역의 안정성, 지리적 위치와 기후 등 외부적 환경과 정치체제, 지도자의 지도력과 개성, 행정수행 능력, 관료제도 등 내부적 환경으로 구분하였으며 홀(Colin Michael Hall)은 관광에 있어 정치적 범주를 정부의 역할, 관광정책, 국제관계, 테러(폭력)와 정치적 혁명, 관광개발, 정치체제, 정치사회의 가치변화, 자본주의 사회로 분류하였다.

정치적 환경의 변수로는 법체계, 정치적 안전성, 정부의 계획과 정책방향, 그리고 국제정세 등이 있다. 법체계란 관광정책을 국가의 범위 내에서 가장 명시적으로 규율하는 사회적 지침이라고 할 수 있는데, 정부의 공공정책이나 기업의 경영정책은 법률이 정하는 범주 내에서 그 효과를 인정받을 수 있기 때문이다.

정치적 안정성은 국제관광과 국내관광에 중요한 영향을 끼친다. 정치상황에 따라 정부의 관광에 대한 지원이나 규제 등과 같은 일련의 조치들이 파생된다.

관광에 대한 개발은 막대한 투자비용이 필요하게 되고 이러한 투자에 소요되는 막대한 재정은 민간기업이 담당하기가 어렵기 때문이며, 특히 관광은 공공성과 외부효과로 인하여 공공기관의 개입이 불가피한 측면이 있다. 따라서 정부가 관광에 대한 중요성의 인식 여부에 따라서 결정적인 영향을 받게 되며, 국제정세는 세계 각국이 정치·경체·사회·문화 등 다양한 측면에서 상호 의존관계를 지니고 있기 때문이다.

냉전이 종식된 이후 세계질서의 재편성이 급속도로 진행되었으며, 국제간에 있어서 경제교류의 장애를 극복하려는 노력과 이념의 몰락 등과 같은 정치적 변화는 국제관광의 교류 증진에 크게 기여하였다.

정치적 변화는 이념을 초월한 개발과 국가들의 실리추구를 가속화시키게 되고, 각 국가의 민주화 진전과 아시아 신흥공업국들의 선진국 대열에의 참여, 세계의 중심축이 유럽 및 태평양 국가 등으로 다극화되고 아시아·태평양지역에 대한 세계의 관심의 증대, 중국과 일본의 변화 등 다양한 양상을 띄고 있다.

〈표 14-1〉 **정치 트렌드**

주요 트렌드	세부 트렌드
거버넌스(governance)의 중요성 증대	• 글로벌 거버넌스(global governance)의 위기 • 세계 정치주의의 다자주의 시대 • 협력적 거버넌스 구축 필요성의 증대
남·북 및 국제협력의 중요성 확대	• 한반도 신뢰 프로세스를 통한 남·북 관계 진전 • 유라시아 이니셔티브를 통한 동반 성장 및 번영 도모 • 공적개발 원조(ODA:Official Development Assistance)의 지속 확대 • 자유무역협정(FTA: Free Trade Agreement)의 확대

자료: 최경은·안희자, 최근 관광트렌드 분석 및 전망, 한국문화관광연구원, 2014, p.76.

2. 경제적 환경

세계 각국의 이념적·정치적 논리에 따라 협력을 하는 시대와는 달리 실용주의의 원칙에 따라 자국의 경제적 이익을 최우선시하게 되었다. 세계경제는 이미 무한경쟁시대에 돌입하여 국가 간의 경제 전쟁이 치열해지고 있으며, 자본주의 시장원리에 입각한 자유무역주의를 확산시키고 국가 간의 경쟁을 심화시키는 결과를 초래하였다. 유럽연합(EU)이라는 단일시장의 실현, 이러한 경제의 블록화 현상으로 세계화와 지역화가 동시에 진행되어 협력과 경쟁이라는 상반된 개념이 존재하게 되었다. 이러한 블록화를 추진하는 선진국들은 세계를 하나의 시장으로 완전 통합하기 위한 과도기인 블록의 필요성을 강조하고 있다. 더욱이 뉴라운드(new round) 시대는 세계무역기구를 지원하는 국가경제질서의 핵심사항으로 선진국이나 후진국, 민족과 이념에 상관없이 동일한 규칙에 의해서 경쟁을 하는 것으로서 농산물이나 지적소유권은 물론 환경과 기술의 보호, 부정부패 문제까지 포함되고 있다.

경제적 환경은 통치행위에는 미치지 못하지만 직·간접적으로 관광발전에 영향을 끼치는 경제제도에 의한 정치적 위험들이 있다. 경제적 제국주의, 국가안전, 사회변화에 역행하는 민간기업의 활동, 외교관계, 종교적 지침이나 문화적인 이질성, 정치적 편의주의 등이다. 이러한 요인들은 극히 추상적이며, 국가를 운영하는 과정에서 시대적인 관점의 차이로 경제제도를 일치할 수 없는 경우가 있다.

경제적 환경의 관점에서 가장 중요한 요인은 물가수준이다. 물가는 소득수준과 요소 비용(要素費用)에 의해서 결정되는데, 관광의 증가는 요소비용의 증가율이 전체적인 인플레이션보다 적게 상승했다. 특히 환율은 해외여행에 있어서 국가 간 상대적인 비용에 중요한 영향을 끼치는데 일정하지는 않지만 환율 5%의 증감에 따라서 관광객은 6~10%의 증감을 가져오게 되며, 관광객의 대부분은 고환율 국가에서 저환율 국가로 이동하게 된다.

〈표 14-2〉 경제 트렌드

주요 트렌드	세부 트렌드
세계경제의 변화	• 지역 블록회의 강화 • 글로벌 경쟁의 심화
융합 패러다임 및 공유경제 확산	• 산업 융합의 고도화 • 공유경제의 산업화 • 협력적 소비 형태 증가
저성장 및 양극화 심화	• 저성장을 특징으로 하는 뉴 노멀(new normal)시대의 도래 • 빈부격차 해소를 추구하는 자본주의 5.0의 부상
주력 소비시장으로서 여성 및 아시아의 부상	• 소비시장에서 여성 구매력 및 영향력 확대 • 중국 소비시장 세분화·다양화 • 중국 소비자의 명품 구매욕 증가 • 미래 소비세대로서 핫 아시안(hot asians) 부상
신흥 경제국의 성장	• 경제대국으로 도약하고 있는 중국의 파워 • 성장 가능성이 큰 신흥경제국(BRICS)의 등장 • 유망 신흥시장으로 새롭게 부상하는 MINTs • 아시아니제이션(asianization)으로의 전환

자료: 김향자, 제3차 관광개발기본계획 수립을 위한 기초연구, 2009, p.46. 최경은·안희자, 최근 관광트렌드 분석 및 전망, 한국문화관광연구원, 2014, p.76.을 참고하여 재작성함.

> **뉴 노멀(new normal)**
>
> 시대 변화에 따라 새롭게 부상하는 표준으로, 위기 이후 5년~10년간 세계 경제를 특징짓는 현상으로 과거를 반성하고 새로운 질서를 모색하는 시점에 등장하였다. 저성장, 저소비, 높은 실업률, 고위험, 규제 강화, 미 경제 역할 축소 등이 글로벌 경제 위기 이후 세계 경제에 나타날 뉴 노멀로 논의되고 있다. 과거 사례로는 대공황 이후 정부 역할 증대, 1980년대 이후 규제 완화, IT 기술 발달이 초래한 금융 혁신 등이 대표적인 노멀의 변화의 사례이다.

> **브릭스(BRICS)**
>
> 브릭스라는 용어를 처음 만든 사람은 영국사람인 짐 오닐(Jim O'Neill)로서 당시 "더 나은 글로벌 경제 브릭스의 구축"(Building Better Global Economic BRICs)이라는 보고서를 발표하면서 브라질 (Brazil) · 러시아(Russia) · 인도(India) · 중국(China)의 신흥경제 4개국가를 일컫는 용어였으며, 남아 프리카공화국(Republic of South Arfica)이 회원국으로 가입하여 확장되었다.

> **민트(MINTs)**
>
> 멕시코(Mexico), 인도네시아(Indonesia), 나이지리아(Nigeria), 터키(Turkey) 등 4개 국가의 영문명 이 니셜(initial)을 조합한 신조어로 미국계 자산 운용사 피델리티(Fidelity)가 처음 만들었다고 하며, 고령 화 문제를 겪고 있는 선진 국가와 달리 풍부한 인구를 기반으로 젊은 층의 비중이 높아서 경제가 성장할 가능성이 높다고 하였다

세계 각국의 생산성 증가와 가처분소득의 증가는 균형적인 부(富)의 배분범위를 확산시켜 고소득층의 관광을 촉진시킨 한편 사회 전반의 관광인구도 함께 확산, 증가시켜 왔다. 경제성장과 관광객 증가의 함수관계는 여러 가지 제약요인을 최대한 배제했을 때 1%의 경제성장은 관광객 증가에 별다른 요인이 되지 못하고 2.5%의 경제성장은 관광객 수를 4% 증가시키며, 또한 5%의 경제성장은 10%의 관광객 증가를 유발하는 것으로 나타났다.

관광은 일반적으로 "자유무역산업"으로 간주하고 있지만 정치 · 경제적 블럭(block)화 과정에서 블록 내 국가들 간에 국제관광객에 대한 사법권상의 마찰과 조화 문제가 표출될 것이며, 통합된 지역 내의 화합은 지역관광에는 좋은 영향을 끼치겠지만 블록(block) 간의 관광객 이동에 있어서 새로운 장애 요인으로 부각되고 있다.

3. 사회적 환경

사회적 환경이란 연령, 인종, 성별, 유형, 가치관의 다양화, 소비생활 양식, 인구문제, 소비자운동, 노사관계 등이다. 유엔 보고서에 따르면 전 세계 60세 이상 노인 인구가 2050년에는 20억 명에 이를 것으로 보인다고 전망하고 있으며, 고령

인구의 증가는 고령친화 산업의 수요가 급증할 것으로 전망하고 있다.

고령 친화제품이란 함은 노인을 위한 여가·관광·문화 또는 건강지원 서비스를 포함하고 있다. 베이비부머(baby boomer) 세대가 생산과 소비의 중심계층에서 생산보다는 소비의 중심계층으로 전환될 것이며, 베이비부머 세대는 자산과 소득수준이 이전 세대보다 높을 것으로 예상되고 능동적인 소비주체로서의 성향도 갖고 있다고 하겠다. 건강, 여유 있는 자산, 적극적인 소비의욕을 가진 이러한 전후 베이비붐 세대가 고령화 시대의 새로운 소비계층인 '뉴 시니어(new senior)'로 부상하고 있다.

> ### 베이비 부머(baby boomer) 세대
>
> 한국에서는 통상 한국전쟁 전후에 태어난 1955~1963년생을 말하며(1차 베이비부머 세대), 추가로 연간 90만 명 이상 출생한 1968~1974년생을 2차 베이비부머 세대로 분류하고 있다. 미국에서는 제2차 세계 대전 후부터 1960년대에 걸쳐서 태어난 사람들을 의미하며, 여피로 대표되는 교육 정도가 높고 진보적인 사고를 가지고 있는 것이 특징이라고 하고 있다.

소비구조에 있어서도 개성화 추구 현상의 증가와 소비선택 기준의 질적인 변화양상 그리고 여성시장·노인시장·대도시의 젊은 엘리트 시장·맞벌이 부부시장 등과 같은 새로운 시장의 출현 현상 등이다.

체계화된 교육제도를 바탕으로 문맹률의 저하와 고학력 사회, 컴퓨터 중심의 사회로 변화, 발전되어 가고 있다. 그러나 경제성장의 역기능으로 인한 도시와 농촌 간의 소득격차의 심화현상과 실업률 등은 사회적 안정성을 저해할 수 있다.

산업사회에서 발생하는 노사분규의 현상과 농촌과 도시의 문화적 격차의 증대 및 상대적 빈곤계층의 등장으로 인한 소외감의 대두, 각종 공해문제의 유발, 가치관의 이질화에 따른 제반 파생적 문제 등 경제성장의 역기능적 현상을 쉽게 찾아볼 수 있다. 또한 산업부문에 있어서도 산업화로 인한 도시화의 진전, 환경오염의 사회문제화 등과 기계화로 인한 노동시간의 단축에 따른 여가시간의 확대와 문화활동에의 참여욕구의 증대, 문화수준의 중요성에 대한 인식의 확산과 국제화, 개방화에 따른 문화개방도 등도 사회·문화적 환경에 영향을 미친다고 할 수 있다.

〈표 14-3〉 **사회 트렌드 변화**

주요 트렌드	세부 트렌드
저출산 및 고령화 사회	• 저출산으로 인한 인구성장률 둔화 • 고령화 사회로 인한 관련 산업의 지속적인 성장 • 독거노인의 증가 • 신세대 노년층, 뉴 시니어 세대의 부상 • 주요 소비층으로서 중년층의 부상 • 중 · 장년층을 위한 복거(覆車) 열풍의 부상
새로운 가구 유형	• 소규모 가구(1~2인)의 증가 • 솔로 이코노미(solo economy) 부상 • 다문화 가정의 증가
개인화 증대	• 스웨그(swag), 자기만의 스타일 중시 • 마이너리즘(minorism)의 확산 • 개인주의 만연에 대한 저항
안전에 대한 인식	• 인적 재난사고에 대한 심각성 대두 • 사회적 재난으로서 전염성 질병의 인명피해 확산 • 프리 크라임(pre-crime) 관심 증대
소비문화의 변화 및 세분화	• 맞춤형 소비문화 확산 • 칩 시크(cheap-chic) 확산 • 럭셔리(luxury) 구매욕구의 증가에 따른 프리미엄(premium)제품의 다양화 • 전통에 대한 관심 증대 및 확산 • 체험 및 경험 소비 추구의 확대 • 인터넷 엘리트(internet elite)의 등장
라이프 밸런싱 추구	• 일과 생활의 균형에 관한 사회적 논의 확산 • 가족중심의 가치관으로 변화 • 다운 시프트(down shift), 호모 루덴스(homo ludens)적 삶의 추구
웰빙 및 힐링 라이프 스타일의 확산	• 웰빙(welling) 식문화에 대한 지속적인 관심 증대와 웰빙 족(族)의 증가 • 새로운 사회문화 코드로서 힐링(healing)의 부상

자료: 김향자, 제3차 관광개발기본계획 수립을 위한 기초연구, 2009, p.47. 최경은 · 안희자, 최근 관광트렌드 분석 및 전망, 한국문화관광연구원, 2014, p.75.을 참고하여 재구성함.

신세대 노인층

고령화 사회의 진입에 따른 소비자 집단의 출현 현상으로 자녀에게 부양받기를 거부하고 부부끼리 독립적으로 생활하려는 노인세대(통크족(tonk)족: 'two only no kids'의 약칭), 손자 및 손녀를 돌보느라 시간을 빼앗기던 전통적인 모습을 초월하여 자신들의 인생을 추구하는 신세대 노인층으로서 이를 계기로 실버 마케팅이라는 용어도 등장하게 되었다.

스웨그(swag)

스웨그(swag)는 셰익스피어(William Shakespeare)에 의해 탄생한 말로 '허세', '자유 분방함', '으스대는 기분' 등을 표현하는 힙합 용어로 사용되다가 사회문화적인 측면에서 '가벼움', '여유', '자유로움' 등을 상징하는 용어로 통용되고 있다.

칩 시크(cheap-chic)

합리적인(cheap) 가격에 세련된(chic) 디자인, 실용적인 기능을 겸비한 제품 및 서비스를 의미하는 용어로서 뜻한다. 명품과 저가 제품으로 양분돼 있던 기존 시장의 틈새를 겨냥한 것으로 단순히 가격만 낮춘 것이 아니라 성능과 디자인이 고가제품과 같이 우수하다는 특징을 강조하는 개념이다.

다운 시프트(down shift)문화

현대인들은 바쁘게 살아가며 치열한 경쟁속에서 성공이라는 목표를 정하고 최선을 다해서 생활하지만 과연 행복하게 살고 있는가라는 질문에 대해서 삶의 방식을 되돌아 본다는 의미에서 나온 용어이다. 고소득이나 빠른 승진보다는 비록 저소득일지라도 여유 있는 직장생활을 즐기면서 삶의 만족을 찾으려는 행태를 지칭하는데, 사회적 지위 및 금전수입에 연연하지 않고 삶을 즐기는 문화를 의미한다. 일명 슬로비족(slobbie)이라고도 표현하는데 천천히 그러나 더 훌륭하게 일하는 사람(Slow But Better Working People)의 약칭으로 속도를 늦추고 보다 천천히, 느긋하게 생활하기를 원하며 물질과 출세보다는 마음과 가족을 중시한다는 것이다.

> ### 호모 루덴스(homo ludens)
>
> 놀이하는 인간, 노는 인간을 지칭하는 용어로서 인간은 놀면서 행복을 추구하는 존재이며, 삶을 놀이로 만드는 것은 인간의 의무이자, 성공의 길이며, 행복의 길이 된다는 의미이다.
> 우리의 시대보다 더 행복했던 시대에 인류는 자기 자신을 가리켜 "호모 사피엔스(homo sapiens: 합리적인 생각을 하는 사람)"라고 불렀다. 그러나 세월이 흐르면서 우리 인류는 합리주의와 순수 낙관론을 숭상했던 18세기 사람들의 주장과는 달리 합리적인 존재가 아니라는 게 밝혀졌다.

4. 문화적 환경

정보·통신의 획기적인 발달은 과거보다 생산성과 부가가치가 높은 지식정보사회로 변화되었다. 교육수준과 의식수준이 높아진 신세대형 소비자들의 등장과 증가하는 여유시간을 보람 있게 소비하려는 경향이 증가하게 될 것이다. 도시근교 농·어촌지역의 도시화의 확산과 농촌지역은 인구감소의 지속 등의 변화와 전원생활을 즐기려는 도시민들의 증가 현상이 점차 커지게 될 것이다.

특히 도시화, 산업화의 과정에서 파생된 환경문제에 대한 관심이 증가하고 컴퓨터 중심의 사회로 인한 테크노스트레스(techno-stress)의 증가에 따른 여가욕구의 증가 현상이 필연적이라고 할 수 있다.

교육수준의 향상, 통신기술의 발달로 다른 문화에 대한 지식과 인식에 대한 욕구가 증대되어 세계가 하나의 국가화(cosmopolitan world)로 될 것이며 이것은 관광에도 많은 영향을 끼치게 될 것이다. 전 세계인이 공유하는 생활방식의 형성과 관광은 이러한 "세계적인 생활양식(global life style)"의 주요 원인으로 작용함과 동시에 그 결과로 발전하게 될 것이다. 그러나 문화를 상품화하고 있는 추세를 감안할 때 전통적인 문화의 파괴와 상품성을 유발하는 변형적인 문화의 파급이 우려될 수도 있다.

〈표 14-4〉 문화 트렌드

주요 트렌드	세부 트렌드
신한류	• 한류 열풍의 확산 • 음악(K-Pop), 드라마, 영화, 게임 등과 같은 문화관련 콘텐츠
문화마케팅	• 미디어 문화 마케팅의 글로벌화 • 문화예술의 가치 중요성 확대 • 라이프 밸런싱(life balancing)을 위한 추구하는 가치 변화 • 엔터테인먼트·문화콘텐츠 소비자 증가 • 다운 시프트(down shift)문화의 확산 • 로하스(LOHAS, 환경 친화적)문화를 추구하는 소비자 증가
창조산업	• 서적, 영화, 음악, 소프트웨어 등 관련 산업 • 디자인, 패션, 영화, 비주얼 아트(visual arts), 광고, 건축 등 문화·예술 산업

자료: 심원섭, 미래관광환경변화와 신 관광정책 방향, 한국문화관광연구원, 2012, p.91. 및 pp.119-125.를
참조하여 재작성함.

로하스(LOHAS)

로하스(LOHAS: Lifestyle Of Health And Sustainability)란 개인의 건강뿐만이 아니라 사회의 지속 성장을 추구하고 환경을 생각하는 생활 스타일을 의미한다. 건강과 환경의 공존을 위해 자원 가치를 보호 보전하여 후손에게 물려주는 것을 추구하는 의미를 지칭한다. 로하스족은 상업화된 웰빙(welling)문화에 대한 반성과 친자연, 웰빙 트렌드를 주도할 소비 세력으로 등장하게 되었다.

5. 생태적 환경

인류문명의 발전과 더불어 표출된 인구의 증가는 자연자원에 대한 과도한 수요를 유발하고 있으며, 빈곤한 재개발도상국가는 생존경쟁과 선진국의 대량소비는 인류의 생존과 번영의 기반이 된 세계자원을 파괴, 훼손시킴으로써 지구 생태계에 많은 영향을 주고 있다.

특히 관광산업과 관련하여 환경은 관광객 유인에 필수적인 자연자원·문화자원에 대하여 관광적 가치를 부여하고 있기 때문이며, 이로 인하여 환경의 보호는 관광의 장기적인 발전을 보장하는 가장 중요한 요소가 되고 있다. 오늘날 대다수의 관광목적지로 성공한 경우는 물리적 환경의 청결성과 환경의 보호, 해당

지역의 특성이 명확히 구분되는 문화적 패턴을 갖추고 있는 곳이다. 이를 위해서는 환경보호와 관련이 되는 관광산업을 적극적으로 개발·장려해야 하며, 관광산업을 위해서는 중앙정부와 지방정부가 공동으로 지방·지역의 환경파괴를 유발하는 개발을 자제하고 민간자본의 관광개발을 환경보호의 차원에서 규제할 필요성이 있다.

무분별한 개발과 세계 주요지역의 자연환경의 파괴는 수질·대기오염이 심각한 문제로 대두되고 있다. 이는 그린라운드(GR : Green Round)의 출현과 자연환경에 대한 관심의 증대, 환경기술의 개발과 환경보전을 위한 범세계적인 기술이 축적되고 환경보호에 대한 압력이 더욱 증대되었다.

경제개발 정책으로 개발도상국들은 관광을 현대사회에 있어 최상의 경제성장 도구로 인식하고 있으며 관광에 대해 더욱 현실적인 접근을 하기 시작했다. 개발도상국들은 "최적의(optimum)," "지구력 있는(sustainable)" 관광을 추구하고 있는데 이러한 목적은 경제·사회·문화·환경적 관심사를 고려한 것이며, 이러한 종류의 관광 발전은 포괄적이고 종합적인 계획을 필요로 한다. 따라서 환경보호 운동 등의 확산을 통한 관광상품 개발이 부각되는 이른바 녹색관광이 확산된다.

〈표 14-5〉 **환경 트렌드**

주요 트렌드	세부 트렌드
지구환경의 변화	• 기후 협정과 환경 변화 • 지속 가능한 개발 논리 확산 • 환경보전과 개발의 통합적 접근
에너지 절감 및 자원 활용의 가치 제고	• 에너지 절약 추구형 소비 증가 • 에너지 절약형 스마트 시티(smart city)에 대한 관심 증대 • 대체 에너지 개발 확대 • 업 사이클링(up-cycling) 문화 확산
기후변화 대응노력 강화	• 자연재해 확산 및 피해 증가 • 녹색성장을 위한 국제협력 강화 • 산업계 비즈니스 동력으로서 녹색산업의 성장
친환경 페러다임 확산	• 일상생활에서 친환경적 삶의 추구 • 친환경 소비 증대

자료: 김향자, 제3차 관광개발기본계획 수립을 위한 기초연구, 2009, p.46. 최경은·안희자, 최근 관광트렌드 분석 및 전망, 한국문화관광연구원, 2014, p.76.을 참고하여 재구성함.

6. 기술적 환경

　정보기술의 발전으로 세계 각국은 정보를 이용한 상품판매가 가속화되어 가고 있으며 정보의 양은 급속도로 증가하고 있다. 선진국의 노동인력의 대부분은 정보를 다루는 직업에 종사하고 있으며, 산업 자본의 50% 이상 정도가 정보기술을 기반으로 형성되고 있다. 정보화 사회는 정보 기술, 그중에서도 특히 통신기술에 의해서 발전되고 있는데 정보의 수집·처리·분석·보관·분배 등에 관련된 방법 및 그 적용에 필요한 장치를 말하며, 컴퓨터·경영정보 시스템(MIS)·위성통신·비디오 텍스트 및 컴퓨터 예약시스템(CRS)등이 포함된다.

　정보기술은 기업의 경영, 국가관리 등 사회 전반에 걸쳐 지대한 영향력을 발휘하고 있으며 관광산업의 환경 등을 변화시키는 전략적인 자원으로 부상하고 있다. 이러한 현상은 사람들의 여가와 관광에 대한 욕구는 증가하고 산업과 기술에서도 즐기는 기술로 그 경향이 변화해 가고 있는 유비쿼터스(ubiquitous)환경 조성이 가속화되고 있다. 온라인(on-line)·오프라인(off-line)이 통합되고 그 경계가 불분명해지고 있으며, 서비스 경제 체제로의 전환이 이루어져 체험 경제의 개념을 갖추게 되었기 때문이다.

〈표 14-6〉 **기술 트렌드**

주요 트렌드	세부 트렌드
SNS의 무한 확장	• SNS(Social Network Services/sites)의 일상생활화 • 정보 민주주의 확산 • 크라우드 소싱(cloud sourcing)의 발달 • 온라인 사생활 보호 중요성 확대
초연결 사회로의 진전	• 사물 인터넷(loT: Internet of Things) 확산 • 빅 데이터(big data)의 영향력 강화 • 크라우드(cloud) 서비스의 확산 • 가상세계로까지 넓어진 생활 영역 • 인터넷 엘리트(internet elite)의 등장
모바일의 심화	• 디지털 노마드(digital nomad) 시대 도래 • 증강 인류(augmented humanity)로의 진화
ICT 기반 융합산업 확대	• ICT(Information and Communications Technologies)기반 산업 활성화 • 창의성에 기반을 둔 스타트 업 증가

자료: 최경은·안희자, 최근 관광트렌드 분석 및 전망, 한국문화관광연구원, 2014, p.74.을 참고하여 작성함.

관광상품은 일반 제품과는 달리 구매시점에서 직접 눈으로 확인할 수 없기 때문에 관광산업에서 정보가 차지하는 역할은 타 산업에 비해 중요하다고 할 수 있다. 더욱이 현대의 관광객은 여행경험이 풍부해짐에 따라, 보다 다양한 동기와 특별한 목적을 갖고 여행을 떠나기 때문에 기존의 정태적 관광정보에는 만족하지 않고 보다 동적(動的)이고 깊이 있는 정보를 요구하고 있다. 이러한 소비자의 정보 욕구에 대응하기 위해서 관광기업들은 고도의 정보기술을 바탕으로 한 차별화된 관광서비스를 제공해야만 한다. 관광산업에서의 정보기술은 관광기업의 업무 효율성 증진 및 서비스 질(質)의 향상에도 기여하고, 새로운 서비스 개발을 통해 고객만족의 극대화를 추구하는 강력한 수단이 되고 있다.

인터넷 엘리트(internet elite)

인터넷 엘리트(internet elite)란 디지털 시대의 인터넷과 벤처의 발달로 인하여 정보기술을 선도하고 정보기술에 대한 높은 적응력을 보이며, 자기에게 필요한 제품을 구매하는 소비 패턴을 보이는 집단이다. 일명 예티(yetties)족이라고 하며, 젊고(young), 기업가적(enterpreneurial)이며, 기술에 바탕을 둔(tech-based)집단을 약칭하는 용어로서 국립국어원(2008년)에서 자기 가치개발 족(族)으로 순화하였다.

디지털 노마드(digital nomad)

디지털(digital)과 유목민(nomad)을 합성한 단어로서 프랑스의 자크 아탈리(Jacques Attali)가 '21세기 사전'에서 처음 소개한 용어(1997년)이다. 주로 노트북이나 스마트폰 등을 이용해 장소에 상관하지 않고 여기저기 이동하며 업무를 보는 사람을 표현한다. 일과 주거에 있어서 땅에 뿌리내리고 토박이로 살며 정체성과 배타성을 지닌 민족을 이루기보다는, 어떤 정해진 형상이나 법칙에 구애받지 않고 바람이나 구름처럼 이동하며 삶을 정주민적인 고정관념과 위계질서로부터 해방시키는 유목인을 의미한다.

증강 인류(augmented humanity)

스마트폰 도입 초기에 유행했던 '증강현실(Augmented Reality, AR)'의 개념을 확장한 것으로 음성 인식, 자동 번역 등을 통해 외국어를 배우지 않고도 서로 다른 언어를 쓰는 사람들끼리 의사소통할 수 있는 기술을 대표적으로 제시하였는데, 미래에는 사람이 하기 어려운 일은 컴퓨터가 처리해줄 것이라고 의미이다. 스마트폰이 제공하는 정보를 이용해 인간의 능력을 확장시킨다는 개념으로 스마트폰을 가진 사람은 인터넷과 연결돼 이전에 할 수 없었던 일을 할 수 있게 된다는 의미이다.

7. 법 · 제도적 환경

관광을 육성하는 데 있어서 국가 또는 공공단체의 정책방향의 설정은 전략적 사업(strategic business)으로 유도해 나가는데 직접적인 영향을 미치는 요인으로 작용하고 있다. 관광활동에 영향을 직접적인 영향을 미치는 환경으로서 법률적 환경(legal government)이 있는데, 이를 정부환경 또는 행정적 환경(government environment)이라고도 한다.

행정기능의 확대와 행정권의 강화 그리고 행정재량권으로 권한 행사를 하는데 경제 관료의 영향력 정도가 증대되면서 바람직하지 못한 권력 남용 및 무책임한 행정행위의 가능성이 점차 커지고 있다. 또한 공정성의 결여와 형식적이고 행정 편의적 역기능이 발생되고 있다.

영국의 경우 환차손해보험을 관광산업에 적용하고 있으며, 싱가포르는 상환기간 25년의 조건으로 관광사업을 위한 용지매입이나 개발비에 융자를 하고 있고 일본은 상환기간 15년의 조건으로 호텔건설비의 20~30%, 스페인의 경우 상환기간 15년의 조건으로 호텔의 개보수 비용의 60%까지를 융자하는 등의 금융지원을 하고 있다. 이와 반대로 많은 국가들이 겪고 있는 정부 재정적자로 인해 관광이 새로운 세금의 표적이 되고 있는데 각종 관광시설, 서비스에 대해 세금이나 요금을 부과하고 심지어는 관광을 "사치상품"으로 인식하여 차별 과세를 하고 확대하려고 하고 있다.

행정부는 정책결정에도 참여하게 되고 정책결정 기능이 확대됨으로써 가치판단의 개입에 따른 재량권과 자주성의 확대를 갖게 되었으며, 국가가 추구하는 목표를 달성하기 위해서는 지원적 성격을 가질 수도 있지만, 이에 부합이 되지 않을 경우에는 강력한 규제적 성격을 갖게 된다. 정부의 규제업무는 시장의 내적요인 뿐만 아니라 정치 · 경제 · 사회적 요인을 고려하여 수행하는 되는데, 이는 오히려 행정기능에 있어서 정부의 규제를 강화시키는 요인으로 작용하게 되었다.

제**3**절 미시적(微視的) 관광환경

1. 관광마케팅 · 홍보

관광 경쟁력은 이미지 향상을 통한 상호교류의 증진에서 비롯되며 이미지 광고를 비롯한 홍보활동이나 각종 이벤트를 개최하여 알리기에 매진하는 것도 결국 상호교류를 증진시키기 위한 의도라고 볼 수 있다. 관광목적지의 홍보나 마케팅을 언급하면서 전략적 수행방법이 수반되지 않는 것은 효율성을 떨어뜨리는 접근의 출발점이며, 국가나 도시별로 이루어지는 다양한 목적지의 홍보, 마케팅 노력을 로케이션 브랜딩(location branding)으로 개념화하고 있으며, 이를 종합적인 인지도 관리모델이라고 할 수 있다.

정보화 환경의 폭이 넓어지면서 최첨단 기술에 의한 최첨단 기술에 의한 관광 홍보에 관심이 높으나 자기 고장의 관광이미지를 정립하는 기본 틀이 우선적으로 정립되지 못하고 개발된 각종 시각물이나 최첨단 홍보물들은 우리가 의도하는 자기 고장의 이미지를 제대로 부각시킬 수 없다. '어떠한 정보를 제공할 것인가'라는 지역 이미지의 내용에 대한 연구와 자료정리가 선행되지 않는 상태에서 최첨단 정보 기술을 도입한다는 것은 무의미한 일이 된다.

관광은 이미지를 변화시키는 데 체험관련 사업을 관장하게 되는데, 직접방문을 통해서 보고, 느끼며, 감명을 받는 과정을 통해 새로운 사실을 발견하고 잘못 형성된 이미지를 전환시키는 데 결정적인 역할을 한다. 심리적인 거리를 단축시키는 역할을 하는 산업이 바로 관광이다. 관광객이 관광활동을 통해 한 지역에서 경험하게 되는 다양한 체험과정에서 그 지역에 대한 이해도가 높아지게 되면, 자연스럽게 부정적인 이미지가 긍정적인 이미지로 바뀌게 된다. 관광행위는 관광자원의 유인력과 관광마케팅이라는 활동이 종합적으로 나타나는 현상으로 전략적이고 통합적인 활동이 필요하다. 관광의 이미지가 정립되었다면 자원의 매력성을 효과적으로 전달하고 관광객을 유인하는 것이 필요하며, 유인하는 것으로 만족할 것이 아니라 여행 수요자가 믿고 이용할 수 있도록 관광상품의 품질을 유지 · 관리하는 것도 관광이미지 정립에 있어서 중요한 역할을 한다.

　관광홍보는 우선적으로 방문객들을 대상으로 한 전략이 필수적이었다. 이로 인하여 그동안 대부분의 관광은 외지 방문객을 위한 것으로 인식되어 있으며, 관광객은 손님의 입장에서 주민보다 우선해서 배려되어야 한다는 사고가 일반적인 관념이다. 그러다 보니 관광산업은 수입을 목적으로 외지인에게 보여주기 위한 관광, 잘 포장되어 화려한 모습으로 손님을 맞는 형식적인 관광에서 벗어날 수가 없었다. 양질의 서비스를 방문객에게 제공해야 한다는 인식은 중요한 관점이지만 관광객 지향 중심으로 인하여 서비스제공에 편중되는 사고방식은 재고되어야 하며, 향후 관광은 주민의 자존심 회복과 강화를 우선적으로 고려하는 관광전략으로 수정되어야 한다.

　관광의 이미지는 만드는 것이 아니라 만들어지는 것이다. 주민들이 고장의 독특성과 특징을 관광객들과 공유하면서 관광객을 맞이하는 개념으로 발전되어야 한다. 관광사업은 관광객을 위해 주민이 불편함을 감수해야 하는 사업이 아니라 주민의 자존심을 회복시켜줄 수 있는 사업도 된다.

　지역과 도시에 대한 애정과 자부심을 갖고 있지 못하다면 자연자원과 문화자원, 산업자원 등과 같은 자원의 가치를 방문객에게 자랑하고 설명할 수 없다면, 방문객이 방문할 이유가 없을 것이라는 것이다. 따라서 지역 및 도시에 대한 자부심을 가지고 있는 곳에서 더 강한 감동을 받게 하는 것은 주민들의 문화에 대한 애정에서 비롯된다는 인식이 필요하다. 지역주민들의 고장사랑이야말로 이보다 더 큰 홍보전략은 없을 것이다.

　관광객의 여행욕구는 다양해지고, 여행에 관한 정보를 쉽게 획득할 수 있어 관광사업체 간의 경쟁은 더욱더 치열해질 것이다. 상품개발과 더불어 마케팅도 중요한 기능으로 부각하게 될 것이다. 관광산업의 분화와 전문화로 인하여 유통혁명을 가져 왔으며, 상품과 마케팅은 상호 의존적이기 때문에, 일반 마케팅보다 오히려 고차원적인 통합마케팅(total marketing)이 요구되고 있다. 따라서 관광객 유치와 관련된 기관 및 업체에서는 관광진흥 예산을 증대시킴과 동시에 관광 마케팅 전문가들을 고용하는 것이 필수적이다.

2. 관광상품

관광상품은 소비자의 심리적인 욕구의 변화와 다양화 및 특성화로 인해서 목적지와 관련된 기관 및 업체들은 고객의 성향에 초점을 맞추는 관광상품의 개발을 하게 될 것이다. 사회, 경제, 환경, 기술, 정치적 여건이 급속히 변화하고 있으며, 관광부문 역시 다양한 변화를 하고 있다. 최근에는 Z세대와 밀레니얼(millennial) 세대의 등장, 일과 삶의 균형을 추구하는 사회 인식, 주52시간 근무제 시행 등으로 인한 여가시간의 증가를 비롯해 공유 경제 확산, 4차 산업 혁명에 따른 기술진보, 기후 변화와 지속가능성에 대한 인식, 글로벌 정치·외교 환경 변화 등은 관광시장과 여행행태 등에 많은 변화가 나타나고 있다.

관광객들의 여행경험 증가는 여행 동기부터 정보 획득 방법, 목적지 선택, 여행 활동, 소비 지출 등에 이르기까지 전반적인 관광 트렌드에 큰 영향을 미치고 있다. 또한 과거에 비해 더 쉽고 편리하게 여행 정보를 얻고, 더 다양한 수단으로 여행지로 이동할 수 있으며, 개개인이 원하는 때에 원하는 여행활동을 할 수 있는 여건이 마련되어 관광이 더 이상 특별한 이벤트가 아니라 여가의 일부분이라는 인식이 강화되고 있다.

여행 트렌드 변화를 이끌어나갈 핵심 시장이 밀레니얼 세대뿐 아니라 Z세대로 확장되었고, 고령인구의 여행경험 성숙에 따라 구매력과 활동성을 겸비한 뉴 시니어 층이 관광 소비시장으로 부각되고 있으며, 미래의 관광상품은 주제(theme)와 행위 (activity)라는 두 가지의 특성을 고려한 상품개발에 초점을 맞추게 될 것이며 관광상품의 개발정책이 하드웨어 중심에서 소프트웨어로 전환될 것으로 예측할 수 있다.

여행상품은 내용과 형태가 다양해지고 주문(order)에 의한 신축성 있는 상품기획이 이루어지는 반면, 기존의 개성이 고려되지 않은 획일적인 단체관광(group tour) 및 패키지(package tour) 형태의 여행상품이 점차 감소할 것으로 예상된다. 따라서 여행업자들은 교통·숙박·식사·자원 등 패키지 여행관련 요소와 개인의 다양한 주문 요소를 결합하여 소비자의 개성적인 욕구를 충족시키면서 가격은 소비자가 스스로 하는 여행(FIT) 경비보다 더욱더 저렴하게 이용하는 방법을 모색하게 될 것이다.

. 그림 14-2 **미래 여행상품**

기술 발전으로 인해 관광영역에서 나타나고 있는 트렌드로 '여행 플랫폼 비즈니스의 성장과 관광 지형 변화'를 꼽을 수 있다. 여행서비스 유통구조는 여행 플랫폼 기반으로 급속하게 변화하고 있는데, 이는 관광소비 트렌드뿐 아니라 관광산업 지형에서도 대대적인 변화를 야기하고 있다. 여행객의 측면에서 여행 플랫폼 비즈니스는 똑똑한 소비자의 등장이라는 사회 문화 트렌드와 맞물리면서 성장하고 있는데, 한편으로 플랫폼 비즈니스의 성장에 따라 FIT 여행의 증가, 모바일 플랫폼을 이용하여 정보 탐색, 상품예약, '경험'을 공유하고 소비하는 여행행태 변화가 더욱 가속화될 것으로 전망되며, 고객의 개성, 활동, 고도의 안전성을 확보하고 있는 상품 개발은 필수적인 과제가 될 것이다.

3. 관광개발

정부에서 주요 전략으로 추진된 국가 관광전략회의는 관광개발 정책이 포함되어 있으며, 그 주요 내용은 지역관광 역량 강화 및 지역특화 콘텐츠 발굴, 지역특화 콘텐츠 발굴과 계획 공모형 관광개발, 지역 관광거점 및 관광콘텐츠에 집중 투자한다는 것으로 지역의 고유성을 기반으로 한 특화관광개발을 도모하고, 정부 주도의 톱다운(top down) 방식이 아닌 지역 주도를 근간으로 지역의 관광 경쟁력을 강화하고자 하고 있다.

관광지를 효과적으로 개발하여 관광지 자체를 관광상품으로 전환시키기 위해 주요변화 요인을 우선적으로 파악되어야 한다.

관광시장의 팽창에 따라 중앙과 지방, 공공과 민간차원에서 각종 관광지역 개발 및 시설공급이 급증하게 되며, 낙후지역·침체도시의 경제개발 전략으로 다양한 관광개발 사업을 통하여 지역 주도의 개발 계획의 수립과 정책방향으로 전환시키고자 하고 있다.

새로운 관광개발을 위해서는 입지의 활용이 증가하게 되는데, 도서·해안·저습지·유휴지 등의 활용이다. 또한 새로운 관광지의 개발추세는 휴양지 개발·각종 주제공원·도시형 관광지 등의 필요성이 증가하고 있으며, 다양한 관광시설인 골프장·경마장·경주장·노인휴양촌·문화센터 등과 같은 시설의 공급이 증가하게 된다.

국제화된 도시로 성장하기 위한 일환으로 대규모 컨벤션 센터의 건립이 추진되고, 국제간·도시 간 항공노선의 다양화와 지방 공항들의 국제화가 적극적으로 추진되게 될 것이다. 그러나 관광개발은 개발 못지않게 관리하는 것도 중요하다. 이는 국·내외의 경쟁이 심화되고 경영기술이 고도화되면서 다국적 기업의 등장과 국내의 관광산업의 경영기술 및 자본의 국외진출이 증가하게 되며, 정보 시스템의 구축을 통하여 정보의 검색과 활용이 증가하고 있고 각종 이벤트 등의 상품개발을 실시간으로 접할 수 있는 환경이 조성되었다.

관광 트렌드의 변화는 자연과의 접촉을 통한 자연, 모험, 생태관광 등의 선호도가 높아지고 있는 것은 국내외 관광에서 나타나고 있는 공통적인 트렌드이다. 이러한 경향은 도시가 아닌 지역의 자연환경과 고유한 지역문화 자체뿐 아니라 지역 자연과 문화 기반의 다양한 축제와 행사 등을 찾는 관광객 수가 증가하고 있다. 이러한 관광 트렌드 변화가 반영된 관광객을 지역으로의 분산하기 위해서는 관광객 스스로가 관광 가치를 창출하는 능동적 창조관광으로의 전환되고 있고 지역 곳곳의 알려지지 않은 목적지들을 관광객들이 직접 찾게 되는 소비자 주도형 관광 경향이 지역의 관광활성화와 연계될 것으로 전망된다.

관광개발을 통한 지역관광의 활성화는 지역 경제의 회생과 복원의 절대 동력으로 역할과 기능을 확보해야 하며, 지역을 찾는 관광객의 관광 경험의 질을 충족시킬 수 있는 지역관광 개발의 추진이 필요하다.

4. 관광인력

세계인구의 변화는 관광인구와 산업사회의 노동력 제공 차원에서 매우 중요한 요소가 되고 있다. 오늘날 젊은 층 인구의 비율이 감소하고 있는 선진국에서는 양질의 노동인력 확보 문제가 점차 심각해지고 있으며, 인구정책은 관광산업에 있어서도 주요한 문제로 부각이 되고 있으며, 국제노동기구(ILO), 세계관광기구(UNWTO), 유엔 아시아·태평양 경제이사회(ESCAP) 등의 국제기구에서도 관광전문 인력양성에 대해 많은 관심을 갖고 국가간 정보 및 아이디어 교류를 위한 회의를 개최하거나 특별 프로그램을 수행하고 있다. 인구증가의 대부분은 사회·경제적으로 낙후된 국가들에서 이루어짐에 따라 개발도상국의 인구증가 억제와 사회개발 문제는 여전히 주요한 과제로 남아 있다.

관광분야는 사람이 중심이 되는 노동집약적 산업이다. 오늘날 젊은 층 인구의 비율이 감소하고 있는 선진국에서는 양질의 노동인력 확보 문제가 점차 심각해지고 있어 관광분야로의 노동력 유인을 위한 근무조건, 이미지 향상을 위한 전략 개발이 중요한 문제로 대두되었다.

노동력 부족과 더불어 관광산업 분야에서도 인재 고용을 위한 필요성이 대두될 것으로 전망을 하고 있다. 대부분의 국가에서는 관광산업에 필요한 전문적인 기술을 습득시켜 줄 수 있는 충분한 교육기관이 적으며 또한 관광사업에 있어서는 관광 노동시장에 대한 국가의 개입도 적다. 그러나 관광사업이 노동시장의 일반적 규제로부터 영향을 받지 않는다는 것은 아니라 최저임금, 근로시간과 근로조건, 이민에 대한 제한 등 이러한 것들은 노동력의 공급과 가격에 큰 영향을 끼치고 있다.

작은 하부단위의 노동기술을 협력업체와 상호교환, 접촉을 통하여 기업 내 중심적 기술과 연결시켜 경쟁력을 상승시키게 된다. 이는 고객의 수요변화를 즉각적으로 지각하여 고객의 욕구에 맞는 상품과 높은 서비스 질을 제공할 수 있게 된다.

국제노동기구(ILO)에서도 '훈련은 그 자체가 목적은 아니지만 향상된 직원의 능력을 통해 생산성을 증대시키기 위한 것이다.'라는 취지하에 훈련을 통한 관광산업의 생산성 향상을 위한 각종 지원 방안을 모색해야 한다고 언급하고 있다.

따라서 교육훈련에 필요한 재정을 지원할 조직을 설립하여 관광산업이 필요로 하는 인력확보와 소비자의 욕구를 보다 잘 만족시킬 수 있는 인재양성을 위한 프로그램을 마련해야 할 것이다.

이러한 상황하에서 관광인력의 부족 문제는 인구 증가가 둔화하거나 감소하여 노동력 부족이 심화되어 가는 가운데 관광산업은 향후 신규 인력의 확보가 어렵게 될 것이라는 전망이며, 정보화사회의 진전으로 인한 노동력 대체 등 인력수급의 불균형 현상도 고려해야 할 환경이다.

인력의 불균형에서 초래할 수 있는 직업적 이민의 수요의 증가는 관광관련 직업인구의 이동도 포함된다. 이로 인하여 이주민들을 위한 고국방문이라는 특수 관광상품(ethnic tourism)이 증가하게 될 것이다.

5. 환대서비스

관광산업은 인적 서비스자원을 중심으로 이루어지는 사업으로 타(他) 산업에 비해 인적자원 구성비가 높고 중요하다. 따라서 서비스 교육의 정착과 훈련방법의 개발을 통해 서비스의 질적 향상의 도모와 주인의식의 고취, 종업원의 사기앙양 및 근무의욕 고취를 통한 이직률의 방지, 전문지식, 기술향상을 위해 경영자 층의 인적자원에 대한 끊임없는 재투자와 배려가 요구된다.

관광은 이동과 목적지에서의 체재가 반드시 수반되며, 이와 관련하여 교통, 숙박, 식음료, 쇼핑 등 다양한 목적을 추구하는 시설들의 발전을 가져오게 되었으며, 관광관련 사업분야에 종사하고 있는 사람들의 친절과 서비스 정신은 오늘날 환대산업의 대명사로서 많은 사람들에게 인식되고 있다.

호스피탈리티(hospitality)라는 용어는 '환대(歡待)'를 의미하고 있다. 이는 현대어의 의미에서는 병원을 뜻하지만 중세기에는 '여행자의 숙박소(宿泊所)'라는 뜻으로 사용되었다고 한다.

예의와 친절, 진지한 관심, 방문객들에게 봉사하고 친해지려는 정신 그리고 따뜻하고 우정 어린 표현들은 환대산업에서 중요하며, 기본적인 사고라는 생각을 갖게 해주고 있다. 따라서 방문객들과 직접 접촉하게 되는 모든 사람들을 위해서 교육의 중요성을 강조하고 방문객과 직접 접하는 여행사의 가이드, 호텔종업원, 식당의 종사원 등에게 교육을 철저히 실시함으로써 국가 및 지역사회의 이미지를 향상시키고 개선하는 데 중요한 역할을 하고 있다. 관광지에서의 훌륭한 안내, 쾌적하고 안락한 숙박시설, 맛있고 특색 있는 다양한 서비스의 제공은 관광의 핵심요소로서 등장하게 되었다.

서비스는 서비스의 가장 기본적인 이해와 정신은 바로 서로가 감사하는 마음자세를 가지는 것에서부터 출발을 해야 한다.

관광사업은 관광객에게 서비스를 제공하고 이 서비스는 관광객에게 중요한 영향을 끼치고 있기 때문에 영리를 추구하는 관광사업, 관광지의 환대정신, 국가사업에 있어서 서비스의 확립 여부는 관광사업 발전의 성공여부와 직결된다.

6. 투자환경

관광진흥에 있어서 주요한 사업 중의 하나는 투자 활성화이다. 이를 위해서는 투자환경의 조성이 필요하게 되는데, 중앙정부에서는 지방분권 및 균형발전을 통한 지역의 특성을 위해서 정책을 입안, 집행할 수 있는 권한을 지방정부에 위임하는 등 각종 정책을 지역으로 분산하는 정책을 추진하여 왔다.

관광이란 관광객이 소비를 하면서 관광활동을 하는 과정으로서 관광객의 이동을 가능하게 하는 시설과 목적지에서의 관광활동을 할 수 있는 다양한 시설이 요구된다. 국가의 근본적인 관광환경의 평가는 관광인프라 확충을 위한 제도적 기반을 구축하는 것이다. 이를 위해서는 경쟁력 강화를 위해 추진되는 사업이라는 측면에서 관광산업이 도로, 철도, 항만, 공항과 같은 국가기반시설의 건설을 위한 투자와 같은 개념에서 이해되어야 한다. 국가기반시설은 공공투자 사업으로 많은 예산이 장기간 지속적으로 투입되고도 사업평가 시에는 직접 수익보다는 간접적인 역할에 비중을 두고 있다.

관광객은 새롭고 신기한 것을 추구한다. 사회·문화, 경제적 환경 변화는 관광객들의 관광 및 여가형태에도 유적지, 명승고적 등을 단순히 탐방하는 수준에서 최근에는 휴양, 스포츠, 체험관광 등의 오감(五感) 만족관광으로 다양하게 변화하고 있다.

이러한 관광객의 욕구 변화에 부응하기 위해서 관광산업의 투자확대는 관광산업의 발전 잠재력을 확보하는 데 중요하다. 관광상품을 판매하기 위해서는 판매자(seller)로서 무엇인가를 소유하고 있어야 한다. 즉 관광객에게 공급시장으로서의 발전하기 위해서는 매력성(attraction), 접근성(accessibility), 수용성(amenities)이 필요하다. 이를 위해서는 투자재원의 확보가 중요한 관건이 된다.

관광산업은 미시적인 개념으로는 서비스산업으로 관광수익을 목적으로 운영되어야 하지만, 거시적인 개념으로는 지역이미지 향상을 위한 사회적인 기간산업으로 분류되어야 하다. 관광산업에 대한 투자 활성화를 위해 유효한 접근방법으로 간접투자 금융시장을 이용한 자금조달이 주목받고 있는데, 관광산업에 대한 투자의 특성은 투자자금에 대하여 장기간의 투자회수 기간이 소요되고, 토지 등 부동산에 대한 투자를 전제로 하고 있어 사업초기의 인·허가, 토지 인·허가, 건설, 사업 투자자의 복합적 구성체제 등으로 초기 사업화의 위험(risk)부담이 크다는 것이다.

위험부담을 극소화하고 투자를 유치하기 위해서는 다양한 정책들을 강구할 필요성이 제기되며, 관광산업에 대한 각종 규제를 정비하고 세제 지원 혜택, 개발관련절차를 통합하여 간소화시키고 있다.

지방분권화가 가속화되고 있어 지방정부는 재정확충을 위한 지방정부 직영의 공공개발 강화와 설립된 지방관광공사(RTO)의 개발부담이 증가하게 되지만, 지방정부의 직접투자가 점진적으로 증가하게 되며, 더 나아가 지역별 특성에 맞는 관광개발이 확대될 것이다. 중앙정부 예산의 한계로 직접투자 방식에서 민간투자 유인책 또는 간접·공동 투자방식으로 전환하게 되며, 중앙정부의 입법·조정·계획·지원기능이 증대되어야 한다.

중앙정부의 투자가 감소됨으로써 민·관 합동방식(제3섹터 개발)의 도입이 확대되고, 대기업 또는 전문회사, 지역민 등에 의한 민간투자, 민간 잠재능력 활용을 극대화시키는 투자가 활성화된다.

CHAPTER

TOURISM BUSINESS

부록

관광동향과
미래의 관광전망

부록   관광동향과 미래의 관광전망

제1절   세계 관광동향

1. 세계 관광객 성장 추이

세계관광기구(UNWTO)의 통계에 따르면, 국제관광객 수가 2012년 최초로 10억 명을 돌파한 이래 2018년에는 전년 대비 5.4% 증가한 14억 300만 명으로 집계되었다.

2018년 전 세계를 여행한 관광객이 14억명에 달하는 등 관광업계가 호황을 누린 것으로 나타났다. 국제연합 세계관광기구(UNWTO)에 의하면 관광관련 보고서를 공개하였으며, UNWTO 사무총장은 최근 몇 년 동안 전 세계 성장과 발전을 이끄는 가장 큰 원동력 중 하나가 관광업이라는 것을 확인하게 되었다고 하였다.

〈표 1〉 세계관광객 성장 추이

연도	여행객수(백만명)	관광수입(십억달러)	비고
2004	761	633	
2005	809	704	
2006	842	744	
2007	898	856	
2008	930	973	
2009	892	886	
2010	952	977	

2011	997	1,080	
2012	1,045	1,117	
2013	1,095	1,204	
2014	1,142	1,274	
2015	1,195	1,217	
2016	1,259	1,239	
2017	1,328	1,332	
2018	1,403	1,448	

주: 2018년은 추정치임.
자료: 관광지식정보시스템 세계관광지표(원자료: UNWTO World Tourism Barometer) 토대로 작성
　　문화체육관광부, 2018년도 관광동향에 관한 연차보고서, 문화체육관광부, 2019, p.22.를 참조하여
　　재작성함.

　　UNWTO는 2018년도 14억 300만 명의 해외 관광객이 전 세계를 여행했으며, 이는 2020년에나 도달할 것을 이미 초월한 수치라고 전했다. 세계관광기구(UNWTO)는 예상보다 2년 앞당겨진 것은 경제성장, 비자 확대, 저렴한 항공여행 등이 수요를 확대했다고 분석하고 있다.

〈표 2〉 세계관광의 주요 이정표

연도	주 요 전 망
2006	• 동북아시아 아웃바운드 관광객 1억명 돌파
2007	• 지중해 동부 유럽제국, 사상 최초로 인바운드 관광객 2천만명 유치 • 중동지역을 방문하는 북·미주관광객 1백만명 돌파
2008	• 세계관광객 9억명 돌파 • 대양주 인바운드 관광객 1천만명 육박 • 지중해 연안국, 인바운드 관광객 2억 5천만명 유치 • 아프리카대륙으로의 북·미주 관광객 1백만명 돌파
2009	• 세계 장거리 해외여행자수 2억명대 진입(14년 만에 배증) • 중국, 외래관광객 5천만명 유치
2010	• 동아시아·태평양 지역이 세계 2위의 인바운드 시장으로 부상(1위는 유럽) • 서유럽 인바운드 관광객 1억 5천만명 도달 • 중동지역 아웃바운드 송출규모 사상최초로 2천만명 육박

2011	• 인도양 제국의 인바운드 관광객 1억명 돌파(10년 만에 배증) • 남아시아 아웃바운드 관광객, 사상 최초로 1천만명 초과
2012	• 남부유럽 인바운드 관광객, 1천5백만명 육박 • 유럽의 아웃바운드(장거리 해외여행) 관광객, 1억명 돌파
2013	• 세계 해외여행자 11억명 돌파 • 북미주 역내 해외여행자 1억명 돌파
2014	• 유럽의 세계 인바운드 관광객 점유율 50%이하 하락
2015	• 세계 해외여행자수 11억 9천만명 기록 • 우주여행시대 개막
2016	• 세계 관광객 수 12억 4천만 명 • 중동 인바운드 관광객 5천만명 돌파(11년 만에 배증) • 중국, 외래 관광객 1천만명 유치
2017	• 프랑스 인바운드 관광객 1억명 육박
2018	• 세계 관광객수 14억명 돌파 • 아시아인의 유럽 방문자수가 미주지역 방문자수를 초과
2019	• 1000개의 좌석을 보유한 단엽(single wing) 여객기 등장
2020	• 세계관광객수 15억명 돌파 • 미국 인바운드 관광객 1억명 육박(방문 상위 7개국 관광객이 총 5천만명을 초과) • 남아프리카 아웃바운드 관광객이 10년 만에 2배 증가 • 동아시아/태평양 지역의 아웃바운드 관광객이 4천만명을 기록(2002년도의 4배)

2. 대륙별 동향

대륙별 국제관광객 유치 동향(2018년)을 살펴보면 유럽지역은 전년 대비 6.1% 증가한 7억 1,340만 명의 외국인 관광객을 유치함으로써 전체 대륙 가운데 1위를 고수하였다. 아시아·태평양 지역의 경우 전년 대비 6.5% 증가한 3억 4,510만 명의 외국인 관광객이 방문하였고, 미주대륙은 전년 대비 3.1% 증가한 2억 1,730만 명의 외국인 관광객을 유치하였다. 아프리카는 전년 대비 7.0% 증가한 6,710만 명의 관광객이 방문하였고, 중동지역의 외국인 관광객은 전년 대비 3.8% 증가한 5,990만 명으로 집계되었다.

UNWTO는 2018년도 전망에 대해서 그동안 성장세인 3~4% 이상이 될 것으로 예상했다. 브렉시트 불확실성, 경기 침체, 무역분쟁 등은 약점으로 지적됐으나 연료 가격 안정, 항공망 개선, 신흥시장 해외여행 강세 등은 강점으로 꼽혔다. 2017년 9월 허리케인 마리아 등으로 피해를 입은 데 기인했다고 분석했다.

중동으로의 관광객 수 증가율은 10%, 아프리카로의 관광은 7%로, 세계 평균 6% 이상을 상회했다. 아시아, 태평양, 유럽 모두 6%가량 성장했다.

아메리카 대륙은 세계 평균보다 낮은 3% 성장을 기록했다. 중앙아메리카와 카리브해의 부진이 눈에 띄었으며, 이 중 카리브해는 2017년 9월 허리케인 마리아 등으로 피해를 입은 데 기인했다고 분석했다.

〈표 3〉 **연도별 지역별 관광객 수**

구분	관광객수(백만명)						구성비 (2018)(%)
	2005	2010	2015	2016	2017	2018	
유럽	452.7	487.7	605.1	619.0	672.5	713.4	50.9
아시아 · 태평양	154.1	208.2	284.1	305.9	324.0	345.1	24.6
미주	133.3	150.4	193.7	200.7	210.8	217.3	15.5
아프리카	34.8	50.4	53.6	57.8	67.1	67.1	4.8
중동	33.7	55.4	58.1	55.6	57.7	59.0	4.3
전 세계	809	952	1,195	1,239	1,328	1,403	100.0

주: 2018년은 잠정치임.
자료: UNWTO World Tourism Barometer(Vol.17, May 2019)
　　　문화체육관광부, 2019년도 관광동향에 관한 연차보고서, 문화체육관광부, 2019, p.23.

3. 관광객 수 및 관광수입 현황

세계여행관광협회(WTTC:World Travel & Tourism Council)에 따르면(2018년) 여행 및 관광분야의 세계 GDP에 대한 직접적 기여도는 2.8억 달러로 전체 GDP의 약 3.2%를 차지하였으며, 일자리에 대한 직접적 기여도는 1억 2,289만 개로 전체 고용의 약 3.8%를 차지하는 것으로 나타났다. 좀 더 광범위하게 직·간접적인 영향력을 고려할 경우, 여행 및 관광 분야의 GDP에 대한 총 기여도는 8.8조 달러로 세계 GDP의 10.4%에 해당하며 고용에 대한 총 기여도는 3억 1,881만 개로 조사되었다.

이와 같이 전 세계적으로 여행 및 관광 수요와 해외 관광지출이 지속적으로 증가함에 따라 여행 및 관광산업은 기타 산업에 비해 GDP 성장 및 일자리 창출에 높은 기여를 하였다.

〈표 4〉 **주요 국가의 외국인 관광객 현황**

순위 (2016)	국가명	방문객수(백만)		증가율(%)	
		2017	2018	2017/2016	2018/2017
1	프랑스	86.9	–	5.1	–
2	스페인	81.9	82.8	8.7	1.1
3	미국	76.9	–	0.7	–
4	중국	60.7	62.9	2.5	3.6
5	이탈리아	58.3	62.1	11.2	6.7
6	터키	37.6	45.8	24.1	21.7
7	멕시코	39.3	41.4	12.0	5.5
8	독일	37.5	38.9	5.2	3.8
9	태국	35.5	38.3	9.1	7.9
10	영국	37.7	–	5.1	–

주: 2018년은 잠정치임
자료 : UNWTO World Tourism Barometer(Vol.17, May 2018)
　　　문화체육관광부, 2017년도 관광동향에 관한 연차보고서, 문화체육관광부, 2019, p.24.

관광객이 증가하는 만큼 관광과 관련된 직업도 다양해지고 있으며, 여행과 관광산업의 발전은 세계경제의 한 축을 담당하고 있으며, 292백만명이 관광직군에 종사를 하고 있는 것으로 조사되었다. 전문가들은 한국뿐만이 아니라 세계의 여행객수가 지속적으로 증가할 것으로 전망하고 있으며, 여행객 수가 증가한 만큼 여행 테마의 다양화 및 장거리 여행 비중이 증가하게 되고 여행의 질적 성장도 기대된다고 하고 있다.

〈표 5〉 주요 국가의 관광수입현황

순위 (2017)	국가명	관광수입(십억 달러:us $)		증가율(%)	
		2017	2018	2017/2016	2018/2017
1	미국	210.7	214.5	1.9	1.8
2	스페인	68.1	73.8	10.3	3.6
3	프랑스	60.7	67.4	9.0	6.2
4	태국	56.9	63.0	12.0	5.4
5	영국	49.0	51.9	7.4	2.0
6	이탈리아	44.2	49.3	7.7	6.5
7	호주	41.7	45.0	9.3	10.7
8	독일	39.8	43.0	4.2	3.2
9	일본	34.1	41.1	14.4	18.9
10	중국	38.6	40.4	−25.4	21.2

주: 2019년은 잠정치임, 성장률은 자국화폐 경상가격을 기준으로 산정한 것임.
자료: UNWTO World Tourism Barometer(Vol.17, May 2019)
　　　문화체육관광부, 2018년도 관광동향에 관한 연차보고서, 문화체육관광부, 2019, p.24.

제 **2** 절 한국의 관광동향

1. 외국인 관광객 입국 동향

1) 연도별 입국 동향

연도별 입국동향을 보면 외국인 관광객의 입국이 꾸준히 증가하여 1970년대 외래 관광객이 100만명(1978년)이 입국하였으며, 1990년대에는 국제화, 개방화의 가속화로 해외여행자 수가 급격하게 증가 200만명((1992년), 300만명(1994년), 2000년대에는 500만명(2000년), 1천만명(2012년), 1천7백만명(2016년) 시대가 되었다.

⟨표 6⟩ **연도별 외국인 관광객 입국 현황**

연도	외국인관광객수	성장률(%)	연도	외국인관광객수	성장률(%)
1996	3,683,779	−1.8	2008	6,890,841	6.9
1997	3,908,140	6.1	2009	7,817,533	13.4
1998	4,250,216	8.8	2010	8,797,658	12.5
1999	4,659,785	9.6	2011	9,794,796	11.3
2000	5,321,792	14.2	2012	11,140,028	13.7
2001	5,147,204	−3.3	2013	12,175,550	9.3
2002	5,347,468	3.9	2014	14,201,516	16.6
2003	4,752,762	−11.1	2015	13,231,651	−6.8
2004	5,818,138	22.4	2016	17,241,823	30.3
2005	6,022,752	3.5	2017	13,335,758	−22.7
2006	6,155,046	2.2	2018	15,346,879	15.1
2007	6,448,240	4.8			

자료: 관광지식정보시스템(자료출처 : 법무부 출입국 통계 재구성)
　　　문화체육관광부, 2018년도 관광동향에 관한 연차보고서, 문화체육관광부, 2019, p.26.

2) 국적별 시장점유율

일본시장은 그동안 인바운드 시장의 발전에 기여해왔으나, 중국시장의 의존도로 변화(2013년)되었다. 방한 중국인 관광객은 기타 국적 관광객 규모와 현저한 차이를 나타내며 우리나라 제1인바운드 시장의 지위를 유지하였을 뿐 아니라, 우리나라 전체 인바운드시장의 성장을 견인하는 역할을 수행하고 있다. 특히 수요시장은 중동호흡기증후군(MERS) 발병(2015년)으로 인해 감소되었던 방한 수요가 증가하고 있다. 국가별로는 아시아지역의 경우 중국, 일본, 홍콩, 대만, 말레이시아,

〈표 7〉 연도별 국적별 시장점유율

연도	일본	중국	미국	구주	교포	기타	계(%)
2001	46.2	9.4	8.3	8.3	5.6	22.2	100.0
2002	43.4	10.1	8.6	9.4	5.9	22.6	100.0
2003	37.9	10.8	8.9	10.1	6.0	26.3	100.0
2004	42.0	10.8	8.8	8.6	5.2	24.6	100.0
2005	40.5	11.8	8.8	8.5	4.7	25.7	100.0
2006	38.0	14.6	9.0	8.7	3.7	26.0	100.0
2007	34.7	16.6	9.1	8.7	4.6	26.3	100.0
2008	34.5	17.0	8.9	8.6	4.5	26.5	100.0
2009	39.1	17.2	7.8	7.7	3.0	25.2	100.0
2010	34.4	21.3	7.4	7.3	3.6	26.0	100.0
2011	33.6	22.7	6.8	7.0	3.3	26.6	100.0
2012	31.6	25.5	6.3	6.4	3.0	27.2	100.0
2013	22.6	35.5	5.9	6.3	2.5	27.2	100.0
2014	16.1	43.1	5.4	6.0	2.1	27.3	100.0
2015	13.9	45.2	5.8	6.1	2.0	27.0	100.0
2016	13.3	46.8	5.0	5.5	1.6	27.8	100.0
2017	17.3	31.3	6.5	7.0	2.0	35.9	100.0
2018	19.2	31.2	6.3	6.5	1.6	35.2	100.0

자료: 관광지식정보시스템(원 자료출처 : 법무부 출입국 통계 재구성)
　　　문화체육관광부, 2018년도 관광동향에 관한 연차보고서, 문화체육관광부, 2019, p.27.

필리핀, 인도네시아, 베트남 등으로 점차 확대되고 있다. 미국 및 캐나다를 비롯하여 러시아, 독일, 영국, 프랑스 등 유럽지역 국가들도 증가하고 있는데, 관광시장의 다변화가 필요하다고 판단된다.

2. 국민 해외여행동향

1980년대에는 외래 관광진흥을 위한 정책과 함께 국민관광 발전을 위한 여러 정책이 활발히 추진되었던 시기이다. 특히 관광의 대중화 촉진으로 국내관광뿐만 아니라 여가증대, 소득수준 향상 등을 바탕으로 해외여행 수요가 증가하여 정부의 정책적 대응이 요구되었다.

1980년대에는 여러 가지 요인에 의해서 극히 제한되었던 해외관광여행이 정책환경 변화에 따라 대전환기를 맞이하게 되었다. 즉 대외적 이미지 개선의 필요성과 정부의 자유화 정책에 따라 대외 개방화 정책의 추진과 생활의 불편함을 완화시키기 위해서 통행금지를 해제(1982년 1월 5일)하였다.

국민들의 해외여행 완화를 위한 시책을 발표(1981년 6월 19일)하였는데, 이는 해외여행을 단계적으로 완화시키기 위한 정책이었다. 이러한 조치는 대학생들의 단기해외연수(1981년 7월 1일)를 시작으로 친지 초청에 의한 해외여행(1982년 7월 1일)의 자유화 정책이었고, 관광목적의 해외여행을 자유화(1983년 1월 5일)하게 되었다.

> **해외여행 자유화 정책**
>
> 1983년 1월부터 연령은 50세 이상 규정하였고, 관광목적으로 해외여행을 위해서는 1년간 200만원, 방문목적인 경우에는 100만원을 예치토록 하는 제한적인 것이었지만 관광의 역사적인 측면에서는 의의가 크다고 할 수 있으며, 이 예치금제도는 1987년도에 폐지되었다. 또한 1987년 9월부터는 45세 이상, 1988년 1월부터는 40세 이상, 1988년 7월부터는 30세 이상으로 확대하였다.

해외여행의 자유화 정책은 연령을 확대하는 방법을 통해서 자유화시켰으며, 연령제한을 완전히 철폐(1989년 1월 1일)하였다. 이를 계기로 국외 여행자 수는 급격히 증가하게 되었다.

〈표 8〉 해외여행자수

연도	출국자수(명)	성장률(%)	연도	출국자수(명)	성장률(%)
1988	725,176	42.0	2004	8,825,585	24.5
1989	1,213,112	67.3	2005	10,080,143	14.2
1990	1,560,923	28.7	2006	11,609,879	15.2
1991	1,856,018	18.9	2007	13,324,977	14.8
1992	2,043,299	10.1	2008	11,996,094	−10.0
1993	2,419,930	18.4	2009	9,494,111	−20.9
1994	3,154,326	30.3	2010	12,488,364	31.5
1995	3,818,740	21.1	2011	12,693,733	1.6
1996	4,649,251	21.7	2012	13,736,976	8.2
1997	4,542,159	−2.3	2013	14,846,485	8.1
1998	3,066,926	−32.5	2014	16,080,684	8.3
1999	4,341,546	41.6	2015	19,310,430	20.1
2000	5,508,242	26.9	2016	22,383,190	15.9
2001	6,084,476	10.5	2017	26,496,447	18.4
2002	7,123,407	7.1	2018	28,695,983	8.3
2003	7,086,133	−0.5			

주: 1998년부터 승무원 포함
자료: 관광지식정보시스템(원시자료출처 : 법무부 출입국 통계 재구성)
　　문화체육관광부, 2018년도 관광동향에 관한 연차보고서, 문화체육관광부, 2019, p.30.

　　해외 주요 국가들의 관광청(NTO) 통계에 근거하여 우리나라 국민의 해외여행 주요 행선지를 살펴보면 중국, 일본, 대만, 홍콩, 태국, 필리핀, 베트남 등이 국민 해외여행의 주요목적지인 것으로 나타났다.

3. 국민 국내여행

　　정부는 국민 참여를 통한 수요자 지향적 관광 활성화와 범국민적인 공감대 확산을 통한국민 개개인의 국내관광에 대한 인식 개선을 위해, 각종 매체를 활용한 국민의 인식을 전환시키는 홍보활동을 실시하고 있다.

내국인 국내여행 참가자 수는 전년 대비 3.0% 증가한 약 4,048만 명(2017년)으로 나타났으며, 당일여행은 4.8%, 숙박여행은 5.2% 증가하였다.

국민 국내여행 이동총량은 1월 1일부터 12월 31일까지 국내 숙박여행과 국내 당일여행을 합한 총일수를 의미하는데, 국민 국내여행 이동총량은 전년 대비 16.3% 증가한 4억 7,967만 3,688일로 나타(2017년)났다.

〈표 9〉 국내여행 동향

연도	국내여행			국내여행		
	참가자수(명)	당일여행	숙박여행	이동총량	당일여행	숙박여행
2005	36,888,642	30,003,805	31,225,594	388,836,797	148,649,882	240,186,915
2006	37,666,721	31,975,212	31,817,115	416,982,061	168,373,799	248,608,262
2007	36,443,445	30,472,456	31,226,028	477,372,260	183,033,025	294,339,235
2008	37,391,314	30,461,915	31,350,952	408,026,189	141,017,187	267,009,002
2009	31,201,294	22,739,816	26,408,910	375,340,664	106,693,142	268,647,522
2010	30,916,690	20,012,003	26,047,929	339,607,551	75,974,080	263,633,471
2011	35,013,090	27,651,266	26,233,868	286,947,961	84,971,961	201,976,000
2012	36,914,067	28,649,336	30,277,238	365,282,249	121,179,761	244,102,488
2013	37,800,004	30,011,682	31,058,136	389,220,312	131,368,005	257,852,307
2014	38,027,454	30,651,331	32,213,421	397,846,767	128,578,532	269,268,235
2015	38,307,303	30,202,196	32,084,253	406,818,700	138,521,516	268,297,184
2016	39,293,235	30,540,218	32,084,253	412,378,155	140,682,024	271,696,131
2017	40,483,997	32,007,790	34,041,456	479,673,688	172,181,521	307,492,167
2018						

주: 2009년을 기점으로 조사 설계 및 총량추정 방법이 변경되었으므로 결과 해석 시 주의가 필요함.
자료: 2017 국민여행 실태조사
　　　문화체육관광부, 2017년도 관광동향에 관한 연차보고서, 한국문화관광연구원, 2018, p.34.

국내의 숨겨진 아름다운 관광지를 소개하여 국내관광에 대한 관심을 환기시키기 위하여 영화와 문학작품 속에 등장하는 국내 관광지에 대한 스토리텔링을 가미(2008년)하였다.

　민·관 협업에 의한 국내관광 캠페인 관광주간을 신설(2014년)하였으며, 2016년에는 관광주간을 여행주간으로 명칭을 변경하였으며, 전국의 지방자치단체, 정부부처 및 공공기관, 민간기업 등이 협력하여 여행정보를 제공하고 국민들에게 관광여행 시 할인혜택을 제공하는 등 국내여행 수요 분산 및 신규 여행수요 창출에 적극 기여하고 있다. 성수기에 집중된 휴가여행 수요 분산 및 국내관광 수요 증대를 위해 국민 캠페인을 실시하고 이미지를 구축하고자 하고 있다.

제 **3** 절 관광환경의 변화와 미래의 관광산업

1. 관광환경의 시대적 조류(潮流)

관광환경을 예측 분석한다는 것은 매우 어려운 과제이다. 그러나 수요예측, 수요와 공급의 특성, 성장 전망, 프로모션을 위한 지침 등과 같은 내용을 정리한다면, 향후 예견되는 관광환경의 시대적 조류는 다음과 같다.

- 세계화(globalization)에서 지역화(localization)로의 변화
- 관광목적지 선정 및 판매망 구축 시 전자기술이 막강한 영향력을 발휘
- 신속·편리한 여행(fast track travel) : 여행수속의 간소화 및 신속화
- 소비자들은 인터넷을 통한 관광시설의 검색
- 인터넷상에서 할인 숙박요금을 제공하는 OTA(On-line Travel Agency)의 등장
- 출발 직전 저렴한 항공요금을 알려주는 신속한 정보시스템 체제 강화
- 다국적 기업의 여행시장에서의 직접적인 통제력 강화
- 관광객 성향의 양극화(모험 지향형 대(對) 휴양 지향형으로 이원화) 심화
- 지구촌의 축소화(낯선 곳으로의 여행 증가 및 우주관광 시대의 개막)
- 해외여행의 일상화
- 3Es(Entertainment, Excitement, Education)를 결합한 주제별 관광상품 개발
- 관광객 유인수단의 확대 및 다양화를 위한 조건으로 관광목적지의 이미지가 중요
- 아시아 관광객이 세계관광을 선도
- 지속가능한 관광개발 및 윤리적 관광을 위한 소비자 운동의 영향력 증대
- 점증하는 소비자의 사회·환경의식과 무절제한 여행소비 충동 간의 갈등 심화

2. 미래의 관광산업

관광산업은 관광객 수 및 관광수입의 지속적 증가, 국가 간의 관광객 유치 경쟁의 가속화, 경제, 사회, 문화, 환경에 관광이 미치는 영향 증대, 관광지 및 여행지 선택에 있어서 소비자의 인식이 높아지고 있다. 여행상품 및 서비스에 대한 욕구의 증가, 컴퓨터 정보 및 예약 체계차원에서 기술의 의존하는 산업화 경향과 상품의 거래 등이 이루어지는 시장형태로 변화해 가고 있다.

관광산업은 국제간의 교류에 의해서 이루어지고 있음에 비추어볼 때, 국가의 관광산업이 이상적인 위치를 점유하고 있는 모델을 가정할 수 있다.

첫째, 관광교류가 경제적인 효과를 가져다주는 국가
둘째, 관광교류가 사회·문화·환경에 끼치는 부정적 영향이 최소화된 국가
셋째, 관광교류가 투자자, 민간 사업자에게 만족한 수익을 가져다주는 국가
넷째, 관광교류가 관광객을 완벽하게 만족시켜 주는 국가

이러한 모델은 많은 투자와 노력에 의해서 달성되겠지만, 우선적으로 관광행정을 담당하는 행정기관과 민간관광업계의 전문적인 기술과 지식의 습득 및 실천이 선행되어야 하며, 종합관광개발계획, 지역단위의 협력, 공공부문과 민간부문의 협력 등 정책적인 의지가 일관성 있게 마련되고 추진되어야 할 것이다.

참고
문헌

고석면, 관광정보론, 서연출판사, 2017.

고석면, 인천의 관광산업현황과 효율적 육성방안, 인천상공회의소 1993.

고석면·이재섭·이재곤, 관광정책론, 대왕사, 2018.

고화독, 한국 국제회의 산업의 활성화 방안에 관한 연구 : 호텔 컨벤션 사업을 중심으로, 경원대학교 석사학위논문, 1994.

観光の現代的意義と その方向, 日本内閣総理大臣 官房審議室編, 1970.

관광교재편찬위원회, 현대관광론, 서하문화사, 1987.

교통개발연구원, 관광 진흥 중장기 계획에 관한 연구, 1990.

기획재정부, 성장동력 확충과 서비스수지 개선을 위한 서비스산업 선진화 방안, 2008.

김남조, 지역 중심형 관광개발 체계평가와 향후과제, 한국문화관광연구원, 2007.

김사헌, 관광경제학, 경영문화원, 1985.

김선용, 관광산업 펀드 조성 및 투자운용방안, 한국문화관광연구원, 2007.

김시중·이웅규, 서울시티투어 활성화를 위한 실증적 연구, 관광경영학연구 제5호, 관광경영학회, 1999.

김용근, 지역발전에 있어서 관광의 역할, 한국문화관광연구원, 2007.

김우진, 호텔·리조트 부대시설 경영론, 기문사, 2012.

김재민·신현주, 현대호텔경영론, 대왕사, 1991.

김진섭, 관광학원론, 대왕사, 1994.

김창수, 관광교통론, 대왕사, 1998.

김창수, 테마파크의 이해, 대왕사, 2011.

김천중, 관광정보론(관광정보와 인터넷), 대왕사, 1998.

김철용, 서울 시티투어운영전략, 한국경제신문(1997. 5. 10).

김향자, 제3차 관광개발기본계획 수립을 위한 기초연구, 2009.

나정기, 호텔식음료 원가관리, 백산출판사, 1994.

대전광역시, 컨벤션산업 현황보고, 1999.

류광훈, 관광산업의 선진화를 위한 과제, 한국문화관광연구원, 2008, p.17.

류기환, 크루즈여행실무론, 백산출판사, 2010.

문화체육관광부, 2016년도 관광동향에 관한 연차보고서, 2017.

문화체육관광부, 2017년 관광동향에 관한 연차보고서, 한국문화관광연구원, 2018.

문화체육관광부, 유기장업 육성발전 세미나 자료, 1997.

문화체육관광부, 유원산업의 진흥 및 관리방안에 관한 연구, 1997.

문화체육관광부 · 한국관광공사, 관광벤처기업(관광벤처의 리더들), 2016.

박경열, 2020 관광개발 전망, 한국관광정책연구, 한국문화관광연구원, 2019.

박주영, 2020-2024 한국관광트렌드 전망, 한국관광정책연구, 한국문화관광연구원, 2019.

삼일회계법인, 서비스기업의 성공조건, 1993.

서천범, 2000년대의 레저산업, 기아경제연구소, 1997.

서태성, 국토계획에 있어서 관광의 역할과 과제, 한국문화관광연구원, 2007.

성태종 · 이연정외 7인, 음식문화 비교론, 대왕사, 2007.

손대현, 관광론(관광학 어떻게 볼 것인가), 일신사, 1993.

손대현, 한국관광산업 50년 연구, 한국관광학회(관광학연구 제31권 6호, 통권64호), 2007.

심원섭, 미래관광환경변화와 신 관광정책 방향, 한국문화관광연구원, 2012.

안영면, 국제회의 부산지역 유치 전략에 관한 연구, 동아논총 32, 1995.

안종윤, 관광정책론(공공정책과 경영정책), 박영사, 1997.

안해균, 정책학원론, 다산출판사, 1991.

엄서호 · 서천범, 레저산업론, 학현사, 2009.

오수철, 카지노 경영학, 백산출판사, 1998.

오수철, 카지노산업 · 기획론, 백산출판사, 1994.

오정환, 한국관광호텔의 법률적 개념에 대한 시대적 추이, 경기관광연구 제2호(경기대학교
　　　소성관광종합연구소), 1998년 12월.

오정환, 호텔 마케팅 전략, 기문사, 1996.

오정환 · 이철호, 국제호텔경영전략, 가산출판사, 2000.

우경식, 관광산업의 이해, 새로미, 2013.

유기준, 2020 지역관광과 전망, 한국관광정책연구, 한국문화관광연구원, 2019.

윤대순, 관광경영학원론, 백산출판사, 1997.

윤대순, 여행사경영론, 기문사, 1997.

윤문길 · 이휘영 · 윤덕영 · 이원식, 항공운송 서비스 경영, 한경사, 2008.

윤창운, 현대적 관광산업의 재평가와 운용방향, 관광정보, 한국관광공사, 1994.

이강욱 · 류광훈, 관광산업의 경제적 파급효과 분석, 한국문화관광연구원, 1999.

이동희, 한국 카지노산업 진흥정책에 관한 연구, 경기대학교 경영대학원 석사학위 논문.

이병욱, 서비스산업의 경쟁력대책과 향후 관광산업 정책방향, 한국문화관광연구원, 2007.

이선희, 관광마아케팅개론, 대왕사, 1998.

이선희, 여행업경영개론, 대왕사, 1996.

이원희 · 박주영 · 조아라, 관광트렌드 분석 및 전망(2010-2024), 한국문화관광연구원, 2019.

이장춘, 최신관광자원학, 대왕사, 1997.

이정학, 관광학원론, 대왕사, 2013.

이지현 · 김선희, 글로벌 시대의 음식문화, 기문사, 2013.

이태희, '한국관광정책의 허와 실,' 국회관광발전연구회 · 한국관광포럼 발표논문집, 1998.

이태희, 외래 관광객 유치를 위한 홍보/마케팅의 효율성 확보방안, 한국문화관광연구원, 2007.

이학종, 전략경영론, 박영사, 1994.

이항구, 관광법통론, 백산출판사, 1996.

이항구, 관광학서설, 백산출판사, 1995.

이항구 · 고석면 · 이황, 관광교통론, 기문사, 1999.

이후석, 도시 관광개발의 과제와 전략, 관광지리학 제9호, 1998.

이홍윤, 지역관광개발을 위한 투자재원 조달방안에 관한 연구, 배재대학교 대학원, 박사학위논문, 1999.

長谷正弘 편저, 관광마케팅(이론과 실제), 한국국제관광개발연구권원 譯, 백산출판사, 1999.

장병권, 국민관광론, 기문사, 1997.

장병권, 한국관광행정론, 일신사, 1996.

장희정 · 양위주, 레저, 대왕사, 2000.

정기영 편저, 서비스 경영, 신지서원, 2008.

井上萬壽藏, 觀光と觀光事業, 國際觀光記念行事協力會編, 1967.

정석중 외 8명, 관광학, 백산출판사, 1997.

정은영, 한국 호텔 카지노업의 효율적 마케팅 믹스에 관한 연구, 세종대학교 경영대학원 석사학위논문, 1996.

정찬종, 여행사경영원론, 백산출판사, 1997.

정혜경, 관광진흥 조직간 협력증대 방안, 한양대 국제관광대학원, 2003.

조명환, 관광부문 전문직 공무원 제도 신설에 관한 제언, 한국문화관광연구원. 2008.

조성극, 일본여행업의 해외여행 상품론에 관한 연구, 경기대학교 대학원 박사학위논문, 1995.

차길수 · 윤세목, 호텔경영학원론, 현학사, 2006.

채서묵, 관광사업개론요해, 백산출판사, 1993.

최경은 · 안희자, 최근 관광트렌드 분석 및 전망, 한국문화관광연구원, 2014.

최동렬, 호텔연회관리, 백산출판사, 1995.

최승이, 국제관광론, 대왕사, 1993.

최자은, 스마트관광의 추진 현황 및 과제, 한국문화관광연구원, 2013.

최태광, 관광마케팅론, 백산출판사, 1991.

표성수, 관광사업투자론, 백산출판사, 1996.

표성수, 전략적 관광품질계획에 관한 연구, 호텔경영논총(제2호), 경기대학교 호텔경영연
　　　구소, 1993.

표성수 · 장혜숙, 최신관광계획개발론, 형설출판사, 1994.

한국공예협동조합연합회, 광주공예협동조합, http://www.gjhand.or.kr를 참고하여 작성함.

한국관광공사, SIT의 개념과 사례, 관광정보(3 · 4월호), 1995.

한국관광공사, Tourism Technology 비전 및 중장기 전략수립, 2005.

한국관광공사, 공사 · 지방 관광공사의 전략적 협력관계 수립연구, 2005.

한국관광공사, 관광패턴의 변화와 새로운 관광상품의 등장, 관광정보(5 · 6월호), 1994.

한국관광공사, 교육관광, 관광정보(10월호), 1997.

한국관광공사, 국제회의 운영요령, 1994(제6호).

한국관광공사, 농업관광의 발전 방향, 관광정보, 1997.

한국관광공사, 전통문화재의 세계유산 지정 개요, 관광정보(1 · 2월호), 1996.

한국관광공사, 지방관광 활성화방안, 1997.

한국관광공사, 지방화 시대의 관광정책, 1992.

한국관광공사, 컨벤션 뉴스, 1996.

한국관광공사, 한국 국제회의 산업 현황, 1996 참고로 재작성함.

한국관광공사, 환경적으로 지속 가능한 관광개발, 1997년 12월.

한국문화관광연구원, 관광 진흥 5개년계획, 2004.

한국문화관광연구원, 지방도시 발전에 있어서 관광의 역할 정립 방안, 2008.

한국문화관광연구원, 크루즈산업육성을 위한 관광진흥계획 수립 보고서, 2006.

허갑중, 관광토산품 국제경쟁력 강화방안, 한국관광연구원, 1997.

허국강 · 이태규, 항공여객운송서비스, 백산출판사, 2013.

홍성용, 스페이스 마케팅, 삼성경제연구소, 2008.

21 호텔관광연구회, 호텔경영학, 가산출판사, 2002.

A. J. Burkart & S. Medrick, Tourism : Past, Present & Future, Heinemann, 1975.

Arno Schmidt, Food & Beverage Management in Hotels, Van nostrand Reinhold Co., 1987.

Cline, Rogers, "U.S. Gaming an Economic Force-Industry Takes Stock After Rapid Growth",
　　　Arthur Andersen, 1995.

Colin Michael Hall, Tourism and Politics, John Wiley & Sons, 1994.

Elliot James, Political, Power and Tourism in Thailand, Annals of Tourism research, Vol.10, No.3, 1983.

Gary K. vallen and Jerome J. Vallen, Check-in Check-out, Times Mirror Higher Education Group, 1996.

Heath, Emnie & Geoffrey Wall, Marketing Tourism Destination: A sStrategic Planning Approch, John Wiley & Son, Inc., 1992.

Hudman. E & D. E. Hawinks, "Tourism In Contemporary Society: An Introductive Test," New Jersey: Persey: Prentice-Hall, 1989.

K. Waren, "Thre Search for Administration Responsibility," PAR, Vol.34, No.2, 1973.

M. S. Gertler, Flexibility Revisited Districts, Nation-states and the Forces of Production, Transaction, The Institute of British Geograpers, Vol. 17, 1992.

Michael, E. Porter, The Structure within Industries and Companies Performance, Review of economics and statistics, Vol.61. 1979.

R. Miewaid, Public Administration : A Critical Perspective, McGrew Hill, 1978.

Robert W. Mcintosh · Charles R. Goeldner·J. R. Brent Ritchie, Tourism(Principles, Practices, Philosophies), John Wiely & Sons, Inc. 1995.

Robert. Mcintosh & Shashikant Gupta,"Tourism" Third Edition Grid Publishing Inc., 1980, p. 72.

Stephen Rushmore, Hotel Investment(A guide for Lenders and owners), Warren, Gopham & Lamont.

V. Poon, Flexible Specialization and Small-size: the Case of Caribbean Tourism, World Development, 1990.

W.A. Rutes and R.H. Penner, Hotel Planning and Design, Waston-Guptill Publication, 1985.

Wahab S., Tourism Management, Tourism International Press, 1975.

World Tourism Organization, Sustainable Tourism Development: Guide for local Planners, A tourism and the Environment Publications, 1993.

http://www.unesco.or.kr/

http://koreacasino.or.kr/

http://koreacasino.or.kr/

http://www.ekta.kr/

http://www.hotelskorea.or.kr/

http://www.kaapa.or.kr/

http://www.kapco.or.kr/

http://www.kcti.re.kr/

http://www.mcst.go.kr/

http://www.mcst.go.kr/

http://www.micekorea.or.kr/

http://www.tour.go.kr/

http://www.visitkorea.or.kr/

http://www.visitkorea.or.kr/

https://www.kata.or.kr/

http://www.kumgangsantour.com/

저자약력

고석면

[학력사항]
경기대학교 관광경영학과(경영학 학사)
경희대학교 경영대학원 관광경영학과(경영학 석사)
경기대학교 대학원 관광경영학과(경영학 박사)

[경력사항]
한국관광협회중앙회 호텔 및 기획홍보부 근무
관광호텔 등급 심사위원
인천광역시 관광진흥위원회 위원
국가직무능력(NCS) 여행상품 개발위원
국가직무능력(NCS) 식음료서비스 개발 심의위원
서울시 여행업 안전/청렴 협력업체 인증 심사위원

現 인하공업전문대학 관광경영과 교수
　　우수여행상품 및 테마 여행상품 심의위원
　　내나라 여행상품 심의위원
　　관광종사원자격시험 위원

[학회활동]
관광경영학회 고문
한국관광학회 평생회원
한국호텔외식경영학회 평생회원

[저서]
관광정보론(서연, 2017)
관광정책론(대왕사, 2018)
호텔경영론(기문사, 2019)
호텔경영정보론(백산출판사, 2019)
호텔회계(대왕사, 2019)
식음료관리(대왕사, 2019)

[논문]
한국관광호텔업의 투자환경에 관한 연구
한국관광산업의 진흥방안에 관한 연구 외 다수

고종원

[학력사항]
인하대학교 불어불문학과(문학사)
경희대학교 경영대학원 관광경영학과(경영학 석사)
경희대학교 대학원 국제경영 전공(경영학 박사)

[경력사항]
천지항공여행사, 계명여행사 해외여행부 부서장
오네뜨(Honnete) Tour 대표
서울시 인바운드 활성화/수용태세 시정/외국인 관광객 유
치 자문
한국능률협회 등록전문위원
프랑스 kov commanderie(와인기사작위)

現 연성대학교 호텔관광전공 교수(학과장)
　　주제여행포럼 공동위원장

[학회활동]
한국관광서비스학회 부회장, 편집위원
국제관광무역학회 수석부회장
한국여행발전연구회 고문

[저서]
복합리조트(기문사, 2017)
와인의 세계(기문사, 2017)
세계의 축제와 관광문화(신화, 2018) 외 다수

[논문]
한국관광기념품의 국제경쟁력 제고에 관한 연구
기독교 성지순례를 통한 건전관광상품에 관한 실증적 연
구 외 다수

유을순

[학력사항]
경북대학교 윤리교육과(문학사)
단국대학교 대학원 관광경영학과(경영학 석사)
경기대학교 대학원 외식산업경영 전공(외식경영학 박사)

[경력사항]
現 동서울대학교 호텔외식학부 교수

[학회활동]
관광경영학회 학술이사
식공간학회 학술이사

[논문]
호텔조리종사자의 환경의식적 변수가 친환경경영활동 수
용의도에 미치는 영향
환경지식과 환경관심이 친환경 와인 구매의도에 미치는
영향 외 다수

서영수

[학력사항]
세종대학교 대학원 호텔관광외식경영학과 석사
한양대학교 일반대학원 관광학과 박사 수료

[경력사항]
(주)한국여행사, (주)미도파관광, (주)고려관광 근무
한양대학교 호스피탈리티 전임강사

現 (주)지디투어 이사
　　(주)고려투어 대표이사
　　선문대학교 글로벌관광학과 겸임교수

[학회활동]
한국관광학회 회원
한국관광레저학회 회원
한양대학교 관광연구소 회원

관광사업론

2020년 3월 5일 초판 1쇄 인쇄
2020년 3월 10일 초판 1쇄 발행

지은이 고석면 · 고종원 · 유을순 · 서영수
펴낸이 진욱상
펴낸곳 (주)백산출판사
교 정 편집부
본문디자인 구효숙
표지디자인 오정은

등 록 2017년 5월 29일 제406-2017-000058호
주 소 경기도 파주시 회동길 370(백산빌딩 3층)
전 화 02-914-1621(代)
팩 스 031-955-9911
이메일 edit@ibaeksan.kr
홈페이지 www.ibaeksan.kr

ISBN 979-11-90323-83-3 93980
값 27,000원